高等职业教育农业农村部"十三五"规划教材

园林制图与识图

夏振平　主编

中国农业出版社
北京

▶ 内容简介

本教材内容与专业教学标准相结合，同时结合国家最新版的制图标准要求编写，充分考虑园林专业制图与识图的基本要求和方法，注重实用性和适用性。

本教材共包括十个单元。其中，前七个单元为制图的基本知识：单元一主要介绍制图基础知识及规范，单元二至单元四为投影的基本知识，单元五重点介绍了各种轴测投影的基本画法和在园林中的应用实例，单元六主要介绍园林施工图中经常用到的剖面图与断面图的基本画法，单元七从园林效果图的绘制来介绍透视投影的基本画法；后三个单元重点讲解专业制图方法，包括园林要素的表示方法、园林规划设计图纸的绘制、园林工程施工图的绘制等内容。

为了加强学生职业技能的培养，提高学生的动手能力，本教材配套了《园林制图与识图练习册》，适合学生在练习综合技能或实训时使用。

本教材可供全国高职高专院校园林类专业教学使用，同时也可以作为园林行业职业技能培训、园林企业职工培训教材，另外还可作为中等职业技术学校及其他继续教育等的教材。

编审人员

主　编　夏振平

副主编　张晓玲

编　者（以姓氏笔画为序）

　　　　王雪松　韦加政　龙冰雁　任有华

　　　　孙晓刚　张李玲　张晓玲　夏振平

审　稿　王先杰　李　夺

FOREWORD 前 言

高等职业教育的培养更加强调高等技术应用性,特别是本专业领域实际工作的基本能力和基本技术。为此,编者根据国家对职业教育的各项要求以及职业教育本身的特点,编写了本教材,不仅使其符合职业教育的具体教学要求,还在内容的筛选上更加注意其适用性和实用性。本教材根据高职高专园林及相关专业的教学基础要求,按照培养高素质技术技能型园林人才的具体要求,力求继承与创新、全面与系统、实用与适用,体现职业教育教材的特点。

本教材职业教育特色突出,以就业为导向,以能力为本位,教材内容充分考虑学生的接受能力和从业需要,与就业岗位需要相衔接,具体体现在下面几点。

(1) 实用性。根据目前教学实际情况,对难度过大和不实用的理论适当地进行了删减,在各单元都增加了园林专业制图的实例,同时注重对学生实践和动手能力的培养。做到理论更加简洁、内容更加实用、技能更加接近生产需要,突出本教材的实用性。

(2) 实践性。为培养学生的动手能力,本教材提供了大量例题供学生练习。这些例题来源于实际的园林工程,这样可使学生将所学知识与实际工程紧密结合,学生毕业后可较快适应工作岗位。

(3) 针对性。本课程的教学目标是让学生能够识图和制图,特别是培养学生的空间想象能力。在进行综合技能训练方面采用具体与抽象相结合的方法,内容由简单逐步过渡到复杂,逐步培养学生的空间想象和创新能力。

(4) 强调技能。为使学生在学习过程中提高实践技能,与教材配套编写了一本实用的习题集——《园林制图与识图练习册》,这些习题更注意其实用性和对学生综合能力培养的需要。

本教材由北京农业职业学院夏振平主编,山西林业职业技术学院张晓玲担任副主编。全书具体编写分工如下：夏振平：单元一、单元十；张晓玲：单元二、单元六；河南农业职业学院张李玲：单元三；吉林农业大学孙晓刚：单元四；广西农业职业技术学院韦加政：单元五；北京农业职业学院王雪松：单元七；永州职业技术学院龙冰雁：单元八；潍坊职业学院任有华：单元九。

本教材由北京农学院王先杰教授、北京绿京华生态园林股份有限公司总经理李夯审稿，在此，谨向专家们致以诚挚的感谢！本教材还参考了部分同行的相关文献，在此一并表示衷心感谢！

由于编者水平所限，教材中难免出现不当之处，恳请广大读者给予指正并提出宝贵意见，对此我们深表感谢。

编　者

2020 年 1 月

CONTENTS 目 录

前言

单元一　制图基础知识及规范 1

 课题1　制图工具及其使用方法 1

  一、图板 1

  二、丁字尺 2

  三、三角板 3

  四、铅笔 5

  五、比例尺 6

  六、圆规和分规 6

  七、曲线板 8

  八、模板 9

  九、墨线笔 10

  十、擦图片 12

  十一、其他 12

 课题2　国家制图标准 13

  一、图纸幅面、标题栏及会签栏 14

  二、图线 18

  三、字体 21

  四、比例 23

  五、符号 23

  六、尺寸标注 26

  七、常用建筑材料图例 33

 课题3　绘图方法及步骤 35

  一、工具作图 35

  二、徒手作图 40

  三、绘图一般步骤 45

单元二　投影原理 47

 课题1　投影的基本知识 47

一、投影的概念 ·· 47
　　二、投影的分类 ·· 49
　　三、正投影的特性 ·· 51
课题 2　三面投影及其对应关系 ·· 51
　　一、三面投影的意义及投影面体系的建立 ································· 52
　　二、三投影图之间的对应关系 ·· 54

单元三　点、直线和平面的投影图绘制 ·· 56
课题 1　点的投影 ·· 56
　　一、点的投影及其规律 ·· 56
　　二、点的坐标 ·· 58
课题 2　直线的投影 ·· 59
　　一、直线的投影 ·· 59
　　二、直线的投影特性 ·· 60
　　三、两直线的相对位置 ·· 63
课题 3　平面的投影 ·· 66
　　一、平面的投影特性 ·· 66
　　二、平面上点、线的投影 ·· 70
　　三、直线与平面相交 ·· 72

单元四　体的投影 ··· 74
课题 1　基本几何体的投影 ··· 74
　　一、平面体的投影 ·· 75
　　二、曲面体的投影 ·· 78
课题 2　基本几何体表面上点和线的投影求法 ································· 81
课题 3　平面、直线与几何体相交 ··· 85
　　一、平面与几何体相交 ·· 85
　　二、直线与几何体相交 ·· 92
课题 4　组合体的投影 ·· 94
　　一、组合体的概念及组合形式 ·· 95
　　二、组合体表面交线的画法 ·· 96
　　三、组合体投影图的画法 ·· 100
　　四、组合体的尺寸标注 ·· 102

单元五　轴测投影 ··· 105
课题 1　轴测投影的基本知识 ·· 105
　　一、轴测投影的形成 ·· 105
　　二、轴测投影的分类 ·· 106
课题 2　轴测投影图的绘制 ··· 109

  一、正等测轴测图的绘制 ……………………………………………………………… 110
  二、正二测轴测图的绘制 ……………………………………………………………… 111
  三、正面斜轴测图的绘制 ……………………………………………………………… 112
  四、水平斜轴测图的绘制 ……………………………………………………………… 113
  五、曲线的轴测图画法 ………………………………………………………………… 114
 课题3 轴测投影图在园林中的应用 ……………………………………………………… 116
  一、基本效果图绘制 …………………………………………………………………… 117
  二、园林小品效果图绘制 ……………………………………………………………… 121

单元六 剖面图与断面图 …………………………………………………………………… 122

 课题1 剖面图与断面图的基本知识 …………………………………………………… 122
  一、剖面图与断面图的形成 …………………………………………………………… 122
  二、剖切平面的设置 …………………………………………………………………… 124
  三、剖面图、断面图的标注 …………………………………………………………… 124
  四、剖面图的绘制 ……………………………………………………………………… 125
  五、剖面图与断面图的区别 …………………………………………………………… 128
 课题2 剖面图与断面图的类型 ………………………………………………………… 131
  一、剖面图的类型 ……………………………………………………………………… 131
  二、断面图的类型 ……………………………………………………………………… 138
  三、剖面图的尺寸标注 ………………………………………………………………… 140
  四、剖面图与断面图在园林设计中的应用 …………………………………………… 141

单元七 透视投影 …………………………………………………………………………… 148

 课题1 透视基本知识 …………………………………………………………………… 148
  一、透视图的特点和用途 ……………………………………………………………… 148
  二、透视图的形成 ……………………………………………………………………… 149
  三、名词术语 …………………………………………………………………………… 150
  四、透视图种类 ………………………………………………………………………… 151
 课题2 透视的基本规律及画法 ………………………………………………………… 153
  一、点的透视 …………………………………………………………………………… 154
  二、直线的透视 ………………………………………………………………………… 155
  三、平面的透视 ………………………………………………………………………… 157
  四、透视高度的量取 …………………………………………………………………… 159
  五、曲线和圆的透视 …………………………………………………………………… 159
  六、常见透视图的绘制技巧 …………………………………………………………… 162
 课题3 透视图在园林设计图中的应用 ………………………………………………… 166
  一、园林单体透视图的绘制方法 ……………………………………………………… 166
  二、园林设计效果图的绘制方法 ……………………………………………………… 171

单元八 园林要素的表示方法 ... 175

课题1 园林植物的画法 ... 175
一、园林植物的平面画法 ... 175
二、园林植物的立面画法 ... 179

课题2 地形、水体的画法 ... 181
一、地形的表示方法 ... 182
二、水体的表示方法 ... 187

课题3 山石的画法 ... 190
一、山石的表现方法 ... 190
二、山石在平、立面图中的画法 ... 191

课题4 园林建筑的画法 ... 192
一、建筑总平面图 ... 193
二、建筑平面图 ... 193
三、建筑立面图 ... 195

单元九 园林规划设计图纸的绘制 ... 196

课题1 园林规划设计图纸概述 ... 196
一、园林规划设计图纸的内容 ... 197
二、园林规划设计的阶段及各阶段图纸绘制要求 ... 197

课题2 园林规划设计图纸的绘制 ... 202
一、园林设计平面图 ... 203
二、地形设计图 ... 207
三、园林植物种植设计图 ... 210
四、园林建筑初步设计图 ... 212

单元十 园林工程施工图的绘制 ... 218

课题1 园林工程施工图概述 ... 218
一、园林工程施工图纸的内容 ... 219
二、园林工程施工图纸的绘制要求及类别 ... 219

课题2 园林工程施工图的绘制 ... 222
一、施工总平面图 ... 223
二、竖向施工图 ... 224
三、种植施工图 ... 226
四、园路、广场施工图 ... 231
五、假山工程施工图 ... 236
六、水景工程施工图 ... 237
七、给水工程施工图 ... 240
八、结构施工图 ... 241

课题3　园林工程竣工图的编制 ·· 247
　　　一、竣工图的内容和作用 ·· 247
　　　二、竣工图编制的职责范围 ·· 248
　　　三、竣工图的编制方法 ··· 248
　　　四、竣工图图纸内容 ··· 248
　　　五、竣工图绘制步骤 ··· 249

参考文献 ·· 251
附表　《风景园林制图标准》(CJJ/T 67—2015)（摘录） ·· 252

单元一 制图基础知识及规范

课题1 制图工具及其使用方法

【学习目标】

1. 了解常见绘图工具及组成。
2. 掌握各种绘图工具的正确使用方法。
3. 掌握用绘图工具绘制各种图线的方法。

【学习重点和难点】

学习重点：制图工具的使用。

学习难点：绘图工具的维护及保养。

【内容结构】

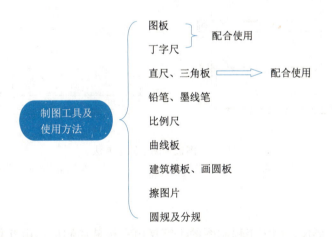

【相关知识】

园林工程图纸可通过手工绘制、计算机辅助绘制或多种方法的综合运用进行绘制，其中，手工绘制必须借助一定的绘图工具和仪器，以保证图面质量和提高绘图速度。随着时代的进步和园林设计图纸表现手法的多样化，制图工具和仪器的品种及样式也在不断更新，以便更好地适应现代工程制图的需要。本课题主要介绍园林制图中常用的绘图工具及其使用方法、注意事项和保养维护等内容。

一、图 板

图板通常由胶合板或木板制成，是园林工程制图中最基本的工具，有0号（1 200mm×

900mm)、1号（900mm×600mm）和2号（600mm×450mm）三种规格。普通图板由框架和面板组成，其短边称为工作边，面板称为工作面。制图时应根据所绘制的图纸大小选择合适的图板，通常选用比所绘图纸图幅大一号的图板。制图时需要把图纸固定于图板的工作面上再绘图，固定图纸时要选择适当的位置，不能太偏下和偏右（图1-1）。可以使用透明胶带或绘图三眼钉固定，绘制水彩渲染图或水粉效果图时应把图纸装裱在图板上再绘制，避免图纸因吸水不均造成褶皱和不平整。图板板面要求平整、软硬适度，板侧边要求平直，特别是工作边更要平整，因此应避免在图板面板上裁切图纸而留下划痕，更不能在图板上乱刻乱划、加压重物或将其置于阳光下暴晒。图板不用时可平放或者将非工作边朝下靠立墙边放置。

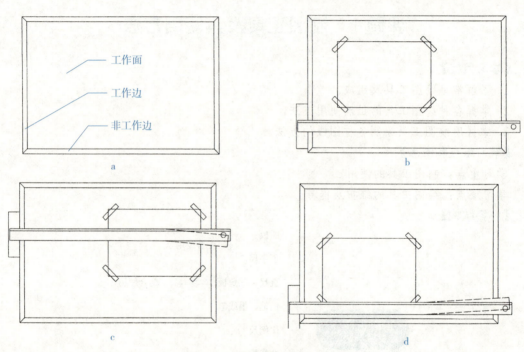

图1-1　图板和图纸固定方法
a. 图板的构成　b. 正确的图纸固定位置　c、d. 不正确的图纸固定位置

二、丁字尺

丁字尺又称T形尺，用于工程制图的丁字尺由有机玻璃制成，由互相垂直的尺头和尺身组成，按其长度（刻度）分为1 200mm、900mm、600mm三种规格。丁字尺的尺身上有刻度的一侧称为工作边。丁字尺主要用来绘制水平线、长斜线或配合三角板作图，这些都是通过工作边来完成的。在使用丁字尺作图时，尺头要紧贴图板的工作边，不得随意摆动。不能使用丁字尺的尺头靠在图板上下边（非工作边）绘制铅垂线，画铅垂线时要用丁字尺和三角板配合绘制。作较长的水平线时需要用左手辅助以固定尺身，绘制较长的平行斜线，用可以调节尺头的丁字尺作图比较方便（图1-2）。丁字尺要求尺身平展，工作边平直，刻度清晰准确，尺头不得松动，因此丁字尺的放置应挂放或平放，可以将尺头挂于钉架上自然下垂，或者将尺身尾部的圆孔挂放于墙钉上，尺头朝下自然下垂。不能斜倚放置或加压重物，

不能利用工作边来切割图纸。

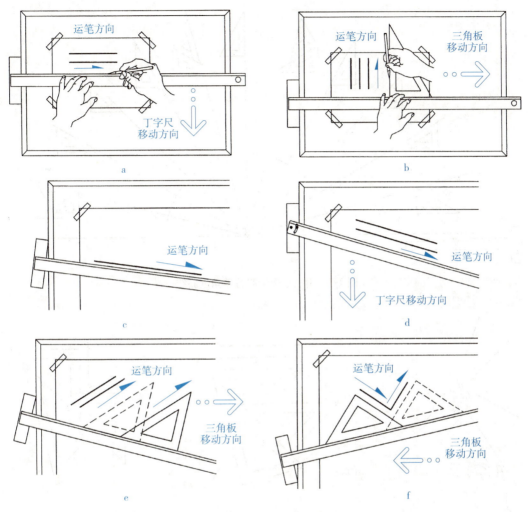

图1-2 丁字尺的基本用法
a. 绘制水平线 b. 绘制铅垂线 c. 绘制长斜线
d. 平行长斜线组（可调丁字尺） e. 一般平行线组 f. 一般垂直线

三、三角板

三角板由两块组成，其中一块的三个内角分别为45°、45°、90°，另一块的三个内角分别为30°、60°、90°。三角板通常由有机玻璃制成，具体大小不定，园林制图采用较大刻度的三角板（刻度为35cm左右）。三角板主要用来配合丁字尺绘制铅垂线、特殊角度斜线和一般直线，绘图时要注意固定好丁字尺并且三角板也要紧靠丁字尺的工作边（图1-3）。三角板的工作边与丁字尺的工作边一样，要求平直、刻度清晰准确，放置时要平放，不得用三角板的工作边裁切图纸。

一般的平行线组和垂直线可用三角板互相配合绘制，为保持图面清洁和绘图方便，要注意运笔方向和线条绘制的先后顺序。运笔方向采用顺手的方向，而线条的绘制顺序与三角板的移动方向相同，以避免绘图过程中已经画好的线条被破坏，一般步骤是先上后下、先左后右（图1-4）。

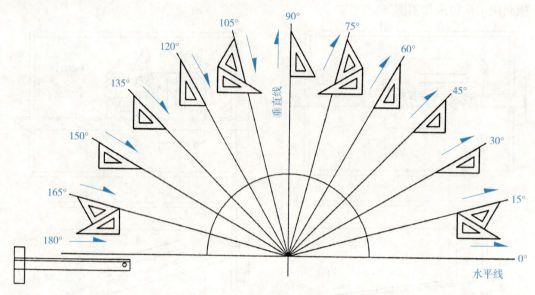

图 1-3　用三角板绘制特殊角度斜线

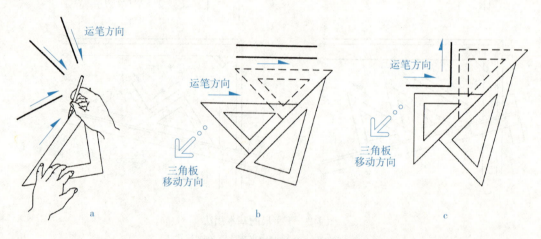

图 1-4　三角板的使用方法
a. 绘制一般斜线　　b. 绘制平行线　　c. 绘制垂直线

丁字尺和三角板在使用时应避免不正确的操作方法，如不能用丁字尺在图板非工作边作垂线；用丁字尺和三角板作平行线组时，应按自上而下、从左到右的作图顺序，不宜颠倒；不能用丁字尺的工作边裁切图纸等（图1-5）。

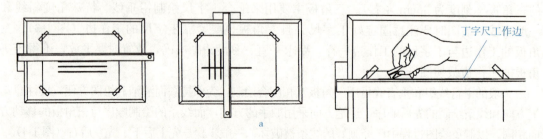

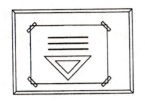 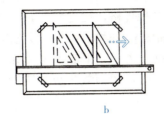 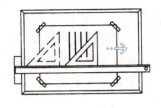

图 1-5　丁字尺和三角板的不正确用法
a. 丁字尺的不正确用法　b. 三角板的不正确用法

四、铅　　笔

铅笔是绘制草图和底稿图必需的绘图工具，根据铅芯的软硬不同可将绘图铅笔划分成不同的等级，最软且所画线条最浓黑的为 6B、最硬且所画线条最浅淡的为 9H、中等硬度的是 HB 和 F。制图中常用 4H～2B，但在具体制图过程中还要根据图纸，所绘的线条和空气的温、湿度加以调整，如纸面光滑、所绘线条较宽、空气湿度大、温度低时需相应加大深度。2B 以上的绘图铅笔多用于素描，但也有不少设计人员喜欢用 3B 以上的软铅在拷贝纸上作草图或构思方案。

在绘图过程中为了保证所绘线条的质量，应尽量减少铅芯的不均匀磨损，在作图前要将铅笔削好，并使笔芯保持 5mm 左右的长度。绘制细底稿线或书写时铅笔可削成锥形，在绘制线条过程中将笔向运笔方向稍倾斜，并在运笔过程中轻微地转动铅笔，使铅芯能相对均匀地磨损。用于加深加粗线条时铅笔可根据图线的粗细将笔尖削成扁形，截面呈矩形，绘图时笔芯的磨损对线条的粗细均匀度影响不大。削铅笔时要从没有型号标志的一头削起，保留有型号标志的一端以便识别铅笔的类别。另外还要注意，用力的不同会使所绘线条产生深浅变化，为了使同一线条深浅一致，在作图时用力应均衡，并保持平稳的运笔速度，运笔方向为水平线从左至右，垂线从下至上（图 1-6）。

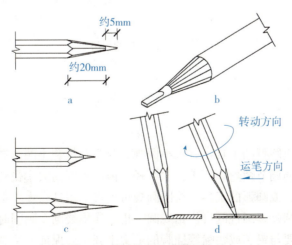

图 1-6　铅笔的削法和使用方法
a. 锥形削法　b. 扁形削法　c. 不正确削法　d. 铅笔运笔方式

在学习中常见的自动铅笔也可用于园林制图,主要为起稿线、作草图,自动铅笔的铅芯有0.5mm、0.7mm和0.9mm三种规格,硬度多为HB。此外,彩色铅笔也常用于园林制图,主要用于绘制方案图、平面图或立体效果图。彩色铅笔一般有18色、24色等几种套装,通常是在绘图笔绘制的基础上着色,彩铅线条要求有序轻便,以淡彩为主。通过色彩渲染,能更直观地表达设计意图,图面效果更加美观,使识读者加深对设计方案的理解。

五、比例尺

比例尺通常用木材或塑料制成,形状为三棱柱形,尺身的三个面上共标有六种不同的比例(每个面的两个长边标有不同的比例),通常为1∶100、1∶200、1∶250、1∶300、1∶400、1∶500或其他常用的比例组合,比例尺上的刻度是以米为单位的。比例尺是用来度量某比例下图上线段的实际长度或将实际尺寸换算成图上尺寸的工具,在园林制图中的使用和携带非常方便。比例尺上的比例为图上距离与实际距离之比,比值越大比例就越大。相同物体用不同比例绘制时,比例越大,图上的尺寸就越大。作图时应选择合适的比例,要达到图面清楚且构图合理,如需使用到比例尺上没有的比例,可以通过所具有的比例进行换算和变通使用(图1-7)。

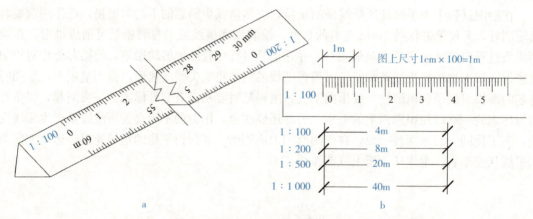

图1-7 比例尺的用法
a. 比例尺样式 b. 比例尺读数及换算

六、圆规和分规

(一)圆规

圆规是用来画圆或圆弧的工具,有大小圆规、弹簧圆规和小圈圆规三种。弹簧圆规的规脚间有控制规脚分度的调节螺丝,便于量取半径,但所画圆的大小受到限制。小圈圆规是专门用来画半径很小的圆或圆弧的工具。绘图圆规可连接的组件较多,也可以加装延伸杆用于绘制半径较大的圆或圆弧。圆规既可作铅线圆,也可作墨线圆,画圆时圆规的钢针应使用有肩台的一端,针肩台要与铅芯或鸭嘴等插脚的笔尖平齐,以保证所绘制图形的准确性。作铅线圆时,铅芯不应削成像铅笔芯一样的长锥状,而应用细砂纸磨成单斜面状,使铅芯磨损相对均匀(图1-8)。

单元一 制图基础知识及规范

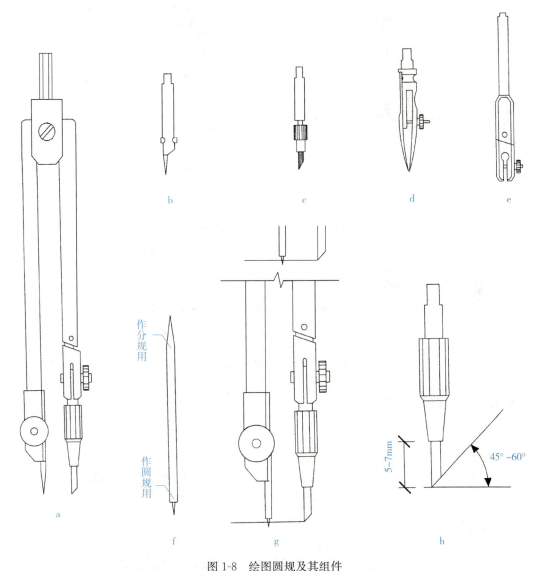

图 1-8 绘图圆规及其组件
a. 绘图圆规　b. 分规插脚　c. 铅芯插脚　d. 鸭嘴插脚　e. 延伸套杆
f. 圆规钢针　g. 作图时钢针稍长于铅芯　h. 铅芯削法

用圆规作圆时应按顺时针方向转动圆规，规身略向前倾，并且尽量使圆规的两个规脚尖端同时垂直于图面。当圆的半径过大时，可在圆规规脚上连接上延伸套杆作圆。当作同心圆或同心圆弧时，应保护圆心，先作小圆，以免圆心扩大后影响准确度（图 1-9）。

（二）分规

分规是用来截取线段、量取尺寸和等分直线或圆弧的工具。分规与普通的圆规形状相似，不同的是分规的两个脚都是不锈钢针。普通分规的规脚应不紧不松、容易控制，两个钢针的针尖应合于一点。弹簧分规有调节螺丝，能够准确地控制分规规脚的分度，使用方便。用分规截量或等分线段或圆弧时，应使两个针尖准确地落在线条上，不得错开。为使分规的使用准确，要注意保护好针尖，不能用于撬戳硬物，如果发生针尖弯曲或折断现象，应立即

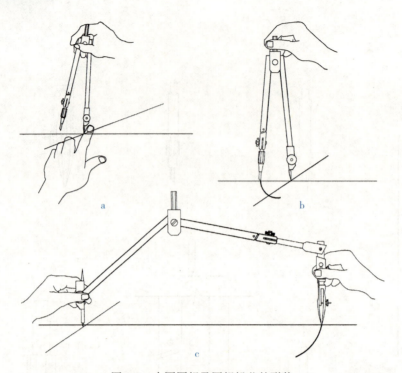

图 1-9 小圈圆规及圆规铅芯的形状
a. 确定圆心　b. 顺时针旋转　c. 连接延伸套杆画大圆

更换针尖再继续使用（图 1-10）。

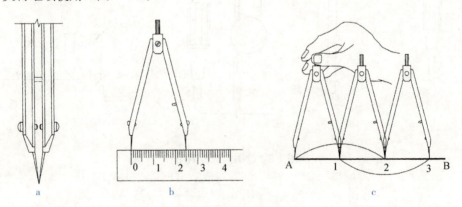

图 1-10 分规的使用方法
a. 针尖合于一点　b. 量取尺寸　c. 等分线段

七、曲 线 板

曲线板是用来绘制曲率和半径不同的曲线的工具。用塑料或有机玻璃制成，曲线板也可用可塑性材料和柔性金属芯条制成的柔性曲线条来代替。在工具线条图中，建筑物、道路、水池等的不规则曲线都应该用曲线板绘制。作图时，为保证线条平滑、准确，应根据曲线的不同曲度选择相应的曲线板部位绘制，相邻曲线段之间应留一小段共同段作为过渡，以达到连接自然和线条的圆滑（图 1-11）。

单元一 制图基础知识及规范

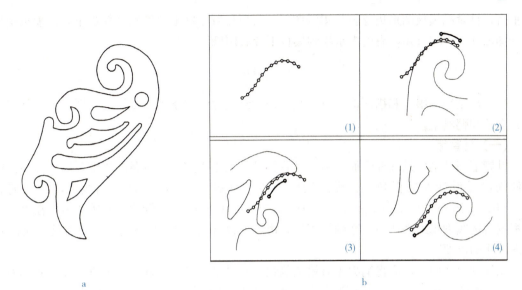

图 1-11 曲线板及使用方法
a. 曲线板样式　b. 使用曲线板绘制曲线的方法

八、模　　板

模板是绘制形状相对固定的线条或图形的工具，可用来辅助作图、提高工作效率，如在建筑设计中就可用建筑模板绘制厨卫设施。用于制图的模板因工程类别的不同，其种类和形式也非常多，主要为两大类，一类为通用型模板如圆模板、椭圆模板等，另一类为专业模板如建筑制图模板、家具制图模板等，这类模板上一般刻有该专业常用的一些尺寸、角度和几何形状（图 1-12）。用模板作直线时笔可稍向运笔方向倾斜，作圆或椭圆时笔应该尽量与纸

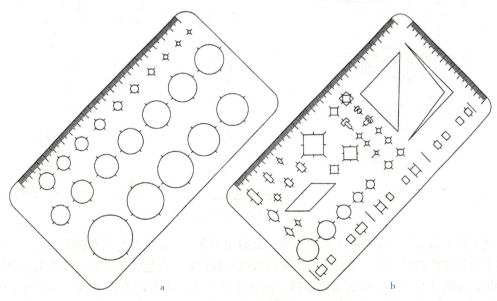

图 1-12 绘图模板
a. 圆模板　b. 建筑模板

面垂直,且紧贴模板图形边缘。作墨线图时,可以用胶带粘上垫纸贴到模板下,使模板稍稍离开图面0.5~1.0mm,避免墨水渗到模板下弄脏图纸。

九、墨线笔

墨线笔是绘制墨线和描图的工具,是专门为绘制墨线线条图而设计的绘图工具,常用的有针管笔和鸭嘴笔。

(一) 针管笔

针管笔因其笔尖是细针管而得名,针管管径的大小决定所绘线条的粗细,因携带和使用方便而深受设计人员喜爱。工程图纸中的线条有粗、中、细三种不同线宽,针管笔有0.1mm、0.2mm、0.3mm、0.4mm、…、1.0mm、1.2mm(针管管径)等规格,在绘图时要根据所选线型粗细来选用合适的针管笔。市场上也有如3支、5支等套装,都能满足园林制图工作的需要。

用针管笔作图时,应将笔尖正对铅笔稿线,并尽量与尺边贴近。为了避免尺缘沾上墨水洇开弄脏图线,可以在尺底面用胶带贴上厚度相同的纸片,使尺面稍许高出图面约1mm。作图时笔应略向运笔方向倾斜,并保持用力均衡、速度平稳(图1-13)。用较粗的针管笔作图时,下笔和收笔均不宜停顿。

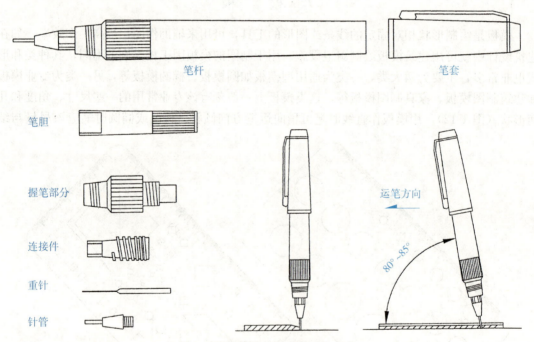

图1-13 针管笔的组成及运笔方式

为了使针管笔保持良好的工作状态和较长的使用寿命,应正确使用和保养针管笔。当用较细的针管笔作图时,用力不得过大以防针管弯曲和折断。若笔尖常出现墨珠或笔套常被墨水弄脏,可能都是墨水上得太多的原因,因此针管笔所上墨水量不宜过多,一般为笔胆的1/4~1/3。针管笔不宜用过浓或有沉淀物的碳素墨水,笔不用时应随时套上笔套以免笔尖墨水干结。定时清洗针管笔是十分必要的,否则笔头部分因干墨和沉淀物堵塞会导致针芯堵滞、墨线干涩、下笔出水困难等现象。

针管笔除用来作直线外,还可以将其用圆规附件和圆规连接起来作圆或圆弧,也可以用连接件配合模板作图。但在绘制很小半径的圆或圆弧时,需要用专门的小圈圆规来绘制(图1-14)。

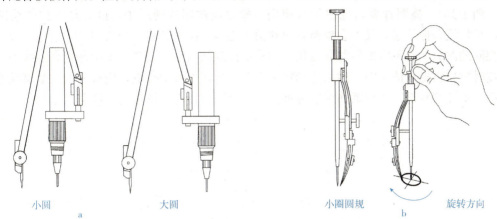

图1-14 墨线圆或圆弧的绘制方法
a. 针管笔与圆规连接绘图 b. 小圈圆规绘图

(二)鸭嘴笔

鸭嘴笔是用于绘制直线墨线的工具,故也称直线笔。鸭嘴笔的笔尖由两片钢片组成,调节钢片的间距可绘制一定宽度的线条。绘图前要用吸管或钢笔将墨水灌注在两钢片中间,装墨高度约6mm,过多会出现跑墨现象,过少又会造成图线中断。上墨时不要把墨水弄到钢片外面,正式绘制墨线前应在草稿纸上试画,同时调整钢片距离以符合线宽要求。

使用鸭嘴笔绘制图线时,笔杆向右倾斜约30°,笔尖与尺间应有一定空隙,使两片钢片同时接触纸面,笔杆不能向前倾或向后倾,否则会因出墨不均衡而造成墨线的粗细不均匀现象。运笔速度和发力程度要均匀,轻快则线细,重慢则线粗,在绘制一条墨线时中间不能停顿,以免因停留而出现块状墨迹(图1-15)。使用完毕后要放松调节螺母和擦净钢片。

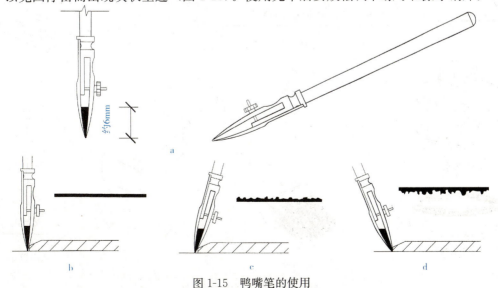

图1-15 鸭嘴笔的使用
a. 鸭嘴笔及灌墨高度 b. 正确使用 c、d. 不正确使用及后果

十、擦 图 片

擦图片是绘图中擦除图中多余或错误线条的工具,有塑料的和不锈钢的两种,不锈钢的较好(图1-16)。擦图片要与橡皮配合使用,橡皮应选用软硬适中,最好是专门的绘图橡皮,既可将线条擦干净,又不会擦糙纸面和留下擦痕。擦线条时,用擦图片上适合的口子对准需擦除的部分,将不需擦的部分盖住,用橡皮擦除缺口中的线条,保留好其余的线条。使用橡皮时应先将橡皮清干净,然后选择顺手方向均匀用力推动擦皮,用最少的次数将线条擦除干净,不能往复擦,否则纸面很容易被擦毛,难以再作出光滑均匀的线条。

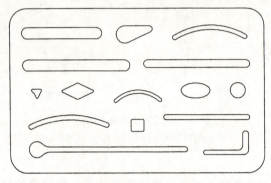

图1-16 擦图片

十一、其 他

此外,园林制图中还经常用到工具刀、刀片、橡皮等工具和材料(图1-17)。工具刀用来裁纸和削铅笔,图板上画好的图纸则用单面刀片来裁切;橡皮应选用专门的绘图橡皮,用于擦除错误的线条,可以和擦图片配合使用;描图纸上画错的墨线或墨斑应用双面刀片刮

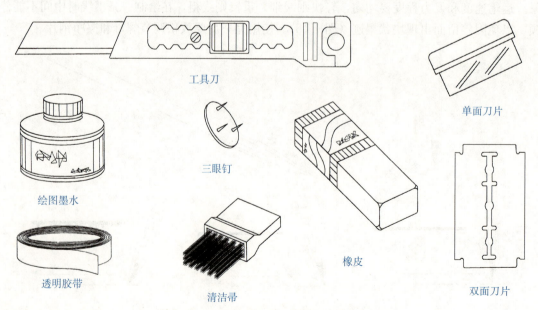

图1-17 其他常用绘图工具

除,刮图时图纸下垫三角板或其他平坦且质地较硬的面材,刮除力度要轻;透明胶带和绘图三眼钉均用于将图纸固定在图板上,但三眼钉在绘图时对丁字尺和三角板的使用有所影响;制图用的墨水要选用没有沉淀物的种类,最好用专门的绘图墨水;清洁帚用来掸除和清扫图纸上的铅粉等脏物异物,保证图面的清洁。

园林制图工具在种类和样式上还会不断地增加和更新,在实际工作中要在遵守相关制图标准和规范的基础上,灵活运用各种制图工具,提高绘图质量和效率。在正确使用制图工具和发挥其功能的同时,也要注意保养好,才能更好地为制图工作服务。

课题2 国家制图标准

【学习目标】
1. 了解国家制图标准的内容。
2. 掌握图纸的幅面及相关内容。
3. 掌握各种图线的画法及应用。

【学习重点和难点】
学习重点:制图标准及要求、绘制方法。
学习难点:各种尺寸标注方法。

【内容结构】

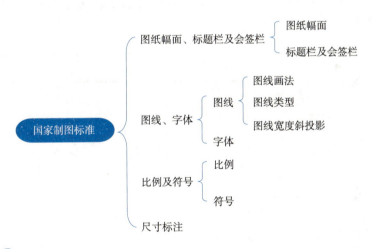

【相关知识】

工程图样是指导施工和进行技术交流的工程技术语言。为了统一制图规则,保证制图质量,提高制图效率,做到图面清晰、简明,符合设计、施工、存档的要求,适应工程建设的需要,我国自1986年以来,先后修订颁布了一系列国家标准或行业标准,对图样绘制做了统一的技术规定和要求。

本单元主要介绍《房屋建筑制图统一标准》(GB/T 50001—2017)、《建筑制图标准》(GB/T 50104—2010)、《建筑结构制图标准》(GB/T 50105—2010)、《总图制图标准》(GB/T 50103—2010)中关于图幅、图线、字体、尺寸标注等方面的有关规定。这些标准不仅适用于手工制图,同样也适用于计算机制图。

一、图纸幅面、标题栏及会签栏

(一) 图纸幅面

1. 图幅和图框 图纸幅面是指图纸的尺寸。为了便于图样的交流、存档和管理,制图标准对图纸幅面的尺寸大小作了统一规定。在图纸中还需要根据图幅的大小确定图框,图框是指在图纸上绘图范围的界限,规定绘制图样时图纸幅面及图框尺寸,应符合表 1-1 的规定。

表 1-1 图纸幅面及图框尺寸

尺寸代号	图符代号				
	A0	A1	A2	A3	A4
$b×l$	841mm×1 189mm	594mm×841mm	420mm×594mm	297mm×420mm	210mm×297mm
c	10mm			5mm	5mm
a	25mm				

从表 1-1 可以看出,图纸基本幅面的尺寸关系是:A0 号幅面的图纸沿长边对裁一次,即为 A1 号幅面的大小,裁两次就是 A2 号幅面,裁三次就是 A3 号幅面图纸,分别简称 0 号、1 号、2 号、3 号、4 号图纸(图 1-18),对裁时忽略小数点后面的尺寸数字。表 1-1 中代号含义如图 1-19 所示。

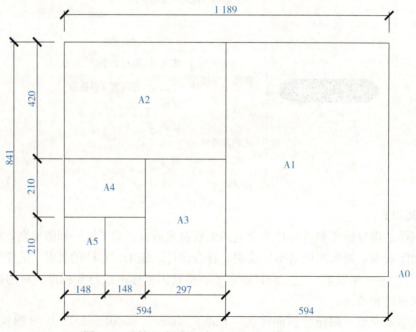

图 1-18 图幅面标准尺寸(A 系列,单位:mm)

需要微缩复制的图纸,其一个边上应附有一段准确的米制尺度,四个边上均附有对中标志,米制尺度的总长应为 100mm,分格应为 10mm(见后面线性比例尺内容)。对中标志应

单元一 制图基础知识及规范

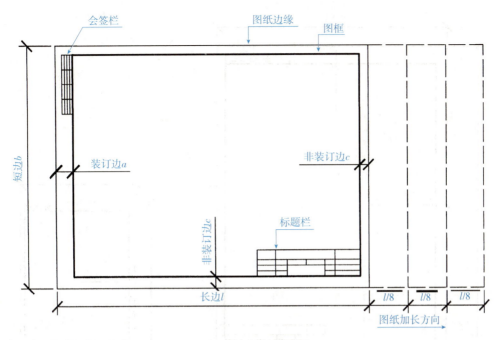

图 1-19 图幅与图框

画在图纸内框各边长的中点处,线宽 0.35mm,应伸入内框边,在框外长为 5mm。对中标志的线段,于 $l1$ 和 $b1$ 范围内取中间值。

必要时只有横幅图纸可以加长,且加长时只加长长边,短边不可以加长,按照国家规定每次加长的长度标准是标准图纸长边的 1/8(图 1-19),具体尺寸应符合表 1-2 的规定。

表 1-2 图纸长边加长尺寸

单位:mm

幅面尺寸	长边尺寸	长边加长后尺寸
A0	1 189	1 486(A0+1/4 l) 1 635(A0+3/8 l) 1 783(A0+1/2 l) 1 932(A0+5/8 l) 2 080(A0+3/4 l) 2 230(A0+7/8 l) 2 378(A0+1 l)
A1	841	1 051(A1+1/4 l) 1 261(A1+1/2 l) 1 471(A1+3/4 l) 1 682(A1+1 l) 1 892(A1+5/4 l) 2 102(A1+3/2 l)
A2	594	743(A2+1/4 l) 891(A2+1/2 l) 1 041(A2+3/4 l) 1 189(A2+1 l) 1 338(A2+5/4 l) 1 486(A2+3/2 l) 1 635(A2+7/4 l) 1 783(A2+2 l) 1 932(A2+9/4 l) 2 080(A2+5/2 l)
A3	420	630(A3+1/2 l) 841(A3+1 l) 1 051(A3+3/2 l) 1 261(A3+2 l) 1 471(A3+5/2 l) 1 682(A3+3 l) 1 892(A3+7/2 l)

2. 格式 图纸有横式和立式两种。图纸以短边作为垂直边称为横式(图 1-19),一般 A0~A3 图纸宜横式使用;以短边作为水平边称为立式,A0~A3 图纸必要时也可立式使用(图 1-20a)。A4 以下的图幅一般采用立式(图 1-20b)。

一个工程设计中,每个专业所使用的图纸,一般不宜多于两种幅面(不含目录及表格所采用的 A4 幅面)。

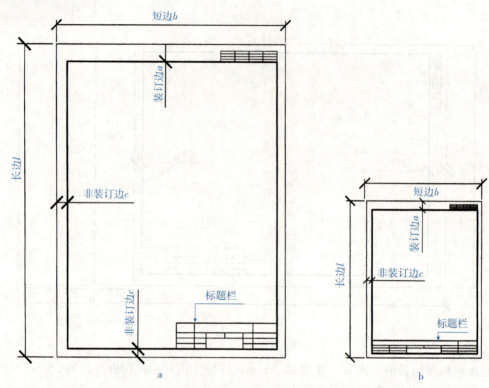

图 1-20 立式图纸的格式
a. A0～A3 立式 b. A4 及以下立式

（二）标题栏与会签栏

1. 标题栏

（1）原标准。标题栏一般位于图纸的右下角，只有 A4 图纸的标题栏位于图纸的下方（通栏）。标题栏主要介绍图纸的相关信息，如设计单位名称、工程项名称、设计人员以及图名、签字、图号、比例等。标题栏外栏框线用粗实线绘制，分格线用细实线绘制。

国家制图标准规定：横式的 A0～A3 图纸标题栏长度为 240mm，宽度为 30mm 或 40mm，立式的 A0～A4 图纸标题栏长度为 200mm，宽度为 30mm 或 40mm，通常根据工程需要选择确定格式及分区。工程用标题栏见图 1-21a 和图 1-21b，学生作业用标题栏可按图 1-21c 的格式绘制。

设计单位名称区	工程项目名称区	签字区	图号区	30（40）
	图名区			
50	80	60	50	

240

a

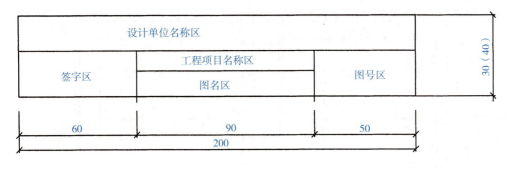

图 1-21 标题栏
a、b. 工程用标题栏　c. 教学用标题栏

（2）新标准。《房屋建筑制图统一标准》（GB/T 50001—2017）规定了标题栏在不同图幅图纸中（A0～A4）的位置（图 1-22、图 1-23）。

签字区应包含实名列和签字名列。涉外工程的标题栏内，各主要内容的中文下方应附有译文，设计单位的上方或左方，应加"中华人民共和国"字样（图 1-24）。

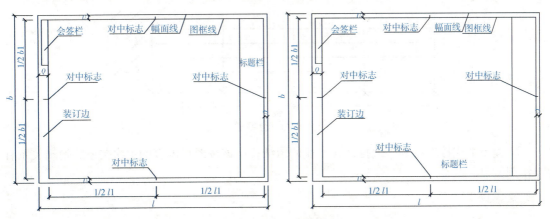

图 1-22　A0～A3 横式幅面

2. 会签栏　会签栏应按图 1-25 的格式绘制，其尺寸应为 100mm×20mm，栏内应填写会签人员所代表的专业、姓名、日期（年、月、日）；一个会签栏不够时，可另加一个，两个会签栏应并列；不需会签的图纸可不设会签栏。

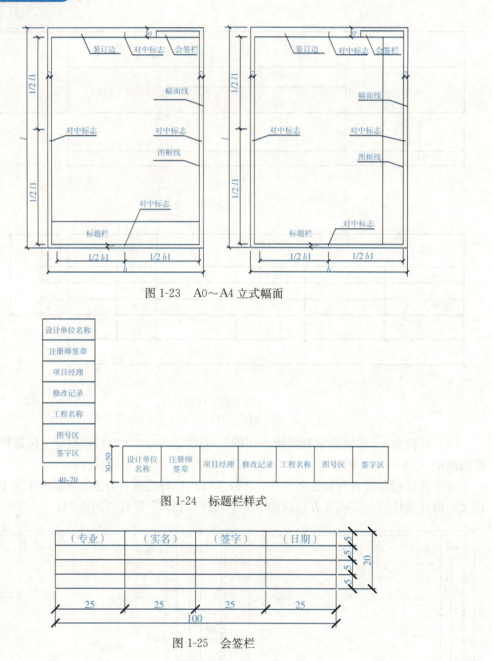

图 1-23　A0～A4 立式幅面

图 1-24　标题栏样式

图 1-25　会签栏

工程图纸应按专业顺序编排。各专业的图纸，应该按图纸内容的主次关系、逻辑关系有序排列。

二、图　线

图纸中的线条统称为图线。园林设计图和施工图的图样是用各种不同类型和粗细的图线绘制而成的。国家标准对图线的宽度、类型及用途作了明确规定。

1. 图线的宽度　图线的宽度（简称线宽）定为 b，b 宜从下列线宽系列中选取：2.05mm、1.45mm、1.05mm、0.75mm、0.55mm、0.35mm。每一粗线宽度对应一组中线和细线，每一组合称为一线宽组。

每个图样应根据复杂程度与比例大小，先选定基本线宽 b，再选用表 1-3 中相应的线宽组。

表 1-3　线宽组

线宽比	线宽组			
b	1.40	1.00	0.70	0.50
$0.70b$	1.00	0.70	0.50	0.35
$0.50b$	0.70	0.50	0.35	0.25
$0.25b$	0.35	0.25	0.18	0.13

注：1. 需要微缩的图纸，不宜采用 0.18mm 及更细的线宽。
2. 同一张图纸内，各不同线宽中的细线，可统一采用较细的线宽组的细线。

2. 图线类型及用途　园林工程建设制图应选用表 1-4 所示的图线。

表 1-4　图线的类型和应用

名称		线形	线宽	用途
实线	粗	——————	b	①主要可见轮廓线 ②平、剖面图中被剖切的主要建筑构造（包括构配件）的轮廓线 ③建筑构配件详图中的外轮廓线 ④建筑立面图或室内立面图的外轮廓线 ⑤平、立、剖面图中的剖切符号 ⑥总平面图中新建构筑物±0.00高度的可见轮廓线、新建的铁路、管线
	中	——————	$0.50b$	①平、剖面图中被剖切的次要建筑构造（包括构配件）的轮廓线 ②建筑平、立、剖面图中建筑构配件的轮廓线 ③建筑构造详图及建筑构件中详图的一般轮廓线 ④总平面图中新建构筑物、道路、桥涵、边坡、围墙、挡土墙等设施的可见轮廓线以及场地、区域分界线、用地卫线、建筑红线、河道蓝线等 ⑤尺寸起止符号
	细	——————	$0.25b$	①总平面图中新建道路路肩、人行道、排水沟、树丛、草地、花坛的可见轮廓线 ②原有（包括保留和拟拆除的）建筑物、构筑物、铁路、道路、桥涵、围墙的可见轮廓线 ③坐标网线、图例线、尺寸线、尺寸界线、引出线、索引符号、标高符号、较小图形的中心线等

(续)

名称		线形	线宽	用途
虚线	粗	- - - - - - - -	b	①总平面图中新建建筑物、构筑物的不可见轮廓线 ②结构图中不可见的钢筋、螺栓线
	中	- - - - - - -	$0.50b$	①建筑构造详图及建筑构配件不可见轮廓线 ②平面图中的起重机（吊车）轨道线 ③总平面图中计划扩建建筑物、构筑物、预留地、铁路、道路、桥涵、围墙的不可见轮廓线 ④建筑构造详图及建筑构配件详图中的一般轮廓线
	细	- - - - - - - - -	$0.25b$	①总平面图中原有建筑物、构筑物、铁路、道路、桥涵、围墙的不可见轮廓线 ②基础平面图中的管沟轮廓线、不可见的钢筋混凝土构件轮廓线 ③图例线及其他不可见轮廓线
单点长画线	粗	▬ ▪ ▬ ▪ ▬	b	①起重机（吊车）轨道线 ②总平面图中露天矿开采边界线 ③结构图中的柱间支撑、垂直支撑，设备基础轴线图中的中心线
	中	— · — · —	$0.50b$	土方填挖区的零点线
	细	— · — · — · —	$0.25b$	分水线、中心线、对称线、定位轴线
双点长画线	粗	▬ ▪ ▪ ▬ ▪ ▪ ▬	b	预应力钢筋线
	细	— ·· — ·· —	$0.25b$	假想轮廓线、成形前原始轮廓

3. 图线的画法 绘制图线时，应注意以下问题：

(1) 同一张图纸内，相同比例的各图样应选用相同的线宽组。

(2) 图纸的图框和标题栏线宽可以采用表 1-5 的线宽。

表 1-5 图框线、标题栏和会签栏线的宽度

幅面代号	图框线	标题栏外框线	标题栏分格线
A0、A1	b	$0.5b$	$0.25b$
A2、A3、A4	b	$0.7b$	$0.35b$

(3) 相互平行的图线，其间隙不宜小于其中的粗线宽度，且不宜小于 0.7mm。

(4) 虚线、单点长画线或双点长画线的线段长度和间隔，宜各自相等。

(5) 虚线每段线段长度 4～6mm，线段与线段之间的间隔为 1.5mm；单点长画线每段线段长度 15～20mm，线段与线段之间的间隔（含点在内）约 3mm；双点长画线每段线段长度 15～20mm，线段与线段之间的间隔（含点在内）约 5mm。

(6) 单点长画线或双点长画线在较小图形中绘制有困难时，可用实线代替。

(7) 单点长画线或双点长画线的两端不应是点。点画线与点画线交接或点画线与其他图线交接时，应是线段交接。

(8) 虚线与虚线交接或虚线与其他图线交接时，应是线段交接。虚线为实线的延长线时，不得与实线连接。图线不得与文字、数字或符号重叠、混淆，不可避免时，应首先保证文字等的清晰。

三、字　　体

图纸上的各种字体必须书写端正、排列整齐、笔画清楚，标点符号要清楚正确。制图标准中对图纸中的各种字体类型和字体大小都作了明确规定。

（一）汉字

图样中的汉字应采用长仿宋体，字的大小应按字号规定，字体号数代表字体的高度。文字的字高（代表字体的号数，即字号）应从如下系列中选用：3.5mm、5mm、7mm、10mm、14mm、20mm。如需书写更大的字，其高度应按相应的比值递增。图样及说明中的汉字，宜采用长仿宋体，宽度与高度的关系应符合表1-6的规定。为了保证美观、整齐，书写前先打好网格，字格的高宽比为3∶2，字的行距为字高的1/3，字距为字高的1/4，书写时应横平竖直，起落分明，笔锋饱满，布局均衡。

表1-6　长仿宋体字体规格及其适用范围

单位：mm

字高（字号）	20.0	14.0	10.0	7.0	5.0	3.5
字宽	14.0	10.0	7.0	5.0	3.5	2.5
(1/4) h			2.5	1.8	1.3	0.9
(1/3) h			3.3	3.2	1.7	1.2
使用范围	标题或封面文字	标题或封面文字	各种图标题文字	①详图数字和标题用字 ②标题下的比例数字 ③剖面代号 ④一般说明文字	①详图数字和标题用字 ②标题下的比例数字 ③剖面代号 ④一般说明文字	①详图数字和标题用字 ②标题下的比例数字 ③剖面代号 ④一般说明文字
				①表格名称 ②详图及附注标题	尺寸、标高及其他	尺寸、标高及其他

注：大标题、图册封面、地形图等的汉字，也可书写成其他字体，但应易于辨认。

长仿宋体汉字书写的特点：横平竖直、起落有锋、粗细一致、结构匀称（表1-7），图1-26是长仿宋体汉字书写示例。

表1-7　长仿宋体汉字书写的特点

基本笔画	点	横	竖	撇	捺	挑	勾	折
形状								
写法								
字例	点 溢	王	中	厂 千	分 建	均	才 戈	国 出

10号字

字体工整笔画清楚间隔均匀排列整齐

7号字

横平竖直注意起落结构均匀填满方格

5号字

园林制图在园林设计中的应用木建筑山石小品等放线立面剖面井坑驳岸水池

图1-26　长仿宋体汉字书写示例

(二) 字母和数字

拉丁字母、阿拉伯数字与罗马数字的书写与排列，应符合表1-8的规定。

表1-8　拉丁字母、阿拉伯数字与罗马数字书写规则

书写格式	一般字体	窄字体
大写字母高度	h	h
小写字母高度（上下均无延伸）	$7/10h$	$10/10h$
小写字母伸出的头部或尾部	$3/10h$	$4/10h$
笔画宽度	$1/10h$	$1/10h$
字母间距	$2/10h$	$2/10h$
上下行基准线最小距离	$13/10h$	$21/10h$
词间距	$6/10h$	$6/10h$

在图样中，字母和数字可写成斜体或正体，斜体字字头向右倾斜，与水平基准线呈75°。字母和数字一般写成斜体。字母和数字分A型和B型，B型的笔画宽度比A型宽，我国采用B型。用作指数、分数、极限偏差、注角的数字及字母，一般应采用小一号字体。图1-27所示是字母和数字书写示例。

ABCDEFGHIJKLMNOPQRSTUVW
XYZ
abcdefghijklmnopqrstuvwxyz
0123456789

图1-27　字母和数字书写示例

分数、百分数和比例数的注写，应采用阿拉伯数字和数学符号，例如四分之三、百分之二十五和一比二十应分别写成3/4、25%和1∶20。

当注写的数字小于1时，必须写出个位的"0"，小数点应采用圆点，齐基准线书写，例如0.01。

四、比　例

图形与实物相对的线性尺寸之比称为比例。比例的大小是比值的大小，比例的符号用"："表示，比例应以阿拉伯数字表示，如1：1、1：2、1：100等。比例宜注写在图名的右侧，字的基准线应取平，比例的字高宜比图名小一号或二号（图1-28）。

图1-28　比例的注写

在进行园林制图时，必须根据所绘图的实际尺寸和选择的图纸尺寸确定合适的比例。绘图所用的比例，应根据图样的用途与被绘对象的复杂程度，从表1-9中选用。

表1-9　园林设计图纸常用比例

图纸类型	适用的比例
各种详图、花坛设计图等	1：2　1：3　1：4　1：5　1：10　1：20　1：30　1：40　1：50
道路绿化图	1：50　1：100　1：150　1：200　1：250　1：300
小游园规划图	1：50　1：100　1：150　1：200　1：250　1：300
机关单位绿化规划图	1：100　1：200　1：300　1：400　1：500　1：1 000
公园规划图	1：500　1：1 000　1：2 000　1：2 500

一般情况下，一个图样应选一种比例。根据专业制图需要，同一图样可选用两种比例。特殊情况下也可自选比例，这时除应注出绘图比例外，还必须在适当位置绘制出相应的线段比例尺。

线段比例尺是根据所绘图纸的比例绘制一线段，线段长度一般5～10cm，然后将线段按照0.5cm或1.0cm的间距进行分格，在分格线上端根据比例从0开始标出实际距离（图1-29）。线段比例尺在图纸缩放中的应用十分普遍。

图1-29　线段比例尺

五、符　号

（一）详图符号与索引符号

比例较小的图纸中，有些构造表达不清楚，需要用索引和局部详图来表示。索引符号和详图符号呈一一对应关系，即有索引符号就有详图符号。索引符号是由直径为10mm的圆和水平直径组成的，圆及水平直径均应以细实线绘制。

1. 索引符号编写规定

（1）索引出的详图如与被索引的详图同在一张图纸内，应在索引符号的上半圆中用阿拉伯数字注明该详图的编号，并在下半圆中间画一段水平细实线（图1-30）。

（2）索引出的详图如与被索引的详图不在同一张图纸内，应在索引符号的上半圆中用阿拉伯数字注明该详图的编号，在索引符号的下半圆中用阿拉伯数字注明该详图所在图纸的编号(图 1-31)。数字较多时,可加文字标注。

(3)索引出的详图如采用标准图,应在索引符号水平直径的延长线上加注该标准图册的编号(图 1-32)。

图 1-30 被索引的详图在同一张图纸上

图 1-31 被索引的详图不在同一张图纸

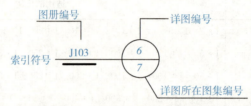

图 1-32 被索引的详图在标准图中

索引符号如用于索引剖视详图,应在被剖切的部位绘制剖切位置线,并以引出线引出索引符号,引出线所在的一侧应为投射方向(图 1-33)。

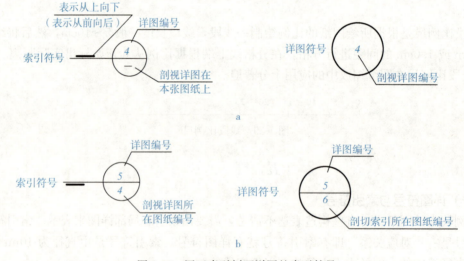

图 1-33 用于索引剖面详图的索引符号
a. 被索引的剖视图在同一张图纸内 b. 被索引的剖视图不在同一张图纸内

2. 详细图符号编写规定

(1)详图与被索引的图样同在一张图纸内时,应在详图符号内用阿拉伯数字注明详图的编号(图 1-33a)。

(2)详图与被索引的图样不在同一张图纸内,应用细实线在详图符号内画一水平直径,在上半圆中注明详图编号,在下半圆中注明被索引的图纸的编号(图 1-33b)。

(3) 详图符号的编号:应用细实线在详图符号内画一水平直线,在上半圆中注明详图编号,在下半圆中注明被索引的图纸的编号。

(二) 引出线

引出线应以细实线绘制,宜采用水平方向的直线,与水平方向成 30°、45°、60°、90°的直线,或经上述角度再折为水平线。文字说明宜注写在水平线的上方(图 1-34a),也可注写在水平线的端部(图 1-34b)。索引详图的引出线,应与水平直径线相连接(图 1-34c)。

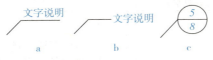

图 1-34 引出线

同时引出几个相同部分的引出线,宜互相平行(图 1-35a),也可画成集中于一点的放射线(图 1-35b)。多层构造或多层管道共用引出线,应通过被引出的各层,文字说明宜注写在水平线的上方,或注写在水平线的端部,说明的顺序应由上至下,并应与被说明的层次一致;如层次为横向排序,则由上至下的说明顺序应与由左至右的层次一致(图 1-36)。

图 1-35 共用引出线

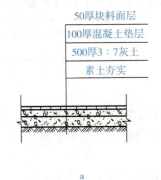 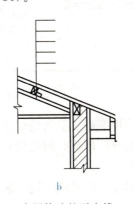 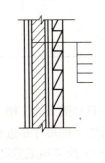

图 1-36 多层构造的引出线

(三) 其他符号

其他常用符号见表 1-10。

表 1-10 其他常用符号

名称	符号	说明
连接符号	A⊣⊢A A⊣⊢A	连接符号应以折断线表示需连接的部位,两部位相距过远时,折断线两端靠图样一侧应标注大写拉丁字母表示连接编号,两个被连接的图样必须用相同的字母编号
指北针	N	指北针的形状宜如左图所示,其圆的直径宜为 24mm,用细实线绘制,指针尾部的宽度宜为 3mm,指针头部应注"北"或"N"字。需用较大直径绘制指北针时,指针尾部宽度宜为直径的 1/8

(续)

名称	符号	说明
风向频率玫瑰图	(风玫瑰图，标注"全年""夏季")	根据当地多年平均统计的16个方向吹风次数的百分数值以同一比例绘成的折线图形称为风向频率玫瑰图。图上所表示的风的吹向，是指从外面吹向地区中心的，图中粗实折线距中心点最远的顶点表示该方向吹风频率最高，成为常年主导风向。图中细虚折线表示当地6~8月三个月的风向频率，称为夏季主导方向
对称符号	(对称符号图示)	对称符号由对称线和两端的两对平行线组成。对称线用细点画线绘制；平行线用细实线绘制，其长度宜为6~10mm，每对的间距宜为2~3mm；对称线垂直平分两对平行线，两端超出平行线宜为2~3mm
定位轴线	(定位轴线图示)	①定位轴线一般应编号，编号应书写在轴线端部的圆内。圆应用细实线绘制，直径为8~10mm；②定位轴线圆的圆心，应在定位轴线的延长线上或延长线的折线上；③平面图上定位轴线的编号，宜标注在图样的下方与左侧，横向编号应用阿拉伯数字，从左至右顺序编写，竖向编号应用大写拉丁字母，从下至上顺序编写；④拉丁字母的I、O、Z不得用作轴线编号。如字母数量不够使用，可增用双字母或单字母加数字注脚，如AA、BA…YA或A1、B1…Y1

六、尺寸标注

在设计图及施工图上，必须用准确、清晰的标注尺寸来确定物体各部分的大小，施工图和设计图上的尺寸是进行放线的唯一依据，因此尺寸标注是十分重要的图纸要素之一。

（一）尺寸组成的基本要素

图样上的尺寸，包括尺寸界线、尺寸线、尺寸起止符号和尺寸数字（图1-37）。

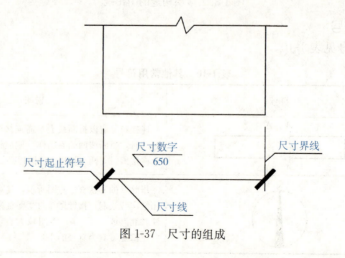

图1-37 尺寸的组成

1. 尺寸界线　尺寸界线应用细实线绘制，一般应与被注长度垂直，其一端应离开图样轮廓线不小于2mm，另一端宜超出尺寸线2～3mm。图样轮廓线可用作尺寸界线（图1-38）。

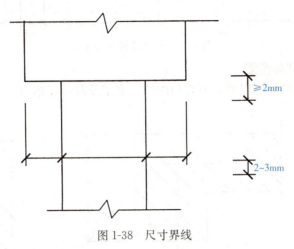

图1-38　尺寸界线

2. 尺寸线　应用细实线绘制，应与被注长度平行。图样本身的任何图线均不得用作尺寸线。

3. 尺寸起止符号　一般用中粗斜短线绘制，其倾斜方向应与尺寸界线成顺时针45°，长度宜为2～3mm。半径、直径、角度与弧长的尺寸起止符号宜用箭头表示（图1-39）。

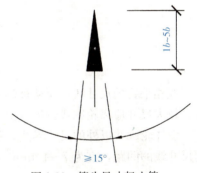

图1-39　箭头尺寸起止符

4. 尺寸数字　图样上的尺寸，应以尺寸数字为准，不得从图上直接量取。图样上的尺寸单位，除标高及总平面以米为单位外，其他必须以毫米为单位。

尺寸数字的方向，应按图1-40a的规定注写。若尺寸数字在30°斜线区内，宜按图1-40b的形式注写。尺寸数字一般应依据其方向注写在靠近尺寸线的上方中部。如没有足够的注写位置，最外边的尺寸数字可注写在尺寸界线的外侧，中间相邻的尺寸数字可错开注写（图1-41）。

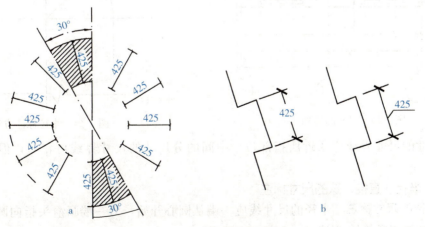

图1-40　尺寸数字的注写方向

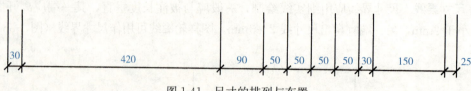

图 1-41 尺寸的排列与布置

（二）尺寸的排列与布置

尺寸宜标注在图样轮廓以外，不宜与图线、文字及符号等相交（图 1-42）。

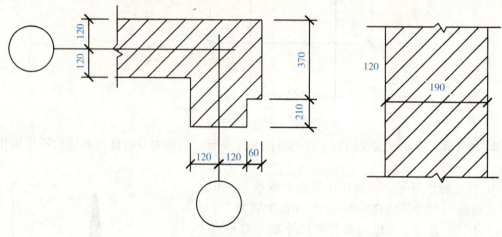

图 1-42 尺寸数字的注写

互相平行的尺寸线，应从被注写的图样轮廓线由近向远整齐排列，较小尺寸应离轮廓较近，较大尺寸应离轮廓线较远（图 1-43）。

图样轮廓线以外的尺寸界线，距图样最外轮廓之间的距离，不宜小于 10mm。平行排列的尺寸线的间距，宜为 7～10mm，并应保持一致。

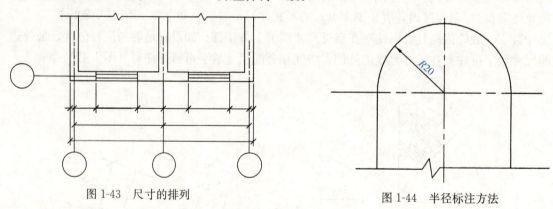

图 1-43 尺寸的排列　　　　　图 1-44 半径标注方法

总尺寸的尺寸界线应靠近所指部位，中间的分尺寸的尺寸界线可稍短，但其长度应相等。

（三）半径、直径、球的尺寸标注

1. 半径的尺寸标注　半径的尺寸线应一端从圆心开始，另一端画箭头指向圆弧。半径数字前应加注半径符号"*R*"（图 1-44）。

较小圆弧的半径，可标注在圆弧外（图1-45）。
较大圆弧的半径，可按图1-46的形式标注。

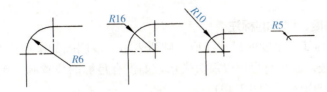

图1-45　小圆弧半径标注方法

图1-46　大圆弧半径标注方法

2. 直径的尺寸标注　标注圆的直径尺寸时，直径数字前应加直径符号"ϕ"。在圆内标注的尺寸线应通过圆心，两端画箭头指至圆弧（图1-47）。

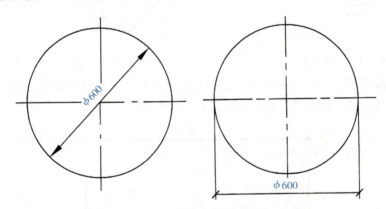

图1-47　圆的直径标注方法

较小圆的直径尺寸，可标注在圆外（图1-48）。

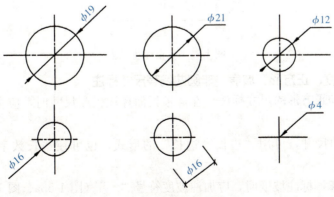

图1-48　小圆直径标注方法

3. 球的尺寸标注　标注球的半径尺寸时，应在尺寸前加注符号"*SR*"。标注球的直径尺寸时，应在尺寸数字前加注符号"*Sϕ*"。注写方法与圆弧半径和圆直径的尺寸标注方法相同。

（四）角度、弧度、弧长的标注

1. 角度的尺寸标注　角度的尺寸线应以圆弧表示。该圆弧的圆心应是该角的顶点，角的两条边为尺寸界线。起止符号应以箭头表示，如没有足够的位置画箭头，可用圆点代替，角度数字应按水平方向注写（图 1-49）。

2. 弧长的尺寸标注　标注圆弧的弧长时，尺寸线应以与该圆弧同心的圆弧线表示，尺寸界线应垂直于该圆弧的弦，起止符号用箭头表示，弧长数字上方应加注圆弧符号"⌒"（图 1-50）。

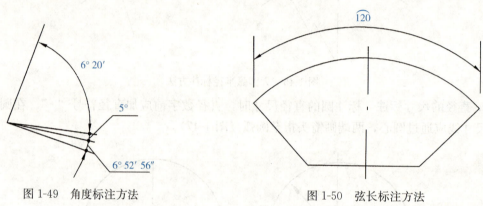

图 1-49　角度标注方法　　　　图 1-50　弦长标注方法

3. 圆弧的弦长标注　标注圆弧的弦长时，尺寸线应以平行于该弦的直线表示，尺寸界线应垂直于该弦，起止符号用中粗斜短线表示（图 1-51）。

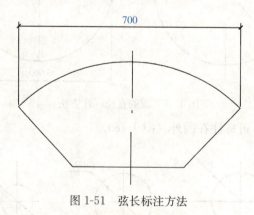

图 1-51　弦长标注方法

（五）薄板厚度、正方形、坡度、非圆曲线等尺寸标注

1. 薄板厚度和正方形的尺寸标注　在薄板板面标注板厚尺寸时，应在厚度数字前加厚度符号"*t*"。

标注正方形的尺寸，可用"边长×边长"的形式，也可在边长数字前加正方形符号"□"（图 1-52）。

2. 坡度的标注　标注坡度时，应加注坡度符号"⟵"（图 1-53a、图 1-53b），该符号为单面箭头，箭头应指向下坡方向。坡度也可用直角三角形形式标注（图 1-53c）。

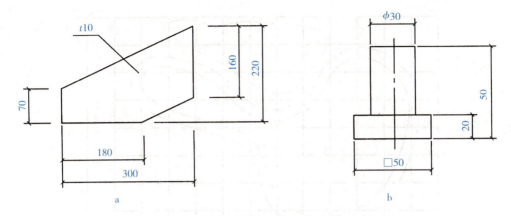

图 1-52　薄板厚度和正方形的尺寸标注
a. 薄板厚度标注方法　b. 标注正方形尺寸

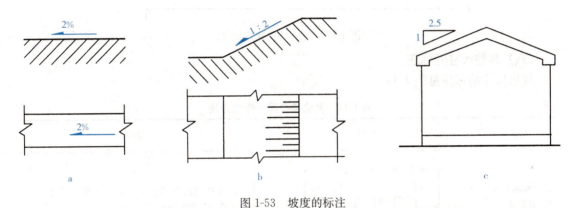

图 1-53　坡度的标注

3. 非圆曲线等的尺寸标注　外形为非圆曲线的构件，可用坐标形式标注尺寸（图 1-54）。复杂的图形可用网格形式标注尺寸，图 1-55 为一园林水池的平面图标注方法。

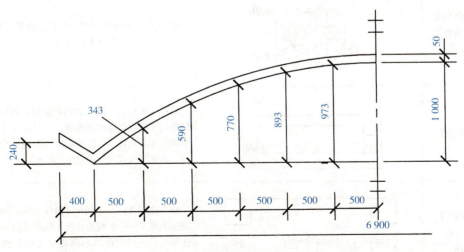

图 1-54　坐标形式标注曲线尺寸

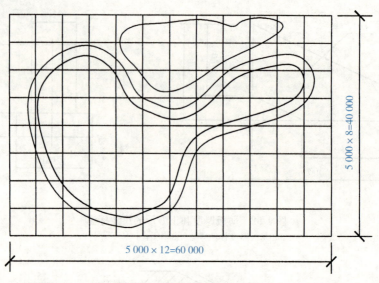

图 1-55 网格形式标注尺寸

（六）其他尺寸的标注

其他尺寸的标注见表 1-11。

表 1-11 其他类型尺寸标注方法

类型	图形	说明
连续排列的等长尺寸		连续排列的等长尺寸，可用"等长尺寸×个数＝总长"的形式标注
内部构造因素相同的物体尺寸标注		构配件内的构造因素（如孔、槽等）如相同，可仅标注其中一个要素的尺寸
对称构配件		对称构配件采用对称省略画法时，该对称构配件的尺寸线应略超过对称符号，仅在尺寸线的一端画尺寸起止符号，尺寸数字应按整体全尺寸注写，其注写位置宜与对称符号对齐
两个构配件个别尺寸数字不同		两个构配件，如个别尺寸数字不同，可在同一图样中将其中一个构配件的不同尺寸数字注写在括号内，该构配件的名称也应注写在相应的括号内

单元一　制图基础知识及规范

（续）

类型	图形	说明
标高	a: ▽　b: ▽　c: ≈3mm 45°　d: ≈3mm 45° l/h l 取适当长度注写标高数字 h 根据需要取适当高度	标高符号应以直角等腰三角形表示，按图 a 所示形式用细实线绘制，如标注位置不够，也可按图 b 所示形式绘制
	a: ▼　≈3mm　b: ▼ 45°	总平面图室外地坪标高符号，宜用涂黑的三角形表示（图 a），具体画法如图 b 所示
	5.250　　　5.250	标高符号的尖端应指至被注高度的位置。尖端一般应向下，也可向上。标高数字应注写在标高符号的左侧或右侧
	(9.600) (6.100) (3.200)	标高数字应以米为单位，注写到小数点以后第三位。在总平面图中，可注写到小数点以后第二位。零点标高应注写成±0.000，正数标高不注"+"，负数标高应注"-"，在图样的同一位置需表示几个不同标高时，标高数字可按左图的形式注写

七、常用建筑材料图例

在绘制各种建筑设计图和施工图时，经常需要在图面上表达出建筑材料的类型，这时需要用建筑材料图例来表示。

《建筑制图标准》（GB/T 50104—2010）对图例的画法有明确的规定：

（1）建筑材料的图例线应间隔均匀，疏密适度，做到图例正确，表示清楚；不同品种的同类材料使用同一图例（如某些特定部位的石膏板必须注明是防水石膏板）时，应在图上附加必要的说明。

（2）两个相同的图例相接时，图例线宜错开或使倾斜方向相反（图 1-56）。

（3）两个相邻的涂黑图例（如混凝土构件、金属件）间，应留有空隙。其宽度不得小于 0.7mm（图 1-57）。

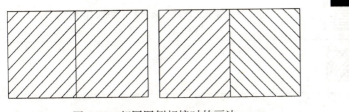

图 1-56　相同图例相接时的画法　　　　图 1-57　相邻涂黑图例画法

（4）下列情况可不加图例，但应加文字说明：①一张图纸内的图样只用一种图例时；②图形较小无法画出建筑材料图例时。

（5）当选用本标准中未包括的建筑材料时，可自编图例。但不得与本标准所列的图例重复。绘制时，应在适当位置画出该材料图例，并加以说明。常用建筑材料图例如表 1-12 所示。

表 1-12 常用建筑材料图例

序号	名称	图例	备注
1	自然土壤		包括各种自然土壤
2	夯实土壤		
3	沙、灰土	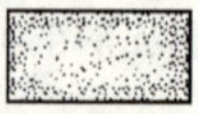	靠近轮廓线的点较密
4	沙砾石、碎砖三合土	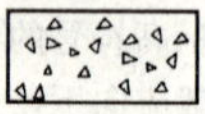	
5	天然石材		包括岩层、砌体、铺地、贴面等材料
6	毛石	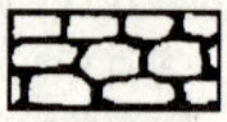	
7	普通砖	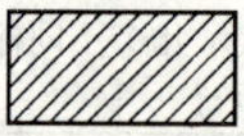	包括砌体、砌块，断面窄，不易画出图例线时可涂红
8	空心砖	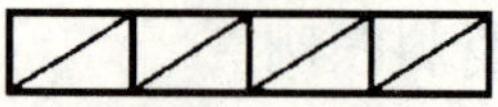	
9	混凝土	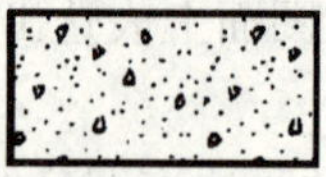	①本图例仅适用于能承重的混凝土及钢筋混凝土；②包括各种标号、骨料、添加剂的混凝土；③剖面图上画出钢筋时，不画图例线；④断面较窄，不易画出图例线时可涂黑
10	钢筋混凝土	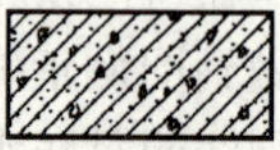	
11	木材	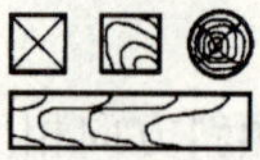	①上图为横断面，从左到右依次为垫木、木砖、木龙骨；②下图为纵断面
12	饰面砖	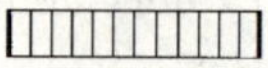	包括铺地砖、马赛克、陶瓷饰砖、人造大理石等
13	玻璃		包括平板玻璃、磨砂玻璃、夹丝玻璃、钢化玻璃等
14	多孔材料	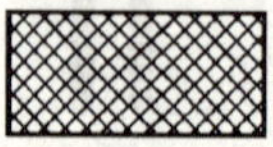	
15	防水材料		构造层次多或比例较大时采用上面图例
16	金属	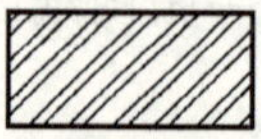	①包括各种金属；②图形小时可涂黑

课题3　绘图方法及步骤

【学习目标】
1. 掌握各种绘图工具。
2. 学会各种绘图工具的作图方法。
3. 掌握绘图的方法及步骤。

【学习重点和难点】
学习重点：工具制图。
学习难点：手绘各种图形和线条。

【内容结构】

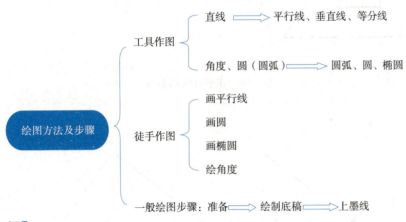

【相关知识】

一、工具作图

工具作图即借助尺规和曲线板等绘图工具绘制出工整的图样。工具图的绘制是园林设计制图最基本的技能，工具作图应熟悉和掌握各种制图工具的用法，线条的类型、等级、所代表的意义及线条的交接。在园林工程中，园林各组成部分尤其是建筑物的形状基本上是由直线、圆弧和其他一些曲线组成的几何图形。为能正确迅速地画出工程图中的某些平面图形，首先要熟练地掌握各种几何图形的作图原理和方法，现介绍如下。

（一）直线

1. 作平行线和垂直线

（1）作平行线。将三角板的一边靠准 AB，再靠上另一三角板；移动前一三角板，使其靠准 C 点，过 C 点画一直线，即为所求直线（图 1-58a）。

（2）作垂直线。先把三角板一直角边靠准 AB，再靠上另一三角板，移动前一三角板，并把它的另一直角边靠准 C 点，过 C 点画一直线，即为所求直线（图 1-58b）。

2. 分线段成任意等份

（1）已知直线 AB（图 1-59a）。

（2）过任一点作一直线 AC，将 AC 分成 5 等份，得 $1'$、$2'$、$3'$、$4'$、$5'$，连直线 $5'B$，并过点 $1'$、$2'$、$3'$、$4'$，作直线平行 $5'B$ 交 AB 于 1、2、3、4 即为所求（图 1-59b）。

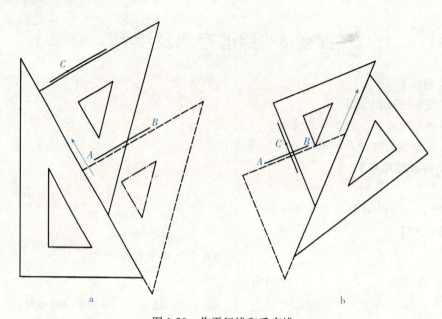

图 1-58 作平行线和垂直线
a. 过已知点 C 作已知直线 AB 的平行线　b. 过已知点 C 作已知直线 AB 的垂直线

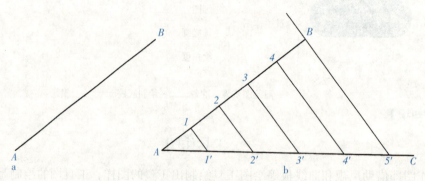

图 1-59 分线段成 5 等份

3. 分两平行线间的距离为任意等份

（1）已知平行线 AB 和 CD（图 1-60a）。

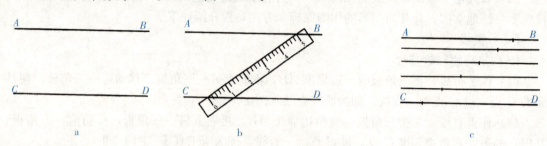

图 1-60 分两平行线间的距离为五等份

（2）置 O 点于 CD 上，摆动尺身，使刻度 5 落在 AB 上，且过 1、2、3、4 各分点（图 1-60b）。

（3）过各分点作 AB（或 CD）的平行线，即为所求（图 1-60c）。

（二）角度、圆（圆弧）

1. 分角度成任意等份 分一已知角成任意等份，一般采用近似作法，现以图1-61所示的分已知∠AOB为5等份为例说明。作图方法如下：

（1）以O为圆心，任意长度（图中以AO）为半径，作半圆弧分别交AO延长线于C、BO于B；分别以A、C为圆心，AC为半径作弧，交于D（图1-61a）。

（2）连接BD交AC于E；分AE为5等份，得分点$1'$、$2'$、$3'$、$4'$、E（图1-61b）。

（3）过D点分别与$1'$、$2'$、$3'$、$4'$、E各点连接，并延长交圆弧$\overset{\frown}{ABC}$于B_1、B_2、B_3、B_4，过O点分别与B_1、B_2、B_3、B_4连接得各分角（图1-61c）。

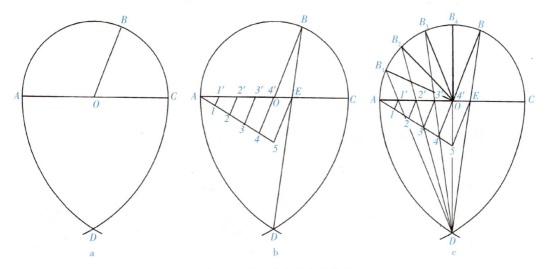

图1-61 分一个角成任意等份

2. 等分圆周作正多边形 圆内接等边三角形、正方形和正六边形等都可运用45°、60°、30°三角板配合丁字尺直接作图。正六边形亦可运用其边长等于外切圆的半径的特点，直接等分圆周作图。

（1）作圆的内接正五边形。在已知半径为R的圆周上作内接正五边形（图1-62a）：①将半径OA等分得中点O_1；②以O_1为圆心，O_1B为半径作圆弧交OA延长线于C；③以B为圆心，BC为半径作圆弧交圆周于D，则BD等于圆的内接正五边形的边长；④以BD边长依次在圆周上截取等分，并依次连线得正五边形。

（2）作已知圆的内接任意边数的正多边形。以七边形为例（图1-62b）：①用平行线法将已知圆的垂直直径CD等分为7等份；②以D为圆心，DC为半径作弧交于水平直径的延长线上得S_1、S_2两点；③分别过S_1、S_2两点连接CD上的各偶数点2、4、6，并延长与圆周相交得各点；④顺序连接各点即得所求正七边形。

3. 椭圆 已知长短轴作椭圆，可用四心法或同心圆法。

（1）四心法。①已知长短轴AB和CD（图1-63a）；②以O为圆心，OA为半径作圆弧，交OC延长线于点E，以C为圆心、CE为半径，作圆弧EF交CA于F（图1-63b）；③作AF的垂直平分线，交长轴于O_1，又交短轴（或其延长线）于O_2，在AB上截$OO_3=OO_1$，又在CD延长线上截$OO_4=OO_2$（图1-63c）；④以O_1、O_2、O_3、O_4为圆心，以O_1A、O_2C、O_3B、O_4D为半径作圆弧，使各弧在O_2O_1、O_2O_3、O_4O_1、O_4O_3的延长线上

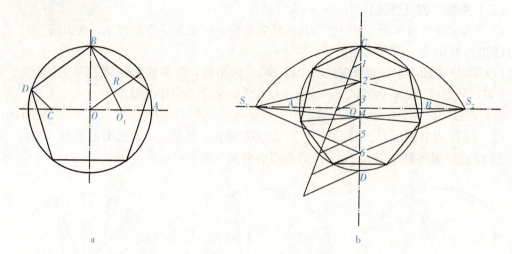

图 1-62 等分圆周作正多边形
a. 分圆周成 5 等份的画法　b. 分圆周为任意等份的画法

的 G、I、H、J 四点处连接，即为所求（图 1-63d）。

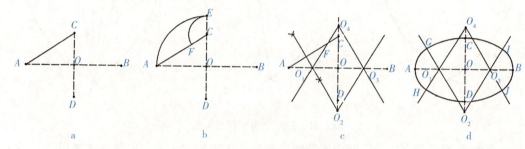

图 1-63　四心法作椭圆
（吴机际，1999，《园林工程制图》）

（2）同心圆法。①已知椭圆的长轴 AB 和短轴 CD（图 1-64a）；②分别以 AB 和 CD 为直径作大小两圆，并等分两圆周为若干分，例如 12 等份（图 1-64b）；③从大圆各等分点作竖直线，与过小圆各对应等分点所作的水平线相交，得椭圆上各点，用曲线板连接起来，即为所求（图 1-64c）。

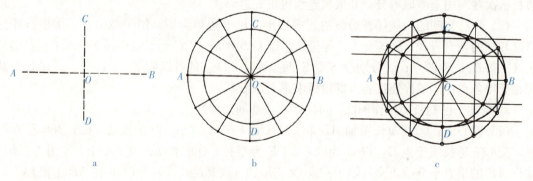

图 1-64　同心圆法作椭圆

4. 圆弧　制图中从一直线（直线或圆弧）光滑地过渡到另一条线称为连接，切点称为连接点，圆弧称为连接弧。圆弧连接实际上就是用已知半径的弧连接两直线，或者连接两圆弧，或者连接一直线一圆弧。其作图的关键是确定连接弧的圆心位置及找到连接两端点。下面介绍圆弧连接的几个基本作图法。

(1) 圆弧连接两直线。①已知两直线 L_1、L_2 和连接弧半径 R，求作用 R 弧连接直线 L_1 与 L_2（图 1-65a）。②作图：首先在直线 L_1、L_2 上任取点 A、B，过 A、B 作两直线的垂线；其次在两垂线上都截取相同长度 R 得点 C、D；再分别过 C、D 作 L_1、L_2 的平行线，两线相交于 O，即为连接弧圆心；然后过点 O 向两直线作垂线，得垂足 T_1、T_2，即为切点；最后以 O 点为圆心，已知半径 R 为半径，在 T_1、T_2 之间画弧，即为所求（图 1-65b）。

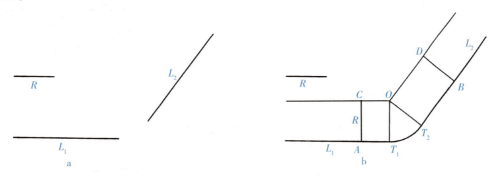

图 1-65 圆弧连接两直线

(2) 圆弧连接一直线和一圆弧。①已知直线 L 和半径为 R_1 的圆弧，还已知连接弧半径 R，求作用 R 弧连接已知弧和已知直线（图 1-66a）。②作图：首先作直线 $M/\!/L$，且使二者间距为 R；其次以 O_1 为圆心，以 $(R+R_1)$ 为半径画弧与 M 线相交于 O，即为连接弧圆心；再连 O_1O 交已知弧于 T_1，即为切点；然后过 O 作 L 的垂线得垂足 T_2，即为切点；最后以 O 为圆心，R 为半径，在 T_1、T_2 之间画弧即为所求（图 1-66b）。

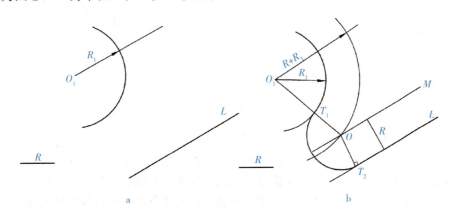

图 1-66 圆弧连接一直线和一圆弧

(3) 用圆弧连接两已知圆弧（外切）。①已知半径 R 和半径为 R_1、R_2 的两已知弧，求作用 R 弧连接两已知弧（图 1-67a）。②作图：首先以 O_1 为圆心，$(R+R_1)$ 为半径画弧；其次以 O_2 为圆心，$(R+R_2)$ 为半径画弧与前弧交于 O，即连接弧圆心；再连 OO_1 交已知弧于 T_1，连 OO_2 交已知弧于 T_2，即为切点；然后以 O 为圆心，R 为半径，在 T_1、T_2 之间画弧即为所求（图 1-67b）。

（4）用圆弧连接两已知圆弧（内切）。①已知半径 R 和半径为 R_1、R_2 的两已知弧，求作用 R 弧内切连接两已知弧（图 1-68a）。②作图：首先以 O_1 为圆心，$(R-R_1)$ 为半径画弧；其次以 O_2 为圆心，$(R-R_2)$ 为半径画弧，与前弧交于 O 即连接弧圆心；再连 OO_1 与圆 O_1 交于 T_1，连 OO_2 与圆 O_2 交于 T_2，即为切点；然后以 O 点为圆心，R 为半径，在 T_1、T_2 之间画弧即为所求（图 1-68b）。

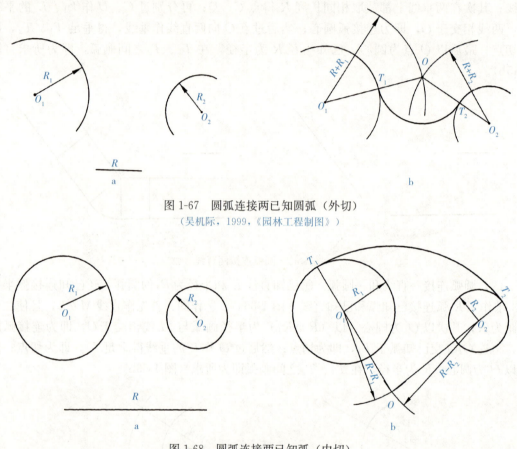

图 1-67　圆弧连接两已知圆弧（外切）
（吴机际，1999，《园林工程制图》）

图 1-68　圆弧连接两已知弧（内切）

二、徒手作图

徒手作图就是不用绘图仪器和工具而用目估比例徒手画出图样。徒手作图是一项重要的绘图基本技能，因此每个园林设计工作者都必须掌握。参观记录、技术交流及在某些绘图条件不好的情况下进行方案设计等，常常要采用徒手作图。在园林工程图中，因树木花草、山石、水体等造园要素的外形及质感是活泼、生动、自由变化的，所以徒手绘线条能更贴切地表达出自然要素的性质。因此，在绘画造园要素时，为了更好地表达其特性，主要运用线描法，通过目测比例徒手描绘出变化的线条来实现。如运用线条粗细、形式上的变化来表示素材的复杂轮廓、空间层次、光影变化、色调深浅等。又如运用线条的轻重、虚实相结合来表示素材的质感和量感。因此，要表现好园林的造园素材，绘好园林工程图，除了要掌握好绘图仪器的使用外，还必须熟练掌握徒手绘图方法、技能和技巧；必须通过徒手绘图练习，掌握线条运行、轻重、粗细的运笔控制技巧，使运笔自如，轻重适度，使线条粗细匀称、灵活多变、自然和富有情感,实现运用线条将园景之自然意境表达于图。

(一)拿笔和运笔

在徒手绘图时,图线的方向不同,拿笔的方法和运笔的方向也不同;对长短不同的图线,运笔的方法也不一样。因此,正确的拿笔和运笔的方法,对练好、绘好徒手图特别重要。各种情况下执笔的手势和运笔的方向见图 1-69、图 1-70。

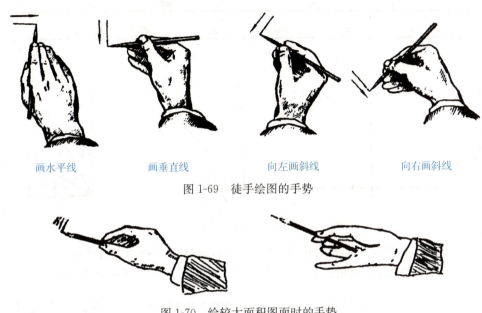

画水平线　　　　　画垂直线　　　　　向左画斜线　　　　　向右画斜线

图 1-69　徒手绘图的手势

图 1-70　绘较大面积图面时的手势

徒手绘图时拿笔和运笔应做到:目测准确而肯定,目手配合自然而准确;执笔稳而轻松,起落轻而巧妙,运笔匀而灵活。应注意以下事项:

(1) 拿笔的位置要高一些,以利于目测控制方向。

(2) 起落动作要轻,起落笔要肯定、准确,有明确的始止,以达线条起止整齐。下笔笔杆垂直纸面,并略向运动方向倾斜,方便笔在纸上滑动,便于行笔。

(3) 运笔时,根据线条深浅要求用力;注意行笔自然流畅、灵活;线条间断和起止要清楚利索,不要含糊;驳接短线条,中间深,两端淡;表示不同层次,要达到整齐而均匀地衔接。

(4) 绘线时,小手指可微触纸面,以控制方向。绘长线以手臂运笔,绘短线以手腕运笔。

(二)徒手绘图基本手法练习方法

徒手绘图时需要目测估计形体各部分尺寸和比例。因此,要绘好图,首先要目测尺寸准确,估计比例正确。下笔不要急于绘细部,要先考虑大局,注意图形长、宽及整体与细部比例。

1. 绘平行线并分成不同等份　表示各种方向成组的平行线(图示为绘水平线)的绘法及目测分线段的方法,如图 1-71 所示。

2. 徒手绘角度　表示根据 45°、30°和 60°的斜率,按近似值绘斜线:先徒手画一直角(图 1-72a);其次在直角处作一圆弧(图 1-72b);再分圆弧为 2 等份作 45°角(图 1-72c);最后分圆弧为 3 等份作 30°和 60°角(图 1-72d)。

3. 徒手绘圆　利用圆与正方形相切的特点绘圆:先徒手过圆心作垂直点等分的两直径

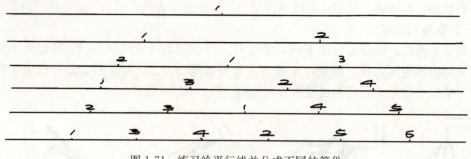

图 1-71 练习绘平行线并分成不同的等份

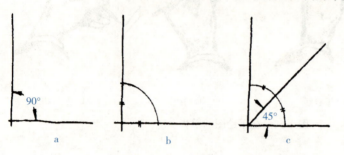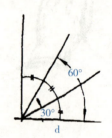

图 1-72 徒手绘角度

（图 1-73a）；其次画外切正方形及对角线（图 1-73b）；然后大约等分对角线的每一侧为 3 等份（图 1-73c）；最后以圆弧连接对角线上最外的等分点（稍偏外一点）和两直径的端点（图 1-73d）。

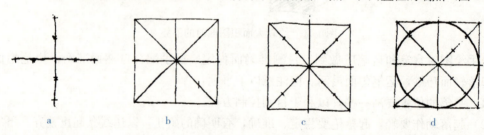

图 1-73 徒手绘圆

4. 徒手绘椭圆 利用椭圆与长方形相切的特点绘椭圆：先徒手画出椭圆的长、短轴（图 1-74a）；再画外切矩形及对角线，等分对角线的每一侧为 3 等份（图 1-74b）；然后以圆滑曲线连对角线上的最外等分点（稍偏外一点）和长、短轴的端点（图 1-74c）。

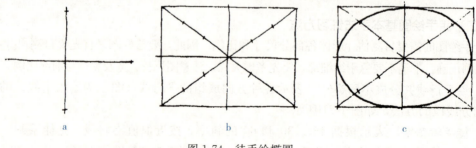

图 1-74 徒手绘椭圆

（三）园林植物绘图的基本笔法

在园林工程图中，对形态复杂、姿态万千的树木花草等园林植物的表示是用抽象的方法，经过推敲简化描绘出来的。习惯上常见的基本笔法如图1-75所示。对于这些常见的习惯表示图例，可供初学者绘画模仿。但这并非目的，而是希望抛砖引玉，能对学习者今后在实践中创作自己的笔法和风格有所帮助。

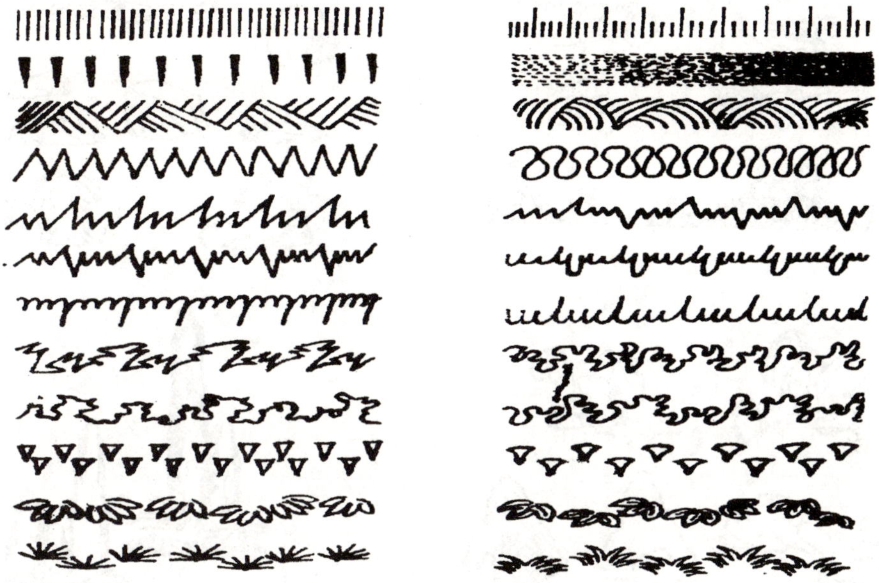

图 1-75　园林植物表示常见基本笔法
(吴机际，1999，《园林工程制图》)

（四）山石的画法

山石指人工堆叠在园林景观中的观赏性假山和置石。假山和置石在中国自然山水园中占有重要位置。假山和置石主要表现山石的个体美或局部的组合，而不具备完整的山形。从一般掇山所用的材料来看，可以分为湖石、黄石、青石、石笋以及木化石、松皮石等。由于山石材料的质地、纹理不同，其表现方法也不同。

湖石是经过熔融的石灰岩。这种山石的特点是纹理纵横，脉络起隐，石面普遍多坳坎，称为"弹子窝"，很自然地形成沟、缝、穴、洞，穴洞相套，玲珑剔透。画湖石时，首先用曲线勾画出湖石轮廓线，再随形体线表现纹理的自然起伏，最后着重刻画出大小不同的洞穴。为了画出洞穴的深度，常用笔加深其背光处，强调洞穴中的明暗对比（图1-76a）。

黄石是一种带橙黄色的细砂岩，山石形体顽夯，见棱见角，节理面近乎垂直，雄浑沉实，平正大方，块钝而棱锐，具有强烈的光影效果。画黄石多用平直转折线，表现块钝而棱锐的特点。为加强石头的质感和立方体感，在背光面常加重线条或用斜线加深，与受光面形成明暗对比（图1-76b）。

青石是一种青灰色的细砂岩，就形体而言，多呈片状，又有"青石片"之称。画时要注意刻画多层片状的特点，水平线条要有力，侧面用折线，石片层次要分明，搭配要错落有致（图1-76c）。

石笋是外形修长如竹笋的一类山石的总称。画时以表现其垂直纹理为主，可用直线或曲线。要突出石笋修长之势，掌握好细长比。石笋细部的纹理要根据石笋特点来刻画（图1-76d）。

（五）水体的画法

水面可用平面图和透视图表现。二者画法相似。园林中水面可分为静水和动水（图 1-77、图 1-78）。

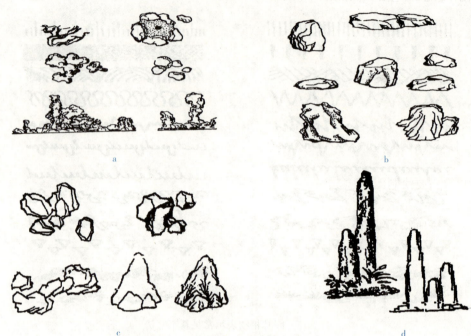

图 1-76　山石的画法

（张淑英，2003，《园林制图》）

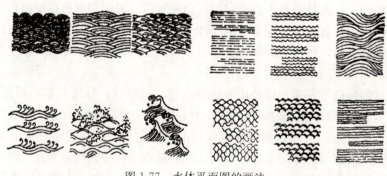

图 1-77　水体平面图的画法

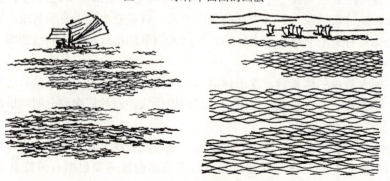

图 1-78　水体的画法

为表达水之平静,常用拉长的平行线画水,这些水平线在透视图上近粗而疏,远细而密,平行线可以断续并留以空白表示受光部分。动水常用网巾线表示,运笔时有规则地屈曲,形成网状,也可用波形短线条来表示流动的水面。

三、绘图一般步骤

要提高绘图效率,除了必须熟悉《房屋建筑制图统一标准》(GB/T 50001—2017)、正确熟练使用绘图工具外,还应按照一定的绘图步骤进行。

1. 准备

(1) 做好准备工作,将铅笔按照绘制不同线型的要求削好;将圆规的铅芯磨好,并调整好铅芯与针尖的高低,使针尖略长于铅芯;用干净软布把丁字尺、三角板、图板擦干净;将各种绘图用具按顺序放在固定位置,洗净双手。

(2) 分析要绘制图样的对象,收集参阅有关资料,做到对所绘图样的内容、要求心中有数。

(3) 根据所画图纸的要求,选定图纸幅面和比例。在选取时,必须遵守国家标准的有关规定。

(4) 将大小合适的图纸用胶带纸(或绘图钉)固定在图板上。固定时,应使丁字尺的工作边与图纸水平边平行。最好使图纸的下边与图板下边保持大于一个丁字尺宽度的距离(图1-79)。

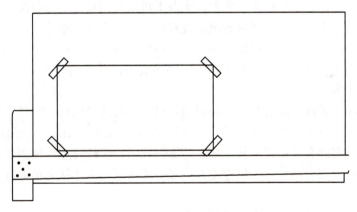

图1-79 固定图纸

2. 用铅笔绘制底稿

(1) 按照图纸幅面的规定绘制图框,并在图纸上按规定位置绘出标题栏。

(2) 合理布置图面,综合考虑标注尺寸和文字说明的位置,定出图形的中心线或外框线,避免在一张图纸上出现太空和太挤的现象,使图面匀称美观。

(3) 画图形的主要轮廓线,然后再画细部。画草稿时最好用较硬的铅笔,落笔尽可能轻、细,以便修改。

(4) 画尺寸线、尺寸界线和其他符号。

(5) 仔细检查,擦去多余线条,完成全图底稿。

3. 加深图线、上墨或描图

(1) 加深图线。用铅笔加深图线时应选用适当硬度的铅笔,按下列顺序进行:①先画上方，后画下方；先画左方，后画右方；先画细线，后画粗线；先画曲线，后画直线；先画水平方向的线段，后画垂直及倾斜方向的线段。②同类型、同规格、同方向的图线可集中画出。③画起止符号，填写尺寸数字、标题栏和其他说明。④仔细核对、检查并修改已完成的图纸。

（2）上墨。上墨是在绘制完成的底稿上用墨线加深图线，步骤与用铅笔加深基本一致，一般使用绘图墨水笔（图1-80）。

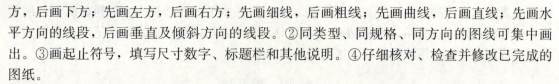

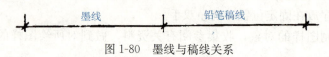

图1-80　墨线与稿线关系

（3）描图。在工程施工过程中往往需要多份图纸，这些图纸通常采用描图和晒图的方法获得。描图是用透明的描图纸覆盖在铅笔图上用黑线描绘，描图后得到的底图再通过晒图就可以得到所需份数的复制图样（俗称蓝图）。描图时应注意以下几点：①将原图用丁字尺校正位置后粘贴在图板上，再将描图纸平整地覆盖在原图上，用胶带纸把两者固定在一起。②描图时应先描圆或圆弧，从小圆或小弧开始，然后再描直线。③描图时一定要耐心、细致，切忌急躁和粗心。图板要放平，墨水瓶千万不可放在图板上，以免翻倒沾污图纸。手和用具一定要保持清洁干净。④描图时若画错或有墨污，一定要等墨迹干后再修改。修改时可用刀片轻轻地将画错的线或墨污刮掉。刮时底下可垫三角板，力量要轻而均匀。千万不要着急，以免刮破描图纸。刮过的地方要用砂橡皮擦除痕迹，最后用软橡皮擦净并压平后重描。重描时注墨不要太多。

（4）注意事项。①画底图时线条宜轻而细，只要能看清楚就行。②铅笔选用的硬度：加深时粗线宜选用HB或B；细线宜用2H或3H；写字宜用H或HB。加深圆或圆弧时所用的铅芯，应比同类型画直线的铅笔软一号。③加深或描绘粗线时应保证图线位置的准确，防止图线移位，影响图面质量。④使用橡皮擦拭多余线条时，应尽量缩小擦拭面，擦拭方向应与线条方向一致。

（5）指北针。指北针在建筑平面图和总平面图上，可明确表示建筑的方位。指北针加风玫瑰图，还可说明该地的常年主导风向，这不仅是设计师的重要依据，也是衡量建筑设计质量的标志之一。

单元二 投影原理

课题1 投影的基本知识

【学习目标】
1. 通过投影现象理解投影原理。
2. 掌握投影的分类及各自的特点，并能识别不同类型的投影。
3. 掌握正投影的投影特性，并能进行判断与应用。

【学习重点和难点】
学习重点：投影的分类，正投影的特性。
学习难点：正投影的特性。

【内容结构】

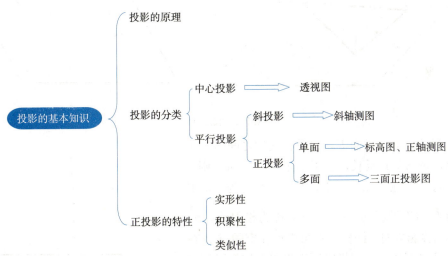

【相关知识】

一、投影的概念

投影本身是一种自然现象，即一个不透光物体，当它位于一个光源和一个平面之间的时候，在这个平面上会产生该物体的影子，这种自然现象就称为投影。如图2-1所示，人们看到物体在灯光照射下，墙面上就会产生影子，这就是投影。

园林制图与识图

制图上的投影，是人类对光线照射物体产生影子这种自然投影现象，进行科学的总结、抽象，找到了影子和物体间的几何关系，于是按一定的几何法则将空间的几何要素和形体表示在平面上的方法（图2-2）。

把光源集聚为一点，在制图上称为投影中心，影子所在的平面称为投影面，光线称为投射线。投射线将物体不透光的部分以投影的方式反映到投影面上（图2-2a）。

通过总结、抽象，如图2-2b所示，设

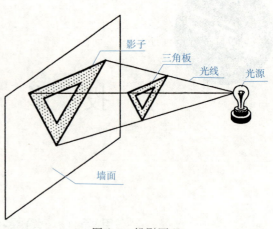

图 2-1 投影原理

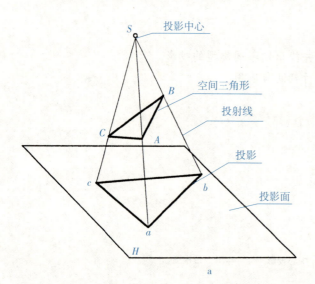

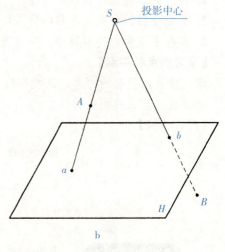

图 2-2 投影图

点 S 和不过该点的定平面 P，以及在它们之间的空间任意点 A，做 SA 并延长，于 P 面相交于点 a，则 a 点称作空间点 A 在 P 上的投影，其中点 S 称为投影中心，平面 P 称为投影面，射线 SAa 称为投射线，$\overrightarrow{Sa}$ 的方向称为投影方向。同样 b 点可以称作空间点 B 在投影面 P 上的投影。利用投影原理作出形体投影的方法称为投影法。

投影具备以下几个特性：

（1）投影必须具备三个要素：投射线、空间几何要素或形体、投影面。

（2）在投影方向和投影面确定之后，空间一点必有唯一确定的投影与之一一对应。

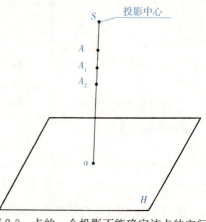

图 2-3 点的一个投影不能确定该点的空间位置

（3）依据空间点的一个投影不能确定该点的空间位置（图 2-3）。因为不论是过该点的投射线上的任意点，还是任意点在通过该点的投射线上移动，其投影都在过该点投射线与投影面的交点上。

（4）求作空间一点在投影面上投影的作图，实质就是作出通过该点的投射线与投影面的交点。

以上特性对任意空间几何要素或空间形体都成立。

二、投影的分类

根据投射中心与投影面的相对位置，投影分为中心投影和平行投影。

1. 中心投影　当投射中心距离投影面有限远时，投射线由一点放射出来，呈放射状，这种投影方法称为中心投影（图 2-2a）。这种投影方法接近人的视觉印象，所绘制的投影图样具有较好的立体感，因而在园林设计中，常用它来表现设计效果图（一点透视图，图 2-4）。

图 2-4　一点透视图

2. 平行投影　当投射中心无限远时，投射线虽然由一点发出来，但可以看作是相互平行的，这时所产生的投影，称为平行投影（图 2-5）。

平行投影按投影方向（投射线）与投影面所形成的角度不同，又分为两种：斜投影和正投影。

（1）斜投影。当投影方向（投射线）倾斜于投影面时所产生的平行投影，称为斜投影（图 2-6）。

求作斜投影的方法称为斜投影法，在园林制图中，这种方法在作轴测投影图时

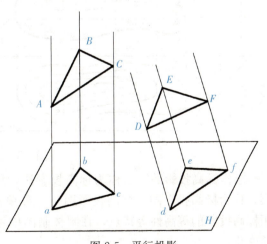

图 2-5　平行投影

应用。

（2）正投影（直角投影）。当投影方向（投射线）垂直于投影面时所产生的平行投影，称为正投影（图2-7）。

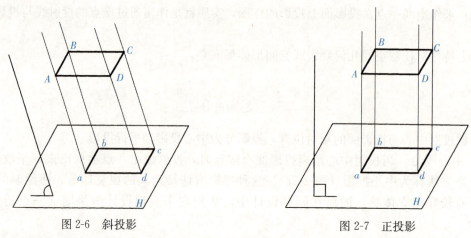

图2-6　斜投影　　　　　　　　　图2-7　正投影

求作正投影的方法称为正投影法。用正投影法在投影面上绘制的物体投影图形，称为正投影图。正投影图直观性较差，但利用物体在多个投影面上的投影，能够准确地反映物体的真实形状和大小，而且有很好的度量性，图形绘制也非常简便，所以成为制图中广泛采用的一种图示方法。

3. 标高投影　对于具有起伏不平的表面的物体或地形，可用一组平行、等距的水平面与该物体表面截交，所得的每条截交线都为水平曲线，其上每一点距某一水平基准面 H 的高度相等，这些水平曲线称为等高线。一组标有高度数字的等高线的水平正投影图称为标高投影（图2-8）。

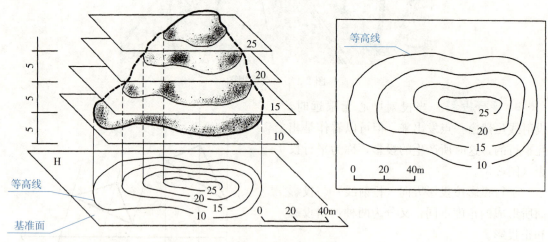

图2-8　标高投影

求作标高投影的方法称为标高投影法，用标高投影法在投影面上绘制的物体投影图形，称为标高投影图。标高投影图是一种单面投影，立体感很差，度量性也不好，但利用标高投影的等高性等特点，在园林制图中通常用来表达地形的高度、坡度陡缓等方面的变化。

三、正投影的特性

1. 实形性 当直线段或平面平行于投影面时，线段的投影反应其实长，平面的投影反应其实形（图2-9），正投影的这种投影性质称为实形性。

2. 积聚性 当直线或平面平行于投影方向，即垂直于投影面时，该直线在该投影面上的投影积聚为一点，该直线上任意一点的投影也都在这一点上；该平面在该投影面上的投影积聚为一条直线，该平面上任意一点、线或平面图形的投影也都在这一直线上（图2-10），正投影的这种投影性质称为积聚性。

3. 类似性（相仿性） 当直线或平面与投影面倾斜时，投影小于其实长或实形，但投影的形状仍与原来的形状相仿（图2-11），正投影的这种投影性质称为类似性（相仿性）。

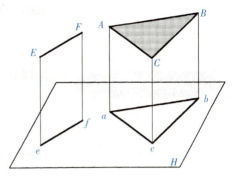

图2-9 平面、直线平行于投影面的实形性投影

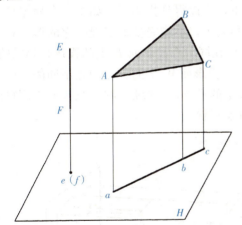

图2-10 平面、直线垂直于投影面的积聚性投影

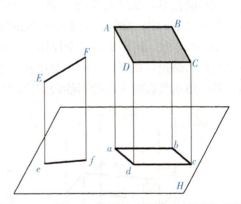

图2-11 平面、直线倾斜于投影面的类似性投影

课题2 三面投影及其对应关系

【学习目标】
1. 理解三面投影体系建立的原理，掌握三面投影体系的构成条件。
2. 理解三面投影图的形成及展开方式。
3. 掌握三面投影规律，了解三面投影图的绘制方法。

【学习重点和难点】
学习重点：三面投影规律。
学习难点：三面投影规律的应用及三面投影图的绘制。

园林制图与识图

【内容结构】

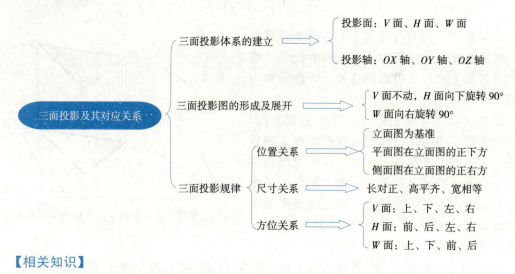

【相关知识】

一、三面投影的意义及投影面体系的建立

1. 三面投影的意义 一个物体在光线的照射下,可以得到投影图。如果一个物体只向一个投影面投影,就只能反映它的一个面的形状和大小,不能完整地表现出它的形状和大小。在图 2-12a 中,空间三个不同形状的物体,它们在同一个投影面 P 上的投影是相同的,而在图 2-12b 中,同样是那三个物体,它们在另一个投影面 W 上的投影却是不同的。可以得出这样的结论:在正投影中,物体在一个投影面上的投影,一般是不能真实反映空间物体形状的;用正投影的多面投影能确定空间物体的真实形状。

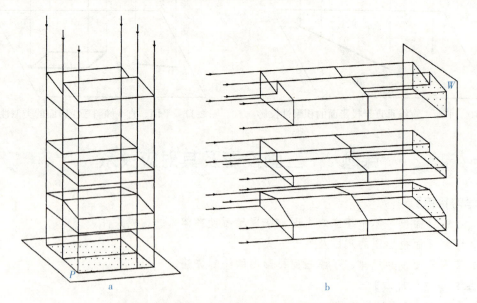

图 2-12 物体的一个正投影不能确定其空间形状

2. 三面投影体系的建立 如果将物体放在三个相互垂直的投影面之间,用三组分别垂直于三个投影面的平行投射线投影,就可以得到物体的三个不同方向的正投影图。图 2-13

表示了三个相互垂直的投影面，构成了三投影面体系。图 2-13 中呈水平位置的投影面称为水平投影面（简称水平面），用字母 H 表示，水平面也可称 H 面；图中正对观察者的投影面称为正立投影面，用字母 V 表示，也可称 V 面；右面侧立的投影面与水平投影面及正立投影面同时垂直相交，称为侧立投影面，也称 W 面。各投影面间的交线称为投影轴，其中 H 面与 V 面的交线称为 X 轴；H 面与 W 面的交线称为 Y 轴；V 面和 W 面的交线称为 Z 轴；三个投影轴的交点 O，称为原点。

如图 2-14 所示，将物体放置在三投影面体系中，按照正投影原理向三个投影面投影，可以分别得到物体的水平投影、正面投影和侧面投影。

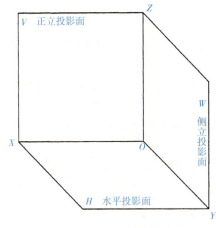

图 2-13 三投影面体系

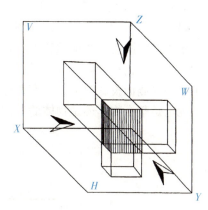

图 2-14 物体在三个投影面上的投影

3. 三个投影面的展开 为了把物体表现在同一平面上，需将互相垂直的三个投影面展开在同一平面上。规定如下。

正立投影面不动（图 2-15a），将水平投影面绕 OX 轴向下旋转 $90°$，将侧立投影面绕 OZ 轴向右旋转 $90°$（图 2-15b）。旋转至分别重合到正立投影面上（此面即是图纸，图 2-15c）。应当注意，水平投影面和侧立投影面旋转时，OY 轴被分为两处，分别用 OY_H（在 H 面上）和 OY_W（在 W 面上）表示。

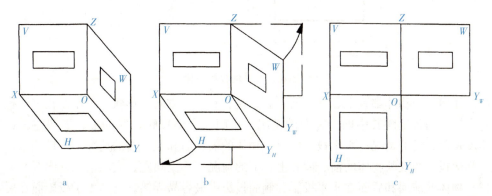

图 2-15 三个投影面的展开

物体在正立投影面上的投影，即从前向后投影所画的投影图，称为立面图；物体在水平投影面上的投影，即从上向下投影所画的投影图，称为平面图；物体在侧立投影面上的投影,即从左向右投影所画的投影图,称为侧面图。

由于投影面是人为设想的,并无固定的大小边界范围,而投影图与投影面的大小无关,所以在制图时可以不画出投影面的外框。在工程图纸中投影轴也可以不画。初学投影作图时,一般需要将投影轴保留,可将投影轴用细实线表示出来。

二、三投影图之间的对应关系

1. 三投影的位置关系 从展开的三面正投影图的位置来看,平面图在立面图的正下方,侧面图在立面图的正右方。按照这种位置画投影图,在图纸上可以不标注投影面、投影轴和投影图的名称。

2. 三投影图之间的区别与联系

(1) 同一个物体的三个投影图之间具有"三等"关系。立面投影图反映物体的长度和高度,水平投影图反映物体的长度和宽度,侧面投影图反映物体的高度和宽度(图2-16)。由此归纳得出:正立投影与水平投影等长,即长对正;正立投影与侧面投影等高,即高平齐;水平投影与侧面投影等宽,即宽相等。

无论是整个物体还是物体的局部,其三面投影都必须符合上述"三等"规律。

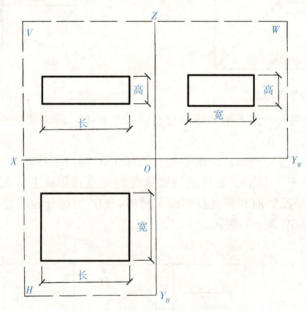

图 2-16 物体的投影规律

(2) 任何一个物体都有上、下、前、后、左、右六个方向的形状和大小。在三个投影图中,每个投影图各反映其中四个方向的情况:正面投影图反映物体的上、下和左、右的情况,不反映前、后的情况;水平投影图反映物体的前、后和左、右的情况,不反映上、下的情况;侧面投影图反映物体的前、后和上、下的情况,不反映左、右的情况(图2-17)。

(3) 物体的前面和后面在水平投影和侧面投影中最容易弄错。这是由于投影面在展开时旋转了90°,所以在侧面投影图中反映的是物体的后面和前面,不要误认为是物体的左面和右面。同时在水平投影和侧面投影中靠近正面投影的部分反映物体的后面,远离正面投影的部分反映物体的前面。

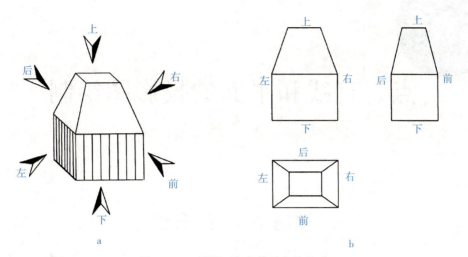

图 2-17 三投影面与物体的方位关系

单元三 点、直线和平面的投影图绘制

课题1 点的投影

【学习目标】
1. 通过投影现象熟悉点的投影规律。
2. 掌握点的三面投影特点及投影坐标的表示方法。

【学习重点和难点】
学习重点：点的投影规律及特性。
学习难点：点的坐标。

【内容结构】

【相关知识】
　　工程图所表达的对象是三维的立体，立体都是由若干个平面组成的，平面与平面相交形成线，线与线相交则为点。因此，绘制立体的三面正投影图，必须首先掌握点、直线和平面的三面正投影及其规律。

一、点的投影及其规律

（一）点的投影

1. 点的投影表示　　为了作图的准确性，作图时就要把所画立体上的点、线、面用符号进行标注。

　　投影作图中规定：空间形体上的几何元素用大写字母（如 A、B、C）表示，它们的投影用相应的小写字母（如 a、b、c）表示。为了区分不同投影面上的投影，还规定：水平投影用相应的小写字母、正面投影用相应的小写字母加一撇、侧面投影用相应的小写字母加两撇来表示。例如，空间点 A，其水平投影、正面投影和侧面投影分别用 a、a' 和 a'' 表示（图 3-1）。

2. 点的三面投影　　点的投影仍然是点。

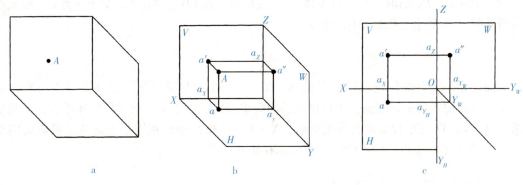

图 3-1 点的三面投影
a. 已知 b. 立体图 c. 投影图

空间任意点 A，在由水平投影面 H、正立投影面 V 和侧立投影面 W 所组成的三面正投影体系中。由点 A 分别向 H 面、V 面和 W 面引投射线，得到的三个垂足便是点 A 的三面正投影，即水平投影 a，正面投影 a′ 和侧面投影 a″（图 3-1）。

一般来说，点的两面投影连线与投影轴相交处可不必标注，如确实需要标注时，可用相应的小写字母在其右下角加上投影轴的代号来表示，如：a_X、a_Z、a_{Y_W}、a_{Y_H} 等（图 3-1c）。

（二）点的投影规律

通过上述点的三面正投影形成过程，并结合观察图 3-1，可总结出空间任意点的三面正投影规律：

(1) 点的水平投影 a 和正面投影 a′ 的连线垂直于 OX 轴，即 $aa′ \perp OX$。

(2) 点的正面投影 a′ 和侧面投影 a″ 的连线垂直于 OZ 轴，即 $a′a″ \perp OZ$。

(3) 点的侧面投影 a″ 到 OZ 轴的距离 $a″a_Z$ 等于点的水平投影 a 到 OX 轴的距离 aa_X，即 $a″a_Z = aa_X$。

这三条特性说明，在点的三面正投影体系中，每两个投影都具有一定的联系性。因此，只要给出一个点的任意两个投影，就可以求出第三个投影。

[例 3-1] 已知点 A 的正面投影 a′ 和侧面投影 a″，求其水平投影 a（图 3-2a）。

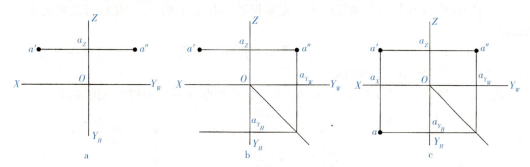

图 3-2 已知点的两面投影求其第三面投影
a. 已知 b. 作图 c. 作图

作法：

(1) 过原点 O 作 45°的作图辅助线，由 a″ 作 OY_W 轴的垂线交辅助线于一点。过此交点作 OY_H 轴的垂线（图 3-2b）。

（2）由 a' 作 OX 轴的垂线，与步骤（1）最后所作的 OY_H 轴的垂线交于一点 a，则此点即为所求的点 A 的水平投影（图 3-2c）。

二、点的坐标

空间任意一个点的位置都可由它的 X、Y、Z 三个坐标来确定。而在三面正投影体系中，空间点的位置可由该点到三个投影面的距离来确定。如果把三面正投影体系看作直角坐标系，H、V、W 三个投影面看作坐标面，X、Y、Z 投影轴就相当于坐标轴，投影面的交点 O 就相当于坐标原点，则点的投影和坐标有如下关系（图 3-3）。

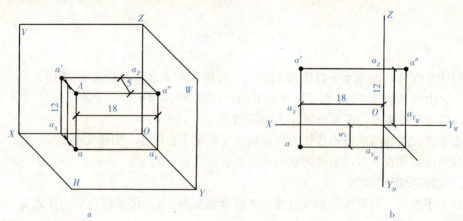

图 3-3 点的投影与坐标的关系
a. 直观图　b. 投影图

点 A 到 W 面的距离 $= a''A = Oa_X =$ 点 A 的 x 坐标；点 A 到 V 面的距离 $= a'A = Oa_Y =$ 点 A 的 y 坐标；点 A 到 H 面的距离 $= aA = Oa_Z =$ 点 A 的 z 坐标。

因此，任意点的空间位置可以用 $A(x,y,z)$ 来表示，也可以用点到投影面的距离 $A(Oa_X, Oa_Y, Oa_Z)$ 来表示。

从点的三面正投影图中可以清楚地看出：由点 A 的 x、y 坐标可以确定点 A 的水平投影；由点 A 的 x、z 坐标可以确定点 A 的正面投影；由点 A 的 y、z 坐标可以确定点 A 的侧面投影。

因此，已知一点的三个坐标，就可以作出该点的三面投影；反之，已知一点的三面投影，也就可以量取该点的三个坐标。

[例 3-2] 已知点 A 的坐标为（10，5，8），试求作点 A 的三面投影（图 3-4）。

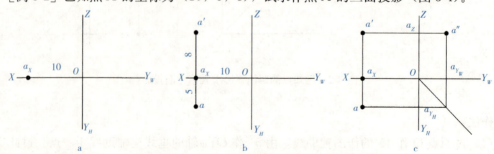

图 3-4 已知点的坐标求作点的三面投影

作法：
(1) 作投影轴，并自 O 点沿 X 轴向左方量取 $x=10$mm，得到 a_X 点（图 3-4a）。
(2) 过 a_X 作 OX 轴的垂线，并在垂线上自点 a_X 向上量取 $z=8$mm 得到点 a'，向下量取 $y=5$mm 得到点 a（图 3-4b）。
(3) 根据已知点的两面投影求其第三面投影，从而得到点 a''（图 3-4c）。

课题 2　直线的投影

【学习目标】
1. 结合点的投影现象，熟悉直线的投影规律。
2. 掌握直线的三面投影特点及投影坐标表示方法。
3. 学会特殊位置直线及一般位置直线的三面投影绘制方法。

【学习重点和难点】
学习重点：特殊位置直线的投影规律及特性。
学习难点：异面两直线投影。

【内容结构】

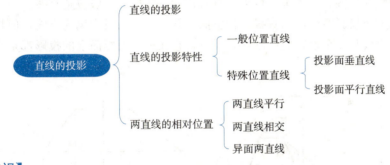

【相关知识】

一、直线的投影

由几何学可知，直线的长度是无限的。直线的空间位置可由线上任意两点的位置来确定，即两点确定一条直线。直线还可以由线上任意一点和线的指定方向（例如规定要平行于某一直线）来确定。直线可以取线内任意两点的字母来标记（例如直线 AB），或者以一个字母来标记（例如直线 L）。直线上两点之间的一段，称为线段。线段有一定长度，用它的两个端点做标记。

直线在某一投影面上的投影，是通过该直线的投影平面与该投影面的交线。由于两平面的交线必然是一条直线，所以直线的投影一般情况下仍为直线，可由直线两个端点的同面投影（即同一投影面上的投影）来确定。如求作直线 AB 的投影，可分别求出其两个端点 A、B 的三面投影，然后将两点的同面投影连接起来，即得直线 AB 的三面投影 ab、$a'b'$、$a''b''$（图 3-5）。

直线对各投影面的倾角，就是该直线和它在该投影面上的投影的夹角（图 3-5a）。对 H 面的倾角用 α 表示，对 V 面的倾角用 β 表示，对 W 面的倾角用 γ 表示。

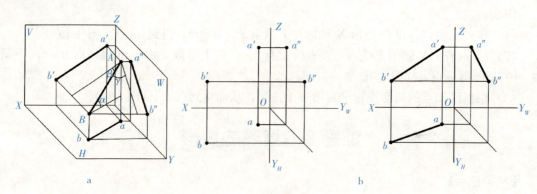

图 3-5　直线的投影
a. 空间分析　b. 投影图

二、直线的投影特性

在三面正投影体系中，根据直线与三个投影面的相对位置关系，可将其分为一般位置直线和特殊位置直线两种。

（一）一般位置直线

与三个投影面均倾斜（既不平行也不垂直）的直线称为一般位置直线。

根据直线的正投影特性，当直线与投影面倾斜时，它的投影仍为直线，但长度缩短。由于一般位置的直线与三个投影面都倾斜，所以，它在三个投影面上的投影都是直线，且长度缩短（图 3-6）。

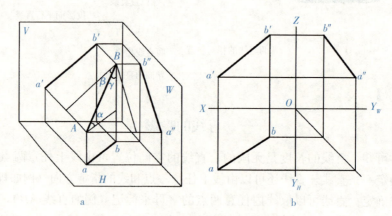

图 3-6　一般位置直线的三面正投影
a. 立体图　b. 投影图

由此可见，一般位置直线的投影特性为：一般位置直线在三个投影面上的投影都是倾斜于投影轴的直线，且均不反映实长，长度较空间直线缩短。

从图 3-6 中还可得知，直线的实长及直线与三个投影面的倾角与直线的三个投影的关系为：

$$ab = AB \times \cos\alpha$$
$$a'b' = AB \times \cos\beta$$
$$a''b'' = AB \times \cos\gamma$$

在三面投影图中,根据直线的任意两个投影,可以求出它的第三面投影。方法为求作直线上端点的第三投影。

[例 3-3] 已知直线 AB 的水平投影 ab 和正面投影 $a'b'$,试求其侧面投影 $a''b''$(图 3-7a)。

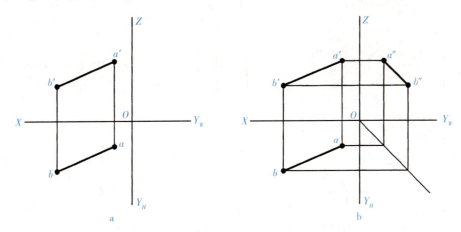

图 3-7 已知直线的两面投影求其第三面投影
a. 已知　b. 作图

简要作法:

(1) 根据已知直线 AB 的水平投影 ab 和正面投影 $a'b'$,分别作出其两个端点的侧面投影 a''、b''。

(2) 连接 a''、b'' 两点所得到的直线即为所求(图 3-7b)。

(二)特殊位置直线

特殊位置直线是指与三个投影面中的某一个投影面垂直或平行的直线。根据直线与投影面的相对位置,又可分为两种。

1. 投影面垂直线　垂直于某一个投影面而平行于另外两个投影面的直线称为投影面垂直线。它有三种情况:垂直于水平投影面 H 的直线称为水平面垂直线,简称铅垂线;垂直于正立投影面 V 的直线称为正面垂直线,简称正垂线;垂直于侧立投影面 W 的直线称为侧面垂直线,简称侧垂线。铅垂线、正垂线和侧垂线的投影及其投影特性见表 3-1。

表 3-1 投影面垂直线的投影及其投影特性

名称	直观图	投影图	投影特性
铅垂线 (直线 $AB \perp H$ 面)			①水平投影 ab 积聚为一点 a(b); ②正面投影 $a'b' \perp OX$ 轴,侧面投影 $a''b'' \perp OY_W$ 轴;并且都反映实长,即 $a'b' = a''b'' = AB$

(续)

名 称	直观图	投影图	投影特性
正垂线 （直线 $CD\perp$ V 面）			①正面投影 $c'd'$ 积聚为一点 $c'(d')$；②水平投影 $cd\perp OX$ 轴，侧面投影 $c''d''\perp OZ$ 轴；并且都反映实长，即 $cd=c''d''=CD$
侧垂线 （直线 $EF\perp$ W 面）			①侧面投影 $e''f''$ 积聚为一点 $e''(f'')$；②正面投影 $e'f'\perp OZ$ 轴，水平投影 $ef\perp OY_H$ 轴；并且都反映实长，即 $e'f'=ef=EF$

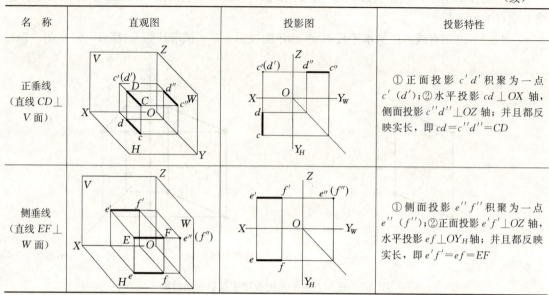

可见，投影面垂直线的投影特性为：直线垂直于某个投影面，则在该投影面上的投影积聚成一点（即积聚性）；在另外两个投影面上的投影分别垂直于相应的投影轴，且反映该线段的实长（即实形性）。

2. 投影面平行线　平行于某一个投影面而倾斜于另外两个投影面的直线称为投影面平行线。投影面的平行线有三种情况：直线只平行于水平投影面 H，称为水平面平行线，简称水平线；直线只平行于正立投影面 V，称为正面平行线，简称正平线；直线只平行于侧立投影面 W，称为侧面平行线，简称侧平线。水平线、正平线和侧平线的投影及其投影特性见表 3-2。

表 3-2　投影面平行线的投影及其投影特性

名称	直观图	投影图	投影特性
水平线 （直线 $AB/\!/$ H 面）			①水平投影 ab 反映实长及倾角 β 和 γ；②正面投影 $a'b'/\!/OX$ 轴，侧面投影 $a''b''/\!/OY_W$ 轴
正平线 （直线 $CD/\!/$ V 面）			①正面投影 $c'd'$ 反映实长及倾角 α 和 γ；②水平投影 $cd/\!/OX$ 轴，侧面投影 $c''d''/\!/OZ$ 轴

单元三 点、直线和平面的投影图绘制

（续）

名称	直观图	投影图	投影特性
侧平线（直线 EF // W 面）			①侧面投影 $e''f''$ 反映实长及倾角 β 和 α；②正面投影 $e'f'$ // OZ 轴，水平投影 ef // OY_H 轴

可见，投影面平行线的投影特性为：直线平行于某一投影面，则在该投影面上的投影反映直线的实长及直线对其他两个投影面的倾角；在另外两个投影面上的投影，分别平行于相应的投影轴，但不反映实长。

三、两直线的相对位置

空间两直线的相对位置关系有三种：平行、相交和异面。平行和相交的直线都在同一平面内，称为共面直线。

（一）平行两直线

根据正投影的特性，可推知两平行直线的三面正投影特性：若两直线在空间相互平行，则两直线的各组同面投影必定相互平行；反之，若两直线之各组同面投影都相互平行，则此两直线在空间也一定相互平行。如 AB、CD 是空间平行的两直线，过其端点分别向 H 面引垂线。因平面 P 与平面 Q 相互平行，故它们与 H 面的交线 ab 与 cd 也相互平行（图3-8）。

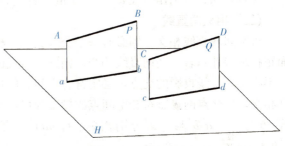

图 3-8 平行两直线的投影

值得注意的是，在投影图中，一般根据两条直线的水平投影及正面投影是否相互平行，就可以判断它们在空间是否也相互平行。但对于侧平线，则必须作出它们的侧面投影，看侧面投影是否互相平行才可判断空间两直线是否平行。因为两侧平线的正面投影和水平投影总是相互平行的。直线 AB 与 CD 的三面投影均平行（图3-9a），直线 EF 与 GH 虽然水平投

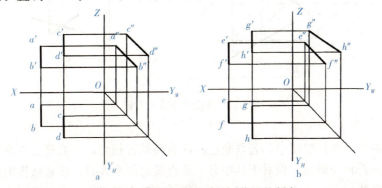

图 3-9 两侧平面平行线相对位置的判定

影与正面投影均平行，但其侧面投影却相交（图3-9b）。

［例3-4］已知直线 AB 与直线外一点 C 的投影，试过点 C 作直线 CD 平行于直线 AB（图3-10a）。

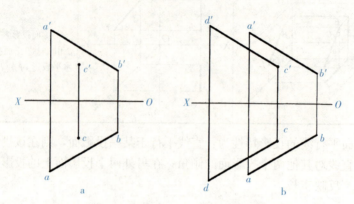

图3-10　过直线外一点作已知直线的平行线
a. 已知　b. 作图

作法：

过点 c 和 c' 分别作直线 ab 和 $a'b'$ 的平行线 cd 和 $c'd'$（图3-10b）。

（二）相交两直线

若空间两直线相交，则必有一个公共交点。根据正投影的特性，可推知两相交直线的三面正投影特性：若空间两直线相交，则此两直线的各组同面投影一定相交，且两直线交点的投影必是两直线投影的交点，必定符合空间点的投影规律；反之，若两直线的各组同面投影都相交，且交点的投影符合空间点的投影规律，则该两直线在空间必定相交。例如，由于直线 ab 与 cd、$a'b'$ 与 $c'd'$ 分别相交，且 mm' 垂直 OX 轴，所以，直线 AB 与直线 CD 相交（图3-11）。

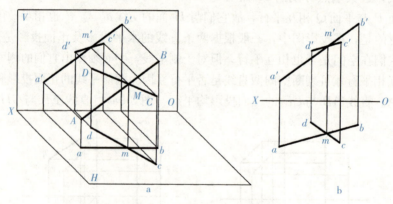

图3-11　相交两直线的投影
a. 空间分析　b. 投影图

值得注意的是，在投影图中，若判断空间两直线是否相交，一般只要看两直线的水平投影和正面投影是否相交即可。但对于其中有一条直线是侧平线时，还必须作出它们的侧面投影，看侧面投影的交点与正面投影的交点的连线是否垂直于 OZ 轴来判断。两对直线的同面投影都相交，且其中有一条直线为侧平线。由点的投影规律可知，交点 N 符合投影规律而 M 不符合，故直线 AB 与 CD 相交，而 EF 与 GH 不相交（图 3-12）。

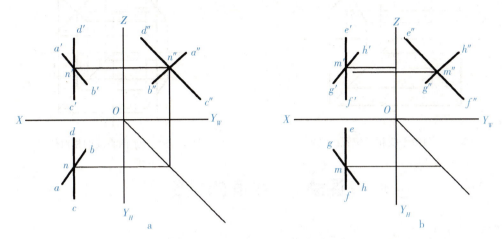

图 3-12 两直线中有一条为侧平线时相交情况的判别

[例 3-5] 过已知直线外一点 C 作直线 AB 的交线（图 3-13a）。

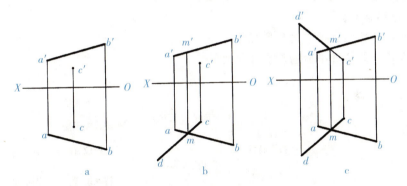

图 3-13 过已知直线外一点 C 作直线 AB 的交线 CD
a. 已知　b. 作图　c. 作图

作法：
（1）过点 c 作 cd 交 ab 于 m，过 m 作 OX 轴垂线交 $a'b'$ 于 m'（图 3-13b）。
（2）连 $c'm'$ 延长到 d'，使 dd' 的连线垂直于 OX 轴，则直线 CD 即为所求（图 3-13c）。

（三）异面两直线

在空间既不平行又不相交的两直线称为异面两直线。异面两直线的各同面投影既不符合平行两直线的投影特征，也不符合相交两直线的投影特征。具体如下所述：

（1）异面两直线可以有两组同面投影相互平行，但绝不可能三组同面投影都相互平行（图 3-14）。

（2）异面两直线的三组同面投影可能相交，但交点是重影点（在某一投影面上的投影重合的两个点称为该投影面的重影点），不是两直线的共有点的投影，其投影不符合点的投影规律（图 3-15）。

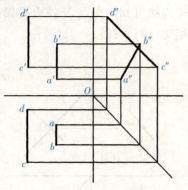

图 3-14 两侧平线相对位置的判定

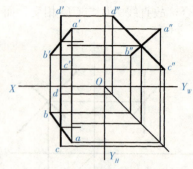

图 3-15 判定两直线的相对位置

课题 3 平面的投影

【学习目标】
1. 结合直线的投影现象,熟悉平面的投影规律。
2. 掌握平面的三面投影特点及投影坐标表示方法。
3. 学会特殊位置平面及一般位置平面的三面投影绘制方法。

【学习重点和难点】
学习重点:特殊位置平面的投影规律及特性。
学习难点:一般位置平面的投影规律及特性。

【内容结构】

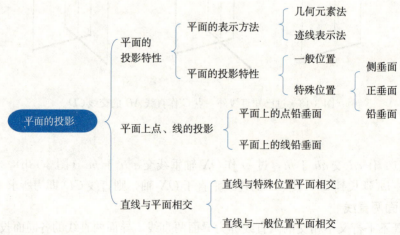

【相关知识】

一、平面的投影特性

(一)平面的表示方法

在投影图中表示平面的方法有两种:几何元素表示法和迹线表示法。

1. 几何元素表示法 由几何公理可知,不在同一直线上的三点、一条直线和直线外一点、两平行直线、两相交直线均可确定一平面。因此,在投影图中,空间一平面可以用确定该平面的几何元素的投影来表示，以下是表示平面的最常见的五种形式：

(1) 不在同一直线上的三点表示一个平面（图 3-16a）。
(2) 一直线和直线外一点表示一个平面（图 3-16b）。
(3) 两相交直线表示一个平面（图 3-16c）。
(4) 平行两直线表示一个平面（图 3-16d）。
(5) 平面图形（如三角形、圆、多边形等）表示一个平面（图 3-16e）。

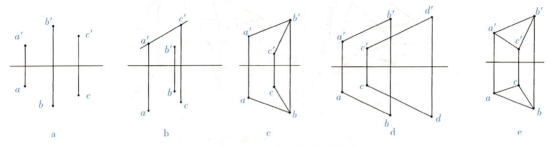

图 3-16　用几何元素表示平面

a. 不在同一直线上的三个点　b. 直线及直线外一点　c. 两相交直线　d. 两平行直线　e. 平面图形

上述五种能够表达平面的方法是可以相互转化的，其中以平面图形表示法最为常见，它不但能确定平面的位置，而且还可以表示平面的大小和形状。

2. 迹线表示法　平面可以理解为是无限广阔的，这样，平面不可避免地要与投影面产生交线。平面与投影面的交线称为迹线（图 3-17）。

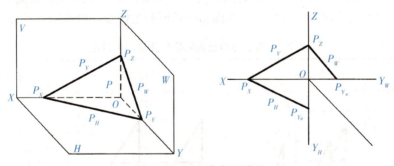

图 3-17　用迹线表示平面

空间一平面 P，它在三面正投影体系中与水平面 H、正立面 V 和侧立面 W 所产生的交线分别为水平迹线、正面迹线和侧面迹线，分别用 P_H、P_V 和 P_W 来表示。平面 P 与投影轴的交点即是两迹线的集合点，分别用 P_X、P_Y 和 P_Z 来表示（图 3-17）。

迹线是在投影面上的直线，因此，在三面正投影体系中，它的一个投影就是其本身，另外两个投影分别与投影轴重合，用迹线表示平面时，就是用迹线本身的投影表示的。

（二）平面的投影特性

在三面正投影体系中，根据空间立体上的平面与三个投影面的相对位置关系，可将其分为一般位置平面和特殊位置平面两种。

平面与投影面的夹角称为平面的倾角。平面对水平面 H、正立面 V 和侧立面 W 的倾角分别用 α、β、γ 来表示。

1. 一般位置平面　与三个投影面均倾斜（既不平行也不垂直）的平面称为一般位置

平面。

由于一般位置平面对三个投影面都是倾斜的，因此，其投影特性为：在三个投影面上的投影都不会积聚成直线，也不能反映出平面的实形以及平面对投影面倾斜角度的真实大小，各个投影都是空间原图的类似图形（图 3-18）。

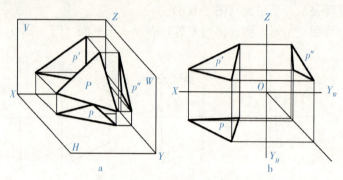

图 3-18　一般位置平面的投影
a. 直观图　b. 投影图

2. 特殊位置平面　与三个投影面中的某一个投影面垂直或平行的平面称为特殊位置平面。根据平面与投影面的相对位置，特殊位置平面又可分为以下两种。

（1）投影面垂直面。垂直于某一个投影面而与另外两个投影面皆倾斜的平面称为投影面垂直面。它有三种情况：垂直于水平投影面 H 的平面称为水平面垂直面，简称铅垂面；垂直于正立投影面 V 的平面称为正面垂直面，简称正垂面；垂直于侧立投影面 W 的平面称为侧面垂直面，简称侧垂面。铅垂面、正垂面和侧垂面的投影及其投影特性见表 3-3。

表 3-3　投影面垂直面的投影及其投影特性

名称	立体图	投影图	投影特性
铅垂面 （平面 $P \perp H$ 面）			①水平投影 p 积聚为一条直线，并且反映倾角 β 和 γ；②正面投影 p' 和侧面投影 p'' 不反映实形
正垂面 （平面 $Q \perp V$ 面）			①正面投影 q' 积聚为一条直线，并且反映倾角 α 和 γ；②水平投影 q 和侧面投影 q'' 不反映实形

单元三 点、直线和平面的投影图绘制

（续）

名称	立体图	投影图	投影特性
侧垂面 （平面 $R \perp W$ 面）			①侧面投影 r'' 积聚为一条直线，并且反映倾角 β 和 α；②水平投影 r 和正面投影 r' 不反映实形

可见，投影面垂直面的投影特性为：平面垂直于某个投影面，则在该投影面上的投影积聚成一条直线，此直线与投影轴的夹角，分别反映平面对其他两投影面的倾角；在另外两个投影面上的投影为该平面的类似图形，且小于实形。

（2）投影面平行面。平行于某一个投影面而与另外两个投影面皆垂直的平面称为投影面平行面。投影面的平行面有三种情况：平面平行于水平投影面 H，称为水平面平行面，简称水平面；平面平行于正立投影面 V，称为正面平行面，简称正平面；平面平行于侧立投影面 W，称为侧面平行面，简称侧平面。水平面、正平面和侧平面的投影及其投影特性见表 3-4。

表 3-4 投影面平行面的投影及其投影特性

名称	立体图	投影图	投影特性
水平面 （平面 $P // H$ 面）			①水平投影 p 反映实形；②正面投影 p' 和侧面投影 p'' 均积聚为直线，且 $p' // OX$ 轴，$p'' // OY_W$ 轴
正平面 （平面 $Q // V$ 面）			①正面投影 q' 反映实形；②水平投影 q 和侧面投影 q'' 均积聚为直线，且 $q // OX$ 轴，$q'' // OZ$ 轴
侧平面 （平面 $R // W$ 面）			①侧面投影 r'' 反映实形；②水平投影 r 和正面投影 r' 均积聚为直线，且 $r // OY_H$ 轴，$r'' // OZ$ 轴

可见，投影面平行面的投影特性为：平面平行于某一投影面，则平面在该投影面上的投影反映平面的实形；在另外两个投影面上的投影积聚成一直线，且分别平行于相应的投影轴。

二、平面上点、线的投影

（一）平面上的点

点在平面上的几何条件为：若一个点在某平面内的任一已知直线上，则该点必在该平面上。

平面 Q 由相交两直线 AB 和 AC 所确定，若 M、N 两点分别在 AB、AC 两直线上，则 M、N 两点必定在平面 Q 上（图 3-19）。

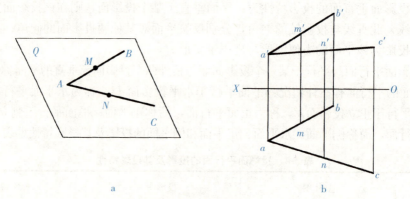

图 3-19 平面上的点
a. 直观图　b. 投影图

[例 3-6] 已知点 D 在 $\triangle ABC$ 上，试求点 D 的正面投影（图 3-20）。

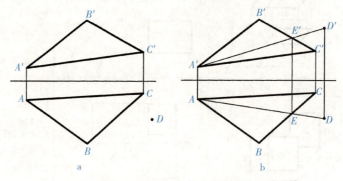

图 3-20 求点 D 的正面投影
a. 已知　b. 作图

作法：

(1) 连接 AD，使之与 BC 相交于点 E。
(2) 自点 E 向上引垂线交直线 $B'C'$ 于 E'。
(3) 自点 D 向上引垂线 DD'。
(4) 连接 $A'E'$，与直线 DD' 必有一交点，此交点即为所求，可记作 D'。

[例 3-7] 已知 $\triangle ABC$ 为一给定平面，试判断点 K 是否属于该平面（图 3-21）。

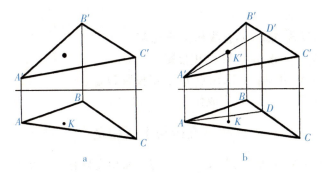

图 3-21 判断点 K 是否在 △ABC 上

a. 已知　b. 作图

作法：

(1) 连接 $A'K'$ 并延长，使之与 $B'C'$ 相交于点 D'。

(2) 自点 D' 向下引垂线交直线 BC 于 D。

(3) 连接 AD，并可看出点 K 不在直线 AD 上，由此可判定空间点 K 不在属于△ABC 的直线 AD 上，则点 K 不在△ABC 上。

（二）平面上的直线

直线在平面上的几何条件为：若一直线经过平面上的两个已知点，或经过一个已知点且平行于该平面上的另一已知直线，则此直线必定在该平面上。

点 M、N 分别为该平面上的两已知点，则直线 MN 必定在平面 P 上（图 3-22a）。

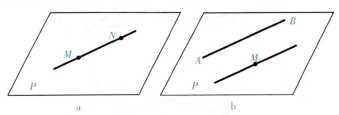

图 3-22 平面上的直线

a. 已知　b. 作图

平面 P 由直线 AB 和直线外一点 M 所确定，过点 M 作 AB 平行线，则该直线必定在平面 P 上（图 3-22b）。

[例 3-8] 已知四边形 $ABCD$ 为平面图形，试补全其正面投影（图 3-23a）。

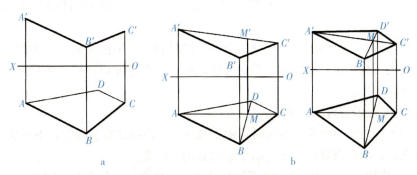

图 3-23 补全正面投影

a. 已知　b. 作图

作法：
(1) 连接直线 BD 与 AC，两直线相交于点 M。
(2) 连接直线 $A'C'$，求出点 M 的正投影 M'。
(3) 连接直线 $B'M'$ 并延长，求出点 D 的正投影 D'。
(4) 连接直线 $A'D'$、$D'C'$，完成作图（图 3-23b）。

三、直线与平面相交

直线与平面之间不平行则一定相交。直线与平面相交只有一个交点，它是直线与平面的共有点，该点既在直线上又在平面内，且只有一个。在实际应用中，很多作图问题其实质上都是求直线与平面的交点问题，例如作透视、阴影等。

（一）直线与特殊位置平面相交

特殊位置平面总有一个投影具有积聚性，因此若直线与特殊位置平面相交，利用特殊位置平面投影的积聚性和交点的公有性，可直接确定交点的一个投影，另一个投影可用在直线上取点的方法求出。

[例 3-9] 求直线 MN 与平面 ABC 的交点 K 并判别其可见性（图 3-24）。

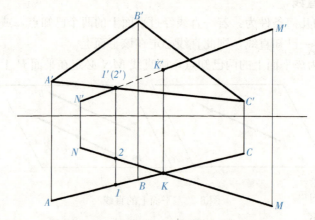

图 3-24　求直线与特殊位置平面的交点

作法：
(1) 在平面具有积聚性的投影面上作出直线的投影与积聚线相交的点 K。
(2) 作垂直的投影连线，在直线的另外投影上求出 K 点的同面投影，K' 即为所求的交点。
(3) 判断可见性。直线与平面相交，交点是可见和不可见的分界点。由水平投影可知，KM 段在平面前，故正面投影上 $K'M'$ 为可见，KN 段在平面后，故正面投影上 $K'2'$ 为不可见，用虚线表示。

（二）直线与一般位置平面相交

当直线为平行线或一般位置直线时，由于直线和平面都没有积聚性，不可能在投影图上直接确定其交点，所以需要通过作辅助平面的方法来解决。

[例 3-10] 已知直线 AB 及平面 DEF 的投影，求直线 AB 与平面 DEF 的交点，并判别其可见性（图 3-25a）。

单元三 点、直线和平面的投影图绘制

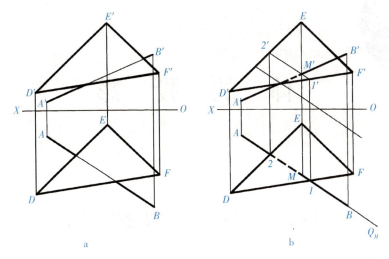

图 3-25 求直线与一般位置平面的交点
a. 直观图　b. 投影图

作法：

（1）过直线 AB 作铅垂面 Q 与平面 DEF 相交于 1、2，$1'2'$ 与 $A'B'$ 交于 M'，此点即为直线 AB 与平面 DEF 交点的正投影（图 3-25b）。

（2）过 M' 作 OX 轴的垂线交 AB 于 M，则此点即为直线 AB 与平面 DEF 的交点水平投影。

（3）判别可见性。利用重影点的可见性判别即可。如果投影面的垂直线与一般位置平面相交，由于直线的投影具有积聚性，因此在直线所垂直的投影面上，交点的投影与直线的投影重合，交点的其他投影可用在平面上取点的方法来求得（图 3-26）。

简要作法：

（1）利用面上取点法来求取交点。

（2）判别交点的可见性。利用重影点的可见性可知，点 1 位于平面上，在前；点 2 位于 MN 上，在后。故 $K'2'$ 为不可见。

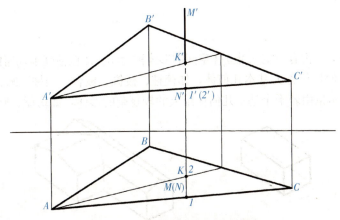

图 3-26 投影面垂直线与平面相交

单元四 体的投影

课题1 基本几何体的投影

【学习目标】
1. 理解基本几何体的概念及分类。
2. 掌握基本几何体及其表面点、线的三面投影图作法。
3. 掌握平面和直线与几何体相交所产生的交线的投影图作法。

【学习重点和难点】
学习重点：点的投影规律及特性。
学习难点：点的坐标。

【内容结构】

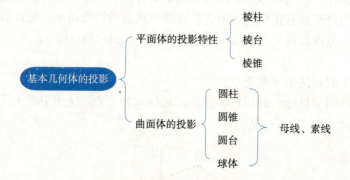

【相关知识】
　　由面围合而成的，占有一定三维立体空间的形体称为体。体包括基本几何体和组合体。其中形状简单的单一几何形体称为基本几何体，如棱柱、棱锥、棱台、圆柱、圆锥、圆台、球体等（图 4-1a）。组合体是指由若干个基本几何体组成的较复杂的形体，如房屋、圆桌等（图 4-1b）。

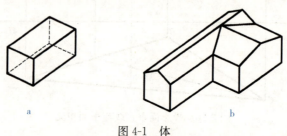

图 4-1　体
a. 基本几何体　b. 组合体

基本几何体按其表面的几何性质可分为以下两大类:
(1) 平面几何体。表面由平面围合而成的基本几何体称为平面几何体(简称平面体),如棱柱、棱锥、棱台等。
(2) 曲面几何体。表面由曲面或曲面与平面围合而成的几何体称为曲面几何体(简称曲面体),如圆柱、圆锥、圆台、球体等。

一、平面体的投影

(一) 棱柱

棱柱一般由上、下底面和垂直于上、下底面的侧棱面围合而成。如图 4-2a 所示的四棱柱,是由六个面(包括上、下底面和四个侧面)围成的长方体,且上下、左右、前后相对应的平面完全相等。

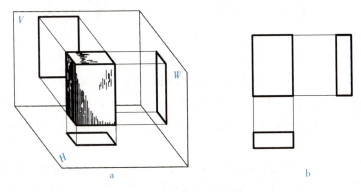

图 4-2 四棱柱的投影

1. 分析 现将四棱柱放在三投影面体系中(图 4-2a),使上、下底面平行于 H 面,前、后平面平行于 V 面,左、右平面平行于 W 面,即上、下底面为水平面,前、后侧面为正平面,左、右侧面为侧平面。则该四棱柱在三投影面的投影具有如下特点:

(1) H 面投影。四棱柱的上、下两个底面的投影反映实形,而四个侧面的投影都是积聚投影。于是 H 面投影为一个与上、下底面一致的长方形,且长方形的四个边分别是对应的四个侧面的积聚投影。

(2) V 面投影。四棱柱的前、后两个侧面的投影反映实形,而上、下底面和左、右侧面的投影都是积聚投影。于是 V 面投影为一个与前、后侧面一致的长方形,且长方形的四个边分别是对应的上、下底面和左、右侧面的积聚投影。

(3) W 面投影。四棱柱的左、右两个侧面的投影反映实形,而上、下底面和前、后侧面的投影都是积聚投影。于是 W 面投影为一个与左、右侧面一致的长方形,且长方形的四个边分别是对应的上、下底面和前、后侧面的积聚投影。

2. 作图 如图 4-2b 所示,先从最反映物体特征的投影图着手,经分析其 V 面投影比较直观,前、后侧面的实形投影反映了实际的长和高,于是在 V 面上画出反应前、后实形的长方形。

在 H 面上,与 V 面投影长对正,按实际宽度画出反映上、下底面实形的长方形;在 W 面上,与 V 面投影高相等,按实际宽度画出反映左、右侧面实形的长方形。

（二）棱锥

棱锥是由一个面（底面）是多边形，其余各面（侧棱面）是有一个公共顶点的三角形围合而成的几何体。以正三棱锥为例，如图 4-3a 所示，其底面为一个正三角形，三个侧棱面为相等的等腰三角形，且交于一顶点 S。

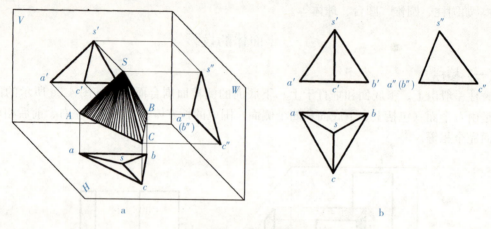

图 4-3 正三棱锥的投影

1. 分析 现将正三棱锥放在三投影面体系中（图 4-3a），使底面平行于 H 面，则侧棱面中 SAB 为侧垂面，其余两侧面为一般位置平面。该正三棱锥在三投影面的投影具有如下特点：

（1）H 面投影。三棱锥底面的投影反映其实形，即为等边三角形；三个侧棱面投影为类似形——三角形，且三个三角形的顶点 S 的投影重合于等边三角形的中心。

（2）V 面投影。三棱锥的底面投影积聚为一条直线段，三个侧面的投影均为类似形——三角形，且左、右两个侧棱面的投影与后侧棱面的投影重合，即 s'a'c'、s'b'c' 和 s'a'b' 重合。

（3）W 面投影。三棱锥的底面和后侧棱面分别积聚为直线段，左、右两侧棱面投影为类似形——三角形，且相互重合，即 s″a″c″ 与 s″b″c″ 重合。

2. 作图 如图 4-3b 所示，由于三棱锥的底面为水平面，先绘底面的三面投影。

三个侧棱面的位置除了后侧棱面为侧垂面外，另两个侧棱面均为一般位置，所以不好绘制其三面投影。但经分析，这三个面分别由底面的一个边和顶点 S 确定，所以可先画出 S 的三面投影，再与顶点 A、B、C 三点的同面投影连线，即可得出三棱锥的三面投影。S 的水平投影 s 与底面△ABC 之水平投影△abc 的中心重合，可直接得出，再根据三棱锥的高和对应水平投影 s，即可作出正投影面和侧投影面的投影——s' 和 s″。最后连接顶点 S 和 A、B、C 三个顶点的同面投影，得出正三棱锥的三面投影图。

（三）棱台

用一个平行于棱锥底面的平面截该棱锥，那么棱锥底面和该平面之间的几何体就是棱台。以正六棱台为例，如图 4-4a 所示，其可以看作是一个正六棱锥被平行于底面的平面截得，由上、下底面（两个正六边形 ABCDEF、GIJKLM）和六个相等的侧棱面（等腰梯形）围合而成。

1. 分析 现将正六棱台置于三面投影体系中，如图 4-4a 所示，使棱锥的上、下底面平

单元四 体的投影

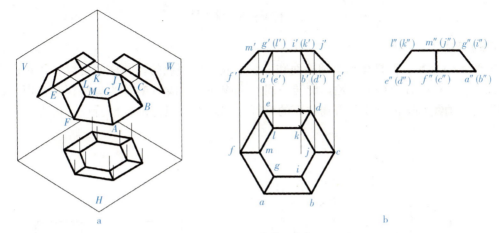

图 4-4 正六棱台的投影

行于 H 面，且上、下底面的两个前、后两条边 GI、LK 和 AB、ED 平行于 V 面，则 GI、LK 和 AB、ED 所在的侧棱面 ABIG、EDKL 为垂直于 W 面的侧垂面，所以该正六棱台在三投影面的投影具有如下特点：

（1）H 面投影。六棱台上、下底面的投影反映其实形，即为两个大小不等的正六边形，且它们具有相同的中心和一致的方向；六个侧棱面投影为类似形——等腰梯形，等腰梯形的上、下底分别为棱台上、下底面投影——两个正六边形的对应边。

（2）V 面投影。六棱台的上、下底面投影积聚为一条直线段，平行于 V 面的上、下底面的前、后两条边 GI、LK 和 AB、ED，反映实形，六个侧面的投影均为类似形——梯形，且前、后对应两个侧棱面的投影，即 $a'b'i'g'$ 和 $e'd'k'l'$、$f'a'g'm'$ 和 $f'e'l'm'$、$b'c'j'i'$ 和 $d'c'j'k'$ 分别重合。

（3）W 面投影。六棱台的上、下底面和前、后侧棱面 ABIG、EDKL 分别积聚为直线段，另外四个侧棱面投影为类似形——梯形，且左、右对应的侧棱面投影相互重合，即 $a''g''m''f''$ 与 $b''i''j''c''$、$f''m''l''e''$ 与 $c''j''k''d''$ 分别重合。

2. 作图 如图 4-4b 所示，由于六棱台的上、下底面平行于 H 面，所以先绘制 H 面投影。首先绘制两个中心相同和方向一致并与上、下底面相等的正六边形，然后连接两个六边形顶点，即六条侧棱投影，于是得出六棱台的 H 面投影。

其 V 面投影，根据 H 面投影，首先绘制上、下底面的积聚投影线段，该两条线段为平行线，线段间距离为棱柱的高，线段的端点即为 m'、j'、f'、c' 投影点，连接 $m'f'$、$j'c'$ 为最左侧棱和最右侧棱投影；然后绘制 GI、LK 和 AB、ED 的 V 面投影，它们的投影分别在上、下底面的投影线段上，由 H 面投影向 V 面作投影线，交于上、下底面投影线即可，得出 $g'i'$（$l'k'$）和 $a'b'$（$e'd'$）投影线段，连接 g'（l'）、a'（e'）和 i'（k'）、b'（d'）即为侧棱投影，于是得出六棱台的 V 面投影。

最后作 W 面投影，首先根据三面投影的对应关系绘制上、下底面的投影，仍然是两条平行线段，而这两条线段的端点分别是 l''（k''）、g''（i''）、e''（d''）、a''（b''），并且线段 $l''e''$ 和 $g''a''$ 就是棱台前后两个侧面的积聚投影，然后求出上、下底面投影线段的中点，即为 m''（j''）和 f''（c''）投影点，连接两中点，即得该棱柱的 W 面投影。

二、曲面体的投影

(一) 圆柱

如图 4-5a 所示，圆柱体是由圆柱面和上、下底面所围成的。圆柱面可以看作是由直线 AA_1 以与它平行的直线 OO_1 为轴，旋转一周而形成的。直线 AA_1 称为母线，圆柱面上任意一条平行于轴线 OO_1 的直线称为圆柱面的素线。实际上可以把圆柱面看成是由无数条素线组成的。

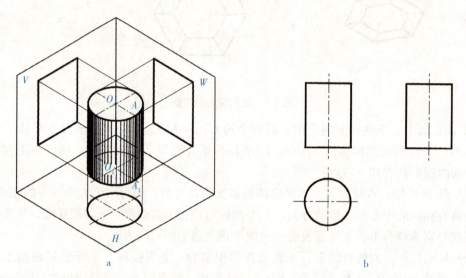

图 4-5 圆柱体的投影

1. 分析 将圆柱体放在三投影面体系中（图 4-5a），使轴线垂直于 H 面，上、下底面平行于 H 面。于是该圆柱体的三面投影具有如下特点：

（1）H 面投影。该投影是反映圆柱体上、下底面实形的圆，而且圆柱面的投影也积聚为圆，并与上、下底面的投影重合。

（2）V 面投影和 W 面投影。这两面的投影是两个相等的矩形线框，线框的上、下两边分别是上、下底面的积聚投影，而两个矩形线框的两侧边则不同，V 面投影的两侧边是圆柱体最左面和最右面两条素线的投影，W 面投影的两侧边是圆柱体最前面和最后面两条素线的投影。

2. 作图 如图 4-5b 所示，首先用点画线画出圆柱体轴线的三面投影，H 面的积聚投影点用十字中心线的交点表示。

在 H 面上的投影是以十字中心线交点为圆心、与底面相等的圆。在 V 面和 W 面上的投影，根据圆柱的高和底面圆的直径，依轴线投影位置绘制为两个相等的矩形线框。

(二) 圆锥

如图 4-6a 所示，圆锥体是由圆锥面和底面所围合而成的。圆锥面可以看作是由直线 SA 以与它相交的直线 OO_1 为轴旋转一周而形成的。直线 SA 为母线，圆锥面上过顶点 S 的任意直线称为圆锥面的素线，圆锥面可以看作是由无数根素线所组成的。

1. 分析 将圆锥体放在三投影面体系中（图 4-6a），使轴线垂直于 H 面，底面平行于 H 面。于是该圆锥体的三面投影具有如下特点：

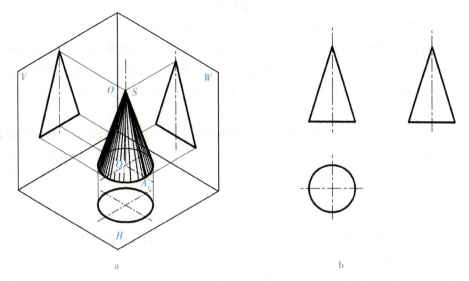

图 4-6　圆锥体的投影

(1) H 面投影。该投影是反映圆锥体底面实形的圆，实际上该圆的面，即为圆锥表面的投影。

(2) V 面投影和 W 面投影。这两面的投影是两个相等的等腰三角形，其高度反映圆锥体的高，底边是底面的积聚投影。V 面投影中三角形的两个腰是圆锥体最左面和最右面的两条素线的投影，W 面投影中三角形的两个腰是圆锥体最前面和最后面的两条素线的投影。

2. 作图　如图 4-6b 所示，首先用点画线画出圆锥体轴线的三面投影，H 面的积聚投影点用十字中心线的交点表示。

在 H 面上的投影是以十字中心线交点为圆心、与底面相等的圆。在 V 面和 W 面上的投影，根据圆锥的高和底面圆的直径，依轴线投影位置绘制为两个相等的等腰三角形。

（三）圆台

用一个平行于圆锥底面的平面截圆锥，该平面与圆锥底面之间的部分就是圆台（图 4-7a）。

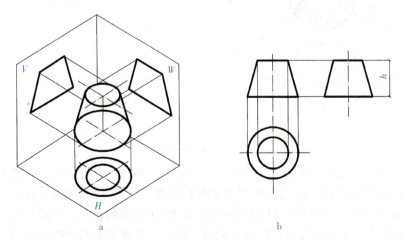

图 4-7　圆台的投影

1. 分析　将圆台放在三投影面体系中（图 4-7a），使轴线垂直于 H 面，上、下底面平行于 H 面。于是该圆锥体的三面投影具有如下特点：

（1）H 面投影。该投影是反映圆台上、下底面实形的圆。

（2）V 面投影和 W 面投影。这两面的投影是两个相等的等腰梯形，其高度反映圆台的高，上、下底边是圆台上、下底面的积聚投影。V 面投影中梯形的两个腰是圆台最左边和最右边的两条素线的投影，W 面投影中三角形的两个腰是圆锥体最前面和最后面的两条素线的投影。

2. 作图 如图 4-7b 所示，首先用点画线画出圆台轴线的三面投影，H 面的积聚投影点用十字中心线的交点表示。然后在 H 面，以十字中心线的交点为圆心，分别以圆台上、下底面的半径为半径画两个圆，即为圆台的 H 面投影，两个圆之间的部分即为圆台表面的 H 面投影。

圆台的 V 面投影和 W 面投影，为两个以圆台轴线的投影线为对称轴，以圆台上、下底面圆的直径为上、下底，以圆台的高为高的等腰梯形。V 面投影的做法是：首先在圆台轴线的 V 面投影线上，截取等于圆台高度的线段，然后过该线段两端点，作水平平行线，根据三面投影的对应关系，由圆台上、下底面 H 面投影圆的两端向 V 面作投影线，分别交两条平行线于两点，连接对应的两点成等腰梯形，即为圆台的 V 面投影。W 面投影可根据三面投影关系直接作出。

（四）球体

如图 4-8a 所示，球体可以看作是一个圆（母线），以其任意直径为轴线旋转一周而形成的。

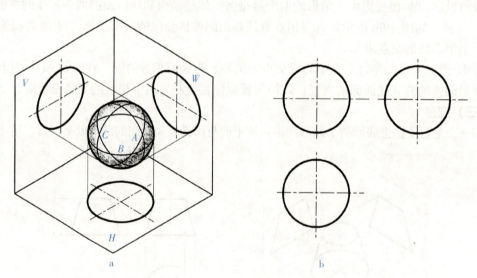

图 4-8 球体的投影

1. 分析 将球体放在三投影面体系中（图 4-8a），球体在三个投影面上的投影是三个直径相等的圆，且直径与球径相等。这三个圆是球面上分别平行于三个投影面的最大的圆的投影。

其中 H 面上的圆，是平行于 H 面的最大圆 B 在 H 面上的投影；V 面上的圆，是平行于 V 面的最大圆 A 在 V 面上的投影；W 面上的圆，是平行于 W 面的最大圆 C 在 W 面上的投影。

2. 作图 如图 4-8b 所示，首先分别划出三面投影的中心线，然后根据球体的直径，在三面投影图上画出相等的圆。

课题 2　基本几何体表面上点和线的投影求法

【学习目标】
1. 结合直线的投影现象，熟悉平面的投影规律。
2. 掌握平面的三面投影特点及投影坐标表示方法。
3. 学会特殊位置直线及一般位置直线的三面投影绘制方法。

【学习重点和难点】
学习重点：点的三面投影。
学习难点：线的三面投影。

【相关知识】
根据投影规律，体表面上点和线的投影一定在该表面的同面投影上，线上点的投影一定在该线的同面投影上。因此，欲求体表面上点和线的投影，必须先找到该表面的投影。如果该表面投影有积聚性，可利用积聚性求得，如果没有积聚性，可利用作特殊位置的辅助圆或辅助线的方法求得。

下面分别以棱台、棱锥、圆柱、圆锥和球体为例，分析几何体表面上点和线的求法。

[例 4-1]　已知四棱台的三面投影及其表面 A 点和 B 点在 H 面的投影 a 和 b，如图 4-9a 所示。

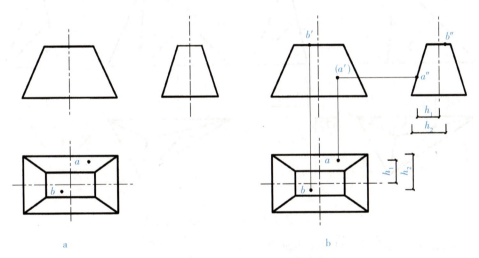

图 4-9　四棱台表面点投影的求作方法

求作：A、B 两点的另外两投影。

分析：根据已知条件，A 点在棱台的后侧面上，该平面为侧垂面，其 W 面投影积聚为一条直线段，A 点在 W 面的投影 a'' 在其上，按 A 点与中心线之间的距离 h_1 即可求得 a''，根据点的三面投影关系，利用 a 和 a'' 求得 V 面投影点 a'。根据 B 点在 H 面的投影 b 得知 B 点在棱台的顶面，该面为水平面，在 W 面和 V 面的投影均积聚为一条直线段，b' 和 b'' 亦在其上，根据点的三面投影关系，可直接求得 b'，再利用 b 和 b' 求得 b''。

作法：（1）如图 4-9b 所示，由 A 点在 H 面的投影 a 的位置，在 H 面和 W 面棱台投影上取等宽的 h_1，即可求得 A 点在 W 面的投影 a''；过 a 和 a'' 分别向 V 面作垂线（投影线），

其交点即为 A 点在 V 面的投影点（a'）（不可见点）。

（2）如图 4-9b 所示，根据水平面的投影特性，过 B 点在 H 面的投影 b 作 V 面的投射线，交棱台顶面在 V 面的积聚直线段于一点，该点即为 b'；在 H 面和 W 面棱台投影上取等宽的 h_2 即可求得 B 点在 W 面的投影点 b''。

[例 4-2] 已知三棱锥的三面投影及其表面 A 点的 H 面投影 a 和线段 BC 的 V 面投影 $b'c'$，如图 4-10a 所示。

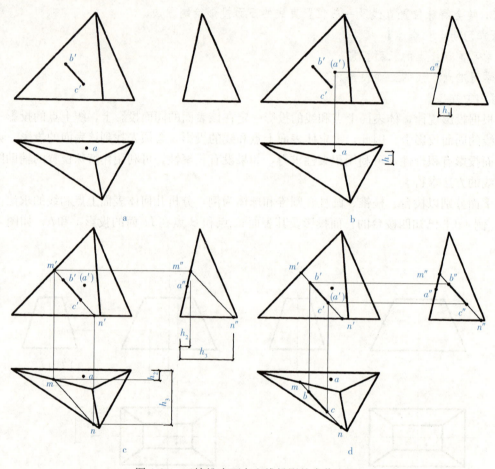

图 4-10 三棱锥表面点和线投影的求作方法

求作：点 A 和线段 BC 的另外两投影。

分析：根据已知条件，A 点所在平面是侧垂面，其 W 面投影积聚为一条直线段，a'' 必在其上，根据宽相等即可求得 a''。线段 BC 所在的平面是一般位置平面，没有积聚性，所以必须作辅助线，即做一条包含 BC 的直线交棱于两点，求出辅助线的投影，则 BC 的投影必在其上。

作法：（1）如图 4-10b 所示，根据 H 面投影上 a 点的位置，在 H 面和 W 面上量取相等的宽度，即可求得 A 点在 W 面的投影 a''，过 a 和 a'' 分别向 V 面作垂线（投影线），其交点即为 A 点在 V 面的投影点（a'）（不可见点）。

（2）如图 4-10c 所示，在 V 面投影中，过 $b'c'$ 作辅助线 $m'n'$，并求作其在 H 面和 W 面的投影 mn 和 $m''n''$。过 b'、c' 两点作垂直和水平投影线，交 mn 和 $m''n''$ 于 b、c 和 b''、

c'' 四点，连接 bc 和 $b''c''$，即为线段 BC 在 H 面和 W 面的投影。

[例 4-3] 已知圆柱体的三面投影及其表面上 A 点的 V 面投影（a'）和 B 点的 W 面投影（b''），如图 4-11a 所示。

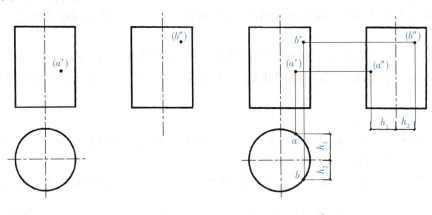

图 4-11 圆柱体表面点投影的求作方法

求作：A、B 两点另外两面投影。

分析：由于该圆柱的轴线垂直于 H 面，圆柱侧表面的 H 面投影积聚为与底面相等的圆，A、B 两点在 H 面的投影必在该圆周上。由于（a'）为不可见点，所以 a 应该在后半圆上；而根据（b''）的位置特点，判断 b 应该在前半圆上。

作法：（1）如图 4-11b 所示，过（a'）作 H 面的投影线，交圆柱体 H 面积聚投影的后半圆于点 a，再根据宽相等的投影规律，在 H 面和 W 面上量取相等的宽度 h_1，再过（a'）作 W 面的投影线，其交点即为 A 点在 W 面的投影点（a''）。

（2）如图 4-11b 所示，根据宽相等的投影规律，在 H 面和 W 面上量取相等的宽度 h_2，即根据（b''）与轴线的距离，求得 B 点在 H 面的投影 b，再过 b、（b''）分别作 V 面的投影线，其交点即为 B 点在 V 面投影点 b'。

[例 4-4] 已知圆锥的三面投影及其表面上水平线 AB 的 V 面投影 $a'b'$，如图 4-12a 所示。

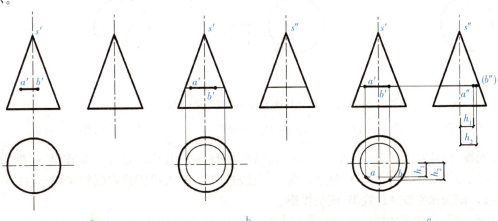

图 4-12 圆锥体表面线投影的求作方法（一）

求作：AB 的另外两面投影。

分析：(1) 由于圆锥在 H 面的投影没有积聚性，不能直接确定 ab 和 a″b″ 的位置，可过 a′b′ 作一个水平辅助圆，辅助圆的 V 面和 W 面投影都积聚为水平线，H 面的投影反映辅助圆的实形，水平线 AB 的投影在辅助圆的 H 面投影上，根据投影规律即可求出 AB 的另外两面投影。

(2) 过 a′、b′ 两点作辅助素线，然后在辅助素线的投影上求出 a、b 和 a″、b″，最后根据 AB 的三面投影特点，用圆弧和直线连接 a、b 和 a″、b″ 求得 AB 的另外两面投影。

作法一：辅助圆法。

(1) 如图 4-12b 所示，过 a′b′ 作水平辅助圆的 V 面投影，即延长 a′b′ 交于两腰，并作该辅助圆的 H 面和 W 面投影。

(2) 如图 4-12c 所示，过 a′、b′ 两点作 H 面的投影线，交辅助圆的 H 面投影的前半圆弧于两点 a、b（a′、b′ 为可见点，所以 a、b 在前半圆弧上），那么 a、b 之间的部分圆弧 $\overset{\frown}{ab}$ 即为水平线 AB 在 H 面的投影；根据宽相等求出 A、B 两点的 W 面投影 a″、(b″)，B 点在圆弧的右半部分，所以 (b″) 不可见，水平线 AB 在 W 面的投影，应为由 a″ 点绕过圆锥 W 面投影最右侧轮廓线至 (b″) 点的连线。

作法二：辅助素线法。

(1) 如图 4-13b 所示，在 V 面投影中，连接 s′a′ 和 s′b′ 并延长，交锥底面投影积聚线于 c′、d′，并根据投影规律求出 H 面和 W 面投影 sc、sd 和 s″c″、s″d″。

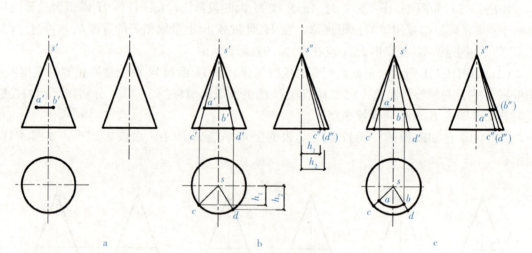

图 4-13　圆锥体表面线投影的求作方法（二）

(2) 如图 4-13c 所示，过 a′、b′ 作 H 面投影线，交 sc、sd 于 a、b 两点，过 a、b 作圆锥 H 面投影的同心圆弧 $\overset{\frown}{ab}$，ab 即为水平线 AB 在 H 面的投影；过 a′、b′ 作 W 面投影线，交 s″c″、s″d″ 于 a″、(b″) 两点，由 a″ 点绕过圆锥 W 面投影最右侧轮廓线至 (b″) 点的连线，即为水平线 AB 在 W 面的投影。

[例 4-5] 已知球体的三面投影及其表面点 A 的 H 面投影 (a)，如图 4-14a 所示。

求作：A 点的另外两面投影。

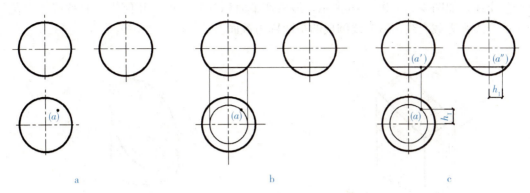

图 4-14 球体表面点投影的求作方法

分析：球体表面没有积聚性，那么求表面点的投影，必须过该点作平行于投影面的辅助圆，利用辅助圆投影的特殊性，求得该点的投影。根据 (a) 的投影位置判断，空间点 A 在球体的右、后、下的 1/4 球面的区域。

作法：(1) 如图 4-14b 所示，在 H 面上过 (a) 作球体 H 面投影的同心圆，该圆为过球体表面点 A 的水平辅助圆的 H 面投影，然后作辅助圆的另外两面的投影。

(2) 如图 4-14c 所示，过 (a) 作 V 面投影线，交辅助圆 V 面投影积聚线于 (a')，再按宽相等规则，在 W 面辅助面积聚线上截取与 H 面相等的距离 h_1，求得 (a'')。

课题 3　平面、直线与几何体相交

【学习目标】
1. 通过投影现象理解投影原理。
2. 掌握投影的分类及各自的特点，并能识别不同类型的投影。
3. 掌握正投影的投影特性，并能判断与应用。

【学习重点和难点】
学习重点：投影的分类，正投影的特性。
学习难点：正投影的特性。

【内容结构】

【相关知识】

一、平面与几何体相交

平面与几何体相交，实际上就是几何体被平面截切。几何体被平面截切则几何体表面必然产生交线,如图4-15、图4-16所示,该截切平面称为截平面,几何体表面被截平面截切产生的交线称为截交线,截交线围成的平面称为截面。

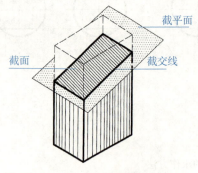

图4-15 平面与四棱柱相交

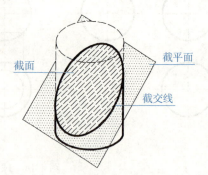

图4-16 平面与圆柱体相交

截交线具有如下性质:第一,由于几何体具有一定的空间范围,所以截交线一般是封闭的折线或曲线;第二,截交线是截平面与几何体的共有线,截交线上的点是共有点。因此,截交线的投影具有平面的投影特性。

影响几何体表面交线形状的因素主要是几何体表面的性质、平面和几何体的相对位置、几何体的尺寸大小。

所以,求作几何体表面交线的投影作图,就是求作平面与几何体表面共有线或共有线上的共有点的投影,而交线投影的形状则由交线的空间形状及其对投影面的相对位置决定。当截平面为特殊位置平面时,截交线上的点的投影可利用截平面的积聚投影求得;当截平面为一般位置平面时,可利用辅助平面法求得。

在作图时一般可按照以下几个步骤完成:第一,根据截平面与几何体的相对位置判断截交线的形状,并进一步分析截平面与投影面的相对位置,判断截交线的投影特点;第二,求出截交线上特殊位置点的投影,包括前后、左右、上下的极限位置点及平面体各表面交线或曲面体转向线和边界线上的点;第三,求出截交线上适当数量的一般位置点的投影;第四,判断截交线投影的可见性,依次连接所求得的投影点。其规律是截交线所在的几何体表面的投影可见,则该段截交线投影可见,反之为不可见。

(一) 平面与平面体相交

平面与平面体相交,截交线是封闭的多边形。多边形的边是平面与平面体表面的交线,多边形的顶点是平面体的顶点、棱线或底边与截平面的交点,多边形的顶点数与边数是相等的,而顶点数取决于平面体上与截平面相交的棱线和底边的数目。所以,平面与平面体相交的截交线作图可归结为如下几种方法。

1. 棱线法 求出平面体的棱线与截平面的交点,然后依次连接。其实质是直线与平面的交点问题。

2. 棱面法 直接求出平面体各面与截平面的交线。其实质是两平面相交求交线问题。

[例4-6] 三棱锥 $SABC$ 与正垂面 P 相交(图4-17a)。已知三棱锥的 H 面、V 面投影和正垂面 P 的 V 面投影,求截交线的投影。

分析:如图4-17a所示,截平面 P 是正垂面,其 V 面投影具有积聚性——直线段,H 面投影为类似性——三角形,可直接用棱线法利用截平面的积聚性求得截交线投影。

作图:见图4-17b。

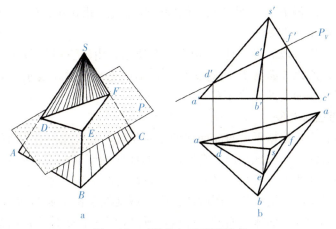

图 4-17 三棱锥与正垂面相交

(1) 截平面 P 的 V 面投影为直线,该直线与三棱锥三个棱的 V 面投影线交于三点,即 d'、e'、f'。

(2) 过 d'、e'、f' 三点,根据投影规律向三棱锥的 H 面投影作垂线,分别交三个棱的 H 面投影线于三点,即 d、e、f。

(3) 分别连接 d'、e'、f' 和 d、e、f,所得到的线段和 $\triangle def$ 就是截交线的 V 面、H 面投影。

[例 4-7] 如图 4-18a 所示,三棱柱与一般位置平面 P 相交,已知三棱柱的 V 面、H 面投影及一般位置平面 P 的 V 面、H 面投影,求截交线的投影。

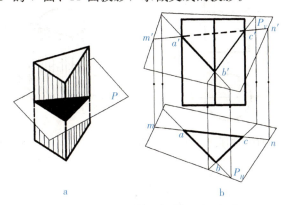

图 4-18 三棱柱与一般位置平面相交

分析:如图 4-18a 所示,三棱柱与一般位置平面 P 相交,三棱柱的三个棱线与 P 面的交点连线即为交线。三棱柱的 H 面投影具有积聚性,所以交线的投影与三棱柱的积聚投影重合。交线的 V 面投影应用棱面法,即求棱柱侧面与 P 面的交线。

作图:见图 4-18b。

(1) 利用三棱柱的 H 面投影具有积聚性的特点,交线的投影为 $\triangle abc$。延长 ac 边,交 P_H 的假设边界于 m、n 点,再由 m、n 点向 V 面作投影线,交 P_V 上的 P_H 对应边于 m'、n' 两点,连接 m'、n',交 a、c 所在棱面的棱于 a'、c' 两点,则线段 $a'c'$ 即为 P 面与该侧棱面的交线。

(2) 同样方法可求得 P 面与另外两个侧棱面的交线，即 $a'b'$、$b'c'$，则 △$a'b'c'$ 就是 P 面与三棱柱的交线的 V 面投影。

(3) 判断交线投影各段的可见性，如图 4-18 所示，由于三棱柱包含 AC 所在的侧面的 V 面投影为不可见，所以该面与 P 面的交线 $a'c'$ 不可见，用虚线表示；另外两个侧面的 V 面投影可见，所以该侧面上的交线 $a'b'$、$b'c'$ 亦可见。

(二) 平面与曲面体相交

平面与曲面体相交，根据平面与曲面体的相对位置，截交线一般为封闭的平面曲线，特殊情况下也可能是直线。如果截平面与有底面的曲面体的底面相交，此部分交线为直线段，其截交线为直线段与曲线组合的封闭平面图形，特殊情况下为多边形。

平面与曲面体相交的截交线投影图画法：由于截交线是截平面与曲面体表面的共有线，截交线上的点是截平面与曲面体表面的共有点，所以，绘制曲面体表面的截交线，可以通过求作曲面体表面上一系列素线或纬圆与截平面的共有点的投影，然后依次连接，并判断其可见性，即能作出截交线的投影。

1. 平面与圆柱体相交 平面与圆柱相交，截交线的形状由该平面与圆柱轴线之间的相对位置决定：当平面与轴线垂直时，截交线是圆（图 4-19）；当平面与轴线平行时，截交线是矩形（图 4-20）；当平面与轴线倾斜的时候，截交线是椭圆（图 4-21）；当截交线与轴线倾斜并与圆柱底面相交时，截交线是由直线段与椭圆的一部分组合而成的平面图形（图 4-22）。

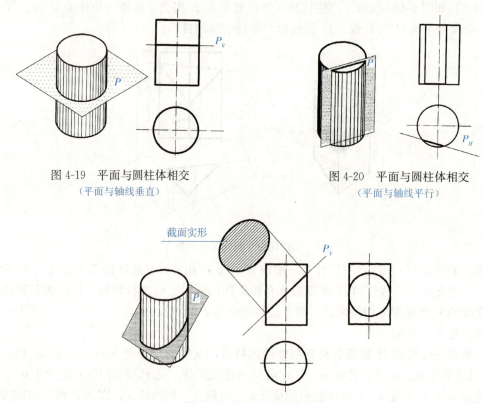

图 4-19　平面与圆柱体相交
（平面与轴线垂直）

图 4-20　平面与圆柱体相交
（平面与轴线平行）

图 4-21　平面与圆柱体相交
（平面与轴线倾斜）

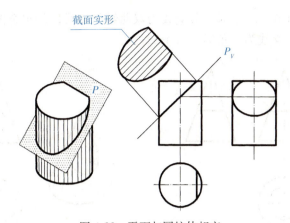

图 4-22 平面与圆柱体相交
（平面与轴线倾斜并与圆柱底面相交）

[例 4-8] 如图 4-23a 所示，圆柱与正垂面 P 相交，求截交线的投影。

分析：如图 4-23a 所示，正垂面 P 与圆柱斜交，截交线为椭圆。截交线的 V 面投影积聚为一直线段；H 面投影积聚在圆柱面的投影——圆周上；根据投影规律，利用椭圆的 H 面、V 面投影可以求出截交线的 W 面投影。

作图：见图 4-23b。

（1）H 面投影。截交线的 H 面投影在圆柱面的 H 面投影圆周上。

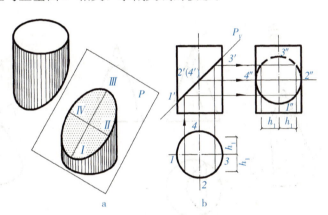

图 4-23 正垂面与圆柱体相交截交线画法

（2）V 面投影。截平面 P 在 V 面投影积聚为直线，该直线与圆柱的 V 面投影相交为一条直线段，该线段即为截交线的 V 面投影。

（3）W 面投影。根据分析，截交线的 W 面投影为椭圆形，根据其 H 面、V 面投影不难作出 W 面投影。

首先求作特殊点的投影，截交面的特殊点主要是 Ⅰ、Ⅱ、Ⅲ、Ⅳ 四个点，它们既是转向点也是截交线的极限点，同时也是椭圆的长轴和短轴的端点。于是根据 V 面投影求出 $1''$、$2''$、$3''$、$4''$ 点。

然后用几何作图法，通过长、短轴作出椭圆图形；也可以根据 H 面、V 面投影作出适当的一般点（一般点数量依作图精确度要求而定），用圆滑曲线连接各点，得出椭圆。则作出的椭圆即为截交线的 W 面投影。

2. 平面与圆锥体相交 平面与圆锥相交，截交线的形状由该平面与圆锥轴线之间的相对位置确定，截交线有五种形式（设 α 为半圆锥顶角，θ 为截平面与圆锥轴线的夹角）：当截平面与轴线垂直时，截交线为圆（图 4-24）；当截平面与轴线倾斜且 $\alpha<\theta<90°$ 时，截交线为椭圆（图 4-25）；当截平面与轴线倾斜且 $\alpha=\theta$ 时，截交线为抛物线和直线段的组合图形（图 4-26）；

当截平面与轴线倾斜且 $0 \leqslant \theta < \alpha$ 时，截交线为双曲线与直线段的组合图形（图 4-27）；当截平面过圆锥顶点时，截交线为三角形（图 4-28）。

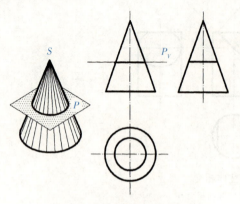

图 4-24　平面与圆锥体相交
（平面与轴线垂直）

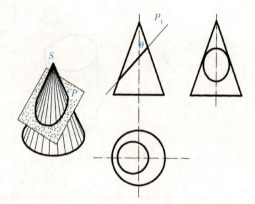

图 4-25　平面与圆锥体相交
（平面与轴线倾斜且 $\alpha < \theta < 90°$）

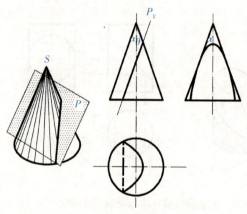

图 4-26　平面与圆锥体相交
（平面与轴线倾斜且 $\alpha = \theta$）

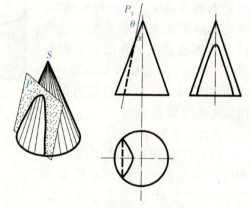

图 4-27　平面与圆锥体相交
（平面与轴线倾斜且 $0° < \theta < \alpha$）

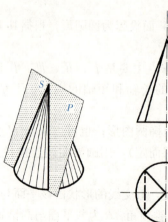

图 4-28　平面与圆锥体相交
（平面过圆锥体顶点）

[例 4-9] 如图 4-29a 所示，圆锥与正垂面 P 相交，求截交线的投影。

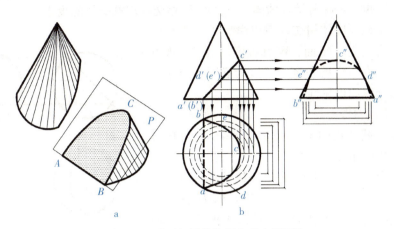

图 4-29　正垂面与圆锥体相交截交线画法

分析：如图 4-29a 所示，圆锥体与正垂面相交，截交线为一条双曲线和 P 面与底面相交的直线段所形成的组合图形。其 V 面投影积聚为一直线段，H 面、W 面投影为类似形——双曲线和直线段的组合图形。由于透视方向不同，截交线的不同部分在不同投影图中，其可见性不同。

作图：见图 4-29b。

(1) V 面投影。截平面 P 在 V 面投影积聚为直线，该直线与圆锥的 V 面投影相交为一条直线段，该线段即为截交线的 V 面投影。

(2) H 面投影。通过截交线的 V 面投影，求出转向点、特殊点和适当一般点的投影。如图 4-29 所示，转向点、特殊点主要有 C、A、B、D、E 点，利用它们的 V 面投影点 c'、a'、b'、d'、e'，用作辅助圆的方法，求出 c、a、b、c、d，然后再求出一定数量的一般点的投影点，最后用圆滑曲线将求得的各投影点连接起来，得到一条双曲线。但这条曲线只是截交线的一部分，还有一部分就是截平面与圆锥底面相交产生的直线段，而且该线段的 H 面投影为不可见。那么双曲线与这条不可见线段的组合图形就是截交线的 H 面投影。

(3) W 面投影。截平面与圆锥底面相交产生的直线段投影与圆锥底面投影重合。那么根据双曲线的 H 面、V 面投影不难作出 W 面投影，仍然是先求转向点和特殊点的投影，再求适当的一般点，最后连接各点形成一条双曲线，就是截交线的 W 面投影。注意要判断可见性，经判断该曲线 D、E 点以上部分在圆锥体的右侧面上，在 W 面投影中为不可见，所以用虚线表示。

3. 平面与球体相交　平面与球体相交，其截交线都是圆。根据截平面与投影面的位置不同，这些圆的投影可以是

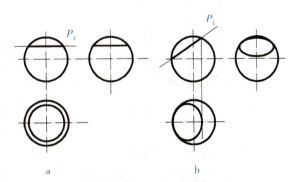

图 4-30　平面与球体相交
a. 水平面与球体相交　b. 正垂面与球体相交

圆、直线段或椭圆（图 4-30）。

［例 4-10］如图 4-31 所示，球体与正垂面 P 相交，求截交线的投影。

分析：正垂面与球体相交，截交线为圆。其 V 面投影积聚为一直线段，H 面、W 面投影，由于透视方向与截平面之间有一定的角度，所以为椭圆。应该注意的是判断截交线的可见性。

作图：见图 4-31。

（1）首先作截交线的 V 面投影，即 P_V 积聚投影线与球体的投影圆相交的直线段。

（2）然后根据 V 面投影确定截交线的特殊点——左右、上下极限点的 H 面、W 面投影，即 H 面、W 面投影——椭圆的长、短轴端点，然后根据长、短轴作椭圆，即为截交线的 H 面、W 面投影。

（3）最后判断投影线的可见性。经判断，H 面、W 面投影线都有不可见部分，用虚线表示不可见部分即可。

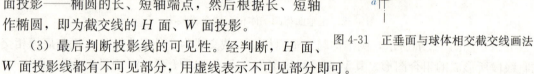

图 4-31　正垂面与球体相交截交线画法

二、直线与几何体相交

直线与几何体相交，则几何体表面必然产生交点，该交点称为贯穿点。贯穿点必然成对出现（图 4-32）。

求直线与几何体相交的贯穿点问题，实质上是求线与面的交点问题。求交点时，应根据几何体投影的具体情况，如果几何体表面的投影具有积聚性，可直接利用其积聚投影求得贯穿点的投影（图 4-33）。如果几何体表面投影没有积聚性，则可用辅助面法求出贯穿点的投影。一般作图步骤如下所述：

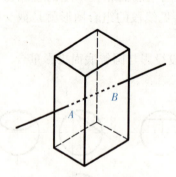

图 4-32　直线与几何体相交

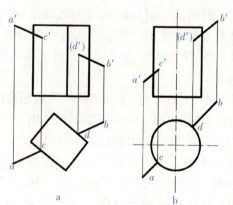

图 4-33　利用几何体的积聚投影求贯穿点投影
a. 直线与四棱柱相交　b. 直线与圆柱体相交

（1）包含直线作辅助平面。
（2）求辅助面与几何体的截交线。
（3）截交线与已知直线的交点即为贯穿点。
（4）判断贯穿点的可见性。

应该注意的是：辅助平面的选择十分重要，应根据几何体的具体情况，力求所选辅助面截得的截交线的投影最为简单，一般作投影面的垂直面或平行面，使得投影为直线或圆。

贯穿点的可见性判断，根据贯穿点所在几何体表面是否可见而定。若该点所在表面的投影可见，则该点的投影可见；若该点所在表面的投影不可见，则该点的投影亦不可见。

下面举例说明几何体表面没有积聚性时贯穿点的求作方法。

[例 4-11] 如图 4-34a 所示，空间一一般位置直线 MN 与三棱锥相交，求作贯穿点 A、B 的投影。

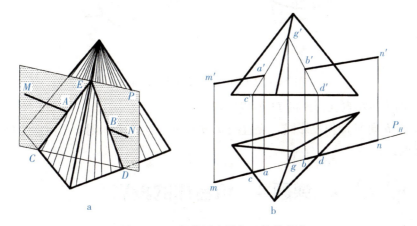

图 4-34 一般位置直线与三棱锥相交

分析：如图 4-34a 所示，直线与三棱锥相交，由于三棱锥的三个侧面均为一般位置面，投影没有积聚性，所以过该直线作铅垂面为辅助平面，利用辅助平面的 H 面投影的积聚性，求得贯穿点投影点。

作图：见图 4-34b。

(1) 包含已知直线 MN 作铅垂面 P。

(2) 根据铅垂面 P 与三棱锥相交的截交线的 H 面投影——直线段，作出该截交线的 V 面投影——$\triangle c'd'e'$，$\triangle c'd'e'$ 与直线 MN 相交于 a'、b' 两点，再由 a'、b' 向 H 面作投射线，求得 a、b，则 a'、b' 和 a、b 即为贯穿点 A、B 的 V 面、H 面投影点。

(3) 判断投影点的可见性。由于 A、B 两点所在棱锥侧面的 V 面、H 面投影为可见，所以 A、B 的 V 面、H 面投影点均可见。

[例 4-12] 如图 4-35a 所示，空间一一般位置直线 MN 与圆锥相交，求作贯穿点 A、B 的投影。

分析：如图 4-35a 所示，直线与圆锥相交，由于圆锥面的投影特点，所以不能直接求出贯穿点投影，应该利用辅助面法求得。可过圆锥顶点 S 和直线 MN 作辅助面 P，根据圆锥与面相交的特点，该平面与圆锥面的截交线为两条素线，那么这两条素线与直线 MN 的交点就是贯穿点 A、B。

作图：见图 4-35b。

(1) 作辅助平面。连接 SM、SN 并延长，组成辅助平面 SMN——P。

(2) 作出 P 与圆锥底面的交线投影 cd，连接 s、c 和 s、d，则素线投影 sc、sd 与直线 mn

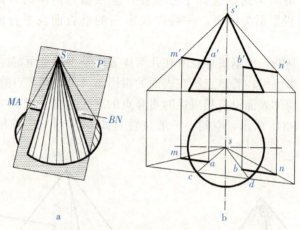

图 4-35　一般位置直线与圆锥体相交

的交点 a、b 即为贯穿点 A、B 的 H 面投影点。

（3）由 a、b 向 V 面作投影线，交直线 $m'n'$ 于 a'、b' 两点，则 a'、b' 即为贯穿点 A、B 的 V 面投影点。

课题 4　组合体的投影

【学习目标】

1. 了解组合体的概念及组合形式。
2. 掌握组合体表面交线的画法。
3. 学会组合体尺寸的标注方法。

【学习重点和难点】

学习重点：组合体表面交线的画法及尺寸标注方法。

学习难点：组合体投影的画法。

【内容结构】

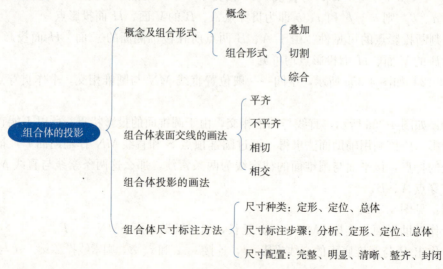

【相关知识】

一、组合体的概念及组合形式

由若干个基本几何体通过叠加或切割等方法组合而成的形体称为组合体。如图 4-36 中的两个组合体，图 4-36a 所示的台阶，可以看作是三个四棱柱叠加在一起；图 4-36b 所示的的花池，可以看作是三个四棱柱分别切除一个面，形成三个槽，然后三个槽相交在一起而形成的。

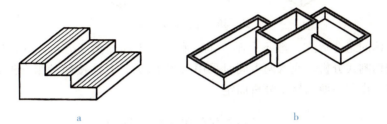

图 4-36 组合体

根据组合体的组合形式，可分为叠加式、切割式和综合式三种形式。

1. 叠加式　组合体由若干个基本几何体叠加、堆砌、拼合而成（图 4-37）。

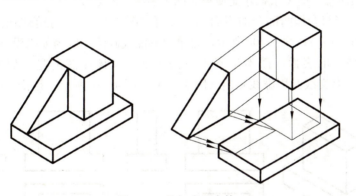

图 4-37 叠加式组合体

2. 切割式　组合体由一个基本形体被切割了某些部分而形成（图 4-38）。

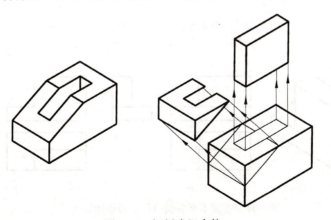

图 4-38 切割式组合体

3. 综合式 组合体的各组成部分，既有叠加又有切割的形式，是两种形式的综合（图 4-39）。

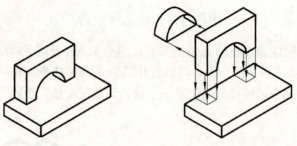

图 4-39 综合式组合体

一个组合体的组合形式一般不是唯一的一种，从不同的角度分析，既可以按叠加式分析，也可以按切割式分析，或者两者同时采用（图 4-39），具体按何种组合形式来分析，应根据使组合体的作图简便和易于分析而定。

二、组合体表面交线的画法

组合体不论以何种形式组合到一起，各个部分的表面之间的一般关系包括不平齐、平齐、相切、相交四种。由于组合体各部分之间的关系不同，各部分之间会有或者没有交线，在画图时，必须注意这些关系，才能使投影图不多线、不漏线。

1. 不平齐 当组合体两部分的表面不平齐时（图 4-40a），其投影图的中间应该有线隔开，即交线（图 4-40b）；图 4-40c 所示，是错误的漏线画法，因为如果没有线隔开，就变成一个连续的、平齐的表面，而不是不平齐的表面。应该注意的是，如果交线在后表面（图 4-41a），则应有交线并用虚线画出（图 4-41b）；图 4-41c 所示，是错误的漏线画法。

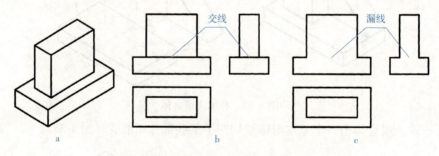

图 4-40 表面不平齐组合体的投影图画法（一）
a. 表面不平齐组合体　b. 正确　c. 错误

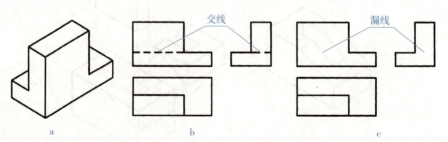

图 4-41 表面不平齐组合体的投影图画法（二）
a. 后表面不平齐组合体　b. 正确　c. 错误

2. 平齐　当两形体的表面平齐时（图 4-42a），其投影图的中间不应该有线隔开，即没有交线（图 4-42b）。图 4-42c 所示，是错误的多线画法，如果有线隔开，就成为两个不平齐的表面的投影了。

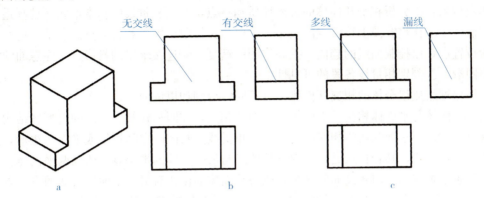

图 4-42　表面平齐组合体的投影图画法
a. 表面平齐组合体　b. 正确　c. 错误

3. 相切　当两形体表面相切时（图 4-43a），两表面是圆滑过渡为一个表面的，所以相切处投影不应该有交线分开，其正、误画法如图 4-43b、图 4-43c 所示。

4. 相交　当几何体彼此相交时，表面必然产生交线，且交线是两表面的分界线，称为相贯线，其投影必须画出。

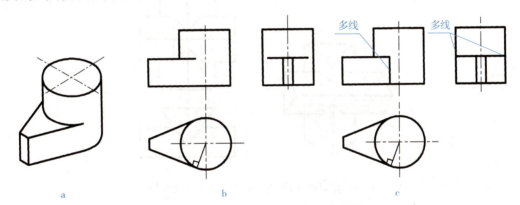

图 4-43　表面相切组合体的投影图画法
a. 表面相切组合体　b. 正确　c. 错误

相贯线的性质：第一，相贯线一般是封闭的折线、曲线或折线与曲线的组合图形；第二，相贯线是相交几何体表面的共有线，相贯线上的点是相交几何体表面的共有点。

几何体的相交主要包括平面体与平面体相交、平面体与曲面体相交和曲面体与曲面体相交。相贯线一般通过求作相交几何体表面共有线的方法作出，其实质是求相交几何体表面共有点，然后依次连接，进而求出相贯线，同时判别各相贯线的可见性。

相贯线的求作方法主要是积聚投影法和辅助面法，目的是将几何体的相交问题转化为面与体、面与面、线与面、线与线的相交问题。应该注意的是，辅助面的选择不一定是平面，也可以是球面、圆柱面或圆锥面等曲面，选择原则是：便于作图，辅助面应同时与相交几何体表面截得最简单的交线，其投影简单易画。

共有点连线的原则：两几何体表面上都处于相邻的点才能相连。

判别可见性原则：只有当相贯线所属的两几何体表面的同面投影同时可见时，该段相贯线的投影才可见。

作图步骤：①分析相交几何体的表面性质和特点，判断相贯线的基本形状，选择适当的作图方法。②求作贯穿线上特殊点的投影，主要包括极限位置点和转向点。③求作适当数量的一般位置点，以控制曲线的趋向，提高作图的精度。④连接求出的投影点，注意曲线连接一定要圆滑。⑤判别相贯线各段的可见性。

下面根据组成组合体的相交几何体特点不同，分别加以说明。

(1) 平面体与平面体相交。平面体与平面体相交，在园林建筑、小品的造型和结构当中是经常出现的。两平面几何体相交的交线——相贯线是封闭的空间折线或平面多边形，是两几何体棱面的交线，其转折点是一个立体的棱线与另一立体的贯穿点，所以两平面体相交的相贯线实质是求作两平面体棱面的交线，或一平面体的棱线对另一平面体棱面的贯穿点。

图 4-44a 所示的是两相互垂直的三棱柱相交，其交线的求作可转化为其中一个三棱柱的棱线与另一个三棱柱的棱面的交点——贯穿点，然后求出两棱柱的相贯线。如图 4-44b 所示，根据两个三棱柱的 V 面、H 面投影特点，不难求出贯穿点的投影。求出贯穿点后，依次连接，求出相贯线，同时根据三棱柱不同面的投影可见性，判断相贯线不同部分的可见性。

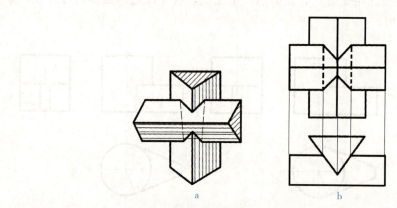

图 4-44 平面体与平面体相交的组合体表面交线的画法
a. 三棱柱与三棱柱相交的组合体　b. 三棱柱与三棱柱相交表面交线的画法

(2) 平面体与曲面体相交。平面体与曲面体相交，其相贯线是由若干段平面曲线所组成的空间封闭折线。每一段平面曲线是平面体上某一棱面与曲面体表面的截交线。各段截交线的交点，称为结合点，它是平面体的棱线对曲面体表面的贯穿点。因此，求平面体和曲面体的相贯线，实质就是求作平面与曲面的截交线和棱线与曲面的贯穿点问题。

如图 4-45a 所示，四棱柱和圆柱相交，即平面体与曲面体相交，这种交接在园林木结构中是经常出现的，比如梁和柱的交接。如图 4-45a 所示，左侧交线为 AB、BC、DC。其中 AB 和 DC 是棱柱的前、后表面与圆柱相交的交线，为铅垂线，其 H 面投影积聚为 a (b)、d (c) 两点。如图 4-45b 所示，V 面投影为线段 a'b' 和 (d') (c')，W 面投影为线段 a″b″ 和 d″c″。交线 BC 是棱柱下表面与圆柱相交的交线，为一段水平圆弧，其 H 面投影积聚在圆柱表面上，即 (b)(c)，为不可见，V 面投影积聚为由 b' 点绕过圆柱最左轮廓线至 (c')

点的一小段水平线，W 面投影为水平线 $b''c''$。

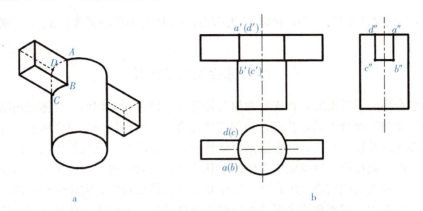

图 4-45 平面体与曲面体相交的组合体表面交线的画法
a. 四棱柱与圆柱相交的组合体 b. 四棱柱与圆柱相交表面交线的画法

（3）曲面体与曲面体相交。两曲面体相交，其相贯线一般为封闭的空间曲线。相贯线上的点是两曲面体表面的共有点。所以求作相贯线问题的实质就是求得两曲面体表面的一系列共有点，然后依次连接这些点，并判别其可见性。作图一般用积聚投影法和辅助面法相结合的方法。

如图 4-46a 所示，两圆柱体相交，即曲面体与曲面体相交，其交线为一条空间曲线。

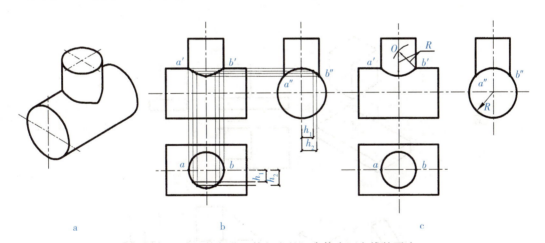

图 4-46 曲面体与曲面体相交的组合体表面交线的画法
a. 两圆柱相交的组合体 b. 两圆柱相交表面交线的画法 c. 两圆柱相交表面交线的近似画法

由于两圆柱体的轴线分别垂直于 H 面和 W 面，则交线的 H 面和 W 面投影，可通过两圆柱表面分别在 H 面和 W 面的积聚投影求得（图 4-46b）。

而 V 面投影由于两圆拱表面都没有积聚性，交线投影应采取特殊位置点的投影与一般位置点的投影相结合的方法求得。特殊位置点包括交线最前、最后、最左、最右、最上、最下等位置点，利用其位置的特殊性求得投影；一般位置点以能够控制交线的形状为宜，取多少个点，视作图精度要求的具体情况而定，其投影通过作辅助平面的方法求出。求出特殊位置点和一般位置点投影之后，用圆滑曲线连接即可得出交线在 V 面的投影。

实际作设计图纸中，在绘制没有积聚性的投影面的投影时，允许用近似的画法绘制两圆柱相交时交线的投影,如图 4-46c 所示,先以 a(或 b)为圆心,以 R 为半径(R 为大圆柱半径)画弧,交小圆柱轴线于 O,再以 O 为圆心,以 R 为半径画弧连接 a、b,则 $\overset{\frown}{ab}$ 即为交线在 V 面的投影。

三、组合体投影图的画法

在绘制组合体的投影图时,首先要对组合体进行形体分析,即该组合体是由哪些基本几何体组成的,是何种组合方式,叠加、切割还是综合方式;然后确定组合体各部分之间的位置关系、表面关系及投影特征,并根据组合体特征,确定其在三面投影体系中的摆放位置和投影数量,一般正面投影尽量反映组合体的形状特征,投影位置一经确定就不得变动;最后根据投影规律,按叠加或切割顺序,逐个绘出基本几何体的投影,完成全部作图。

下面分别以叠加、切割和综合形式组成的组合体为例,说明组合体投影图的绘制方法。

[例 4-13] 根据图 4-47a 所示立体图形绘制其投影图(尺寸由立体图直接量取)。

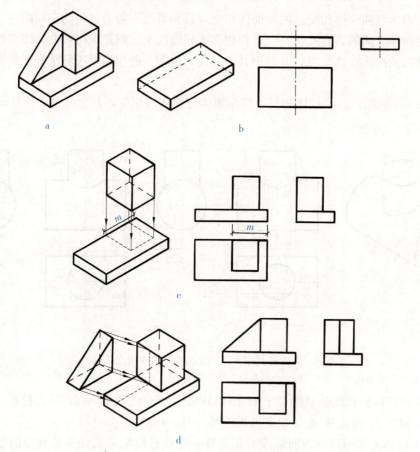

图 4-47 叠加式组合体的投影图画法

分析:图 4-47a 所示组合体为叠加式组合体,可看作一个四棱柱上面叠加一个四棱柱和一个三棱柱。放置位置可先将最下面的四棱柱较宽一面平行于正投影面,而顶面平行于水平面,然后叠加上四棱柱,再叠加三棱柱,逐步绘制其投影。

作图:(1)作最下面的四棱柱投影。首先作其中心线和轴线的投影,然后根据图 4-47a

量取四棱柱的长、宽、高尺寸，绘制出四棱柱的投影图（图 4-47b）。

（2）绘制叠加在上面的四棱柱，根据图 4-47a 的尺寸，绘制该四棱柱投影。应该注意的是，要通过作辅助线来确定四棱柱在下面四棱柱表面的位置（图 4-47c）。

（3）绘制三棱柱，根据图 4-47a 的尺寸，绘制该三棱柱投影，然后叠加到两个四棱柱之间（图 4-47d）。实际上，对于作图熟练者而言，经对图 4-47a 分析便可以看出，三棱柱的斜面的两个棱，恰恰分别落在上、下两四棱柱的两个棱上，所以三棱柱的正投影，只需连接两个四棱柱投影的两个角点，然后绘制 H 面和 W 面投影，只需量取三棱柱的宽度就可以了。

[例 4-14] 根据图 4-48a 所示立体图形绘制其投影图（尺寸由立体图直接量取）。

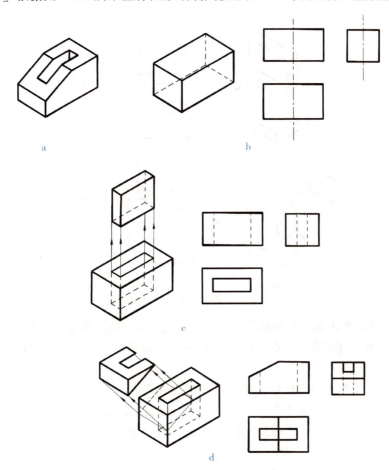

图 4-48 切割式组合体的投影图画法（单位：mm）

分析：图 4-48a 所示组合体是切割式组合体，可以看作是从一个四棱柱中间抽出一个四棱柱，再切割去掉一角而形成的。放置位置可以将大四棱柱的宽面平行于正投影面，顶面平行于水平投影面，然后按图 4-48a 所示尺寸和位置，逐步切割几合体，完成投影图。

作图：（1）作四棱柱的投影图（图 4-48b）。

（2）根据图 4-48a 所示的中间的四棱柱的位置和尺寸，在图 4-48b 所作的四棱柱投影中，绘制出中间抽出的四棱柱的投影，先绘制有实形性的 H 面投影，再绘制 V 面和 W 面投影（图 4-48c）。

（3）根据图 4-48a 所示尺寸，绘制切割掉的一角，这一步应该首先绘制 V 面投影，因为根据图示,切割面是一个正垂面,在 V 面投影中具有积聚性,然后再绘制 H 面和 W 面投影(图 4-48d)。

[例 4-15] 根据图 4-49a 所示立体图形绘制其投影图(尺寸由立体图直接量取)。

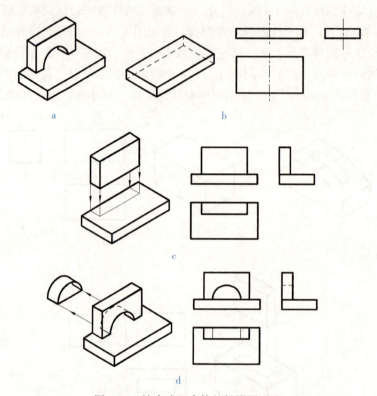

图 4-49 综合式组合体的投影图画法

分析:图 4-49a 所示组合体是综合式组合体,先叠加后切割或者先切割后叠加,以先叠加后切割为例,可以理解为一个四棱柱上面叠加一个四棱柱,再从上面的四棱柱上切割掉一个半圆柱体。

作图:(1) 首先作下面四棱柱的投影(图 4-49b)。

(2) 根据图 4-49a 所示的尺寸关系,作上面叠加的四棱柱的投影(图 4-49c)。

(3) 根据图 4-49a 量取半圆柱的半径和位置关系,切割该半圆柱体。应该先作 V 面投影,因为该半圆柱体平行于 V 面,其 V 面投影具有实形性,然后根据半圆柱体的位置和投影特点,过 V 面投影——半圆的两端作 H 面投影线,再过半圆弧线顶端作 W 面投影线,分别交上面四棱柱投影轮廓线,即得半圆柱体 H 面和 W 面投影(图 4-49d)。

四、组合体的尺寸标注

组合体的投影图虽然已经清楚地表达了组合体及其组成部分的形状和位置关系,但是在制图中必须将它们的形状和位置关系用数字明确地标注出来,将形体的实际大小和各部分的相对位置确切地表达出来,这就是尺寸标注。在识图过程中,是以这些标注的尺寸数字为准的,而不应该量取。

在组合体投影图当中,应该标注哪些尺寸?在什么位置呢?这就需要确定尺寸的种类和尺寸标注的配置。

(一) 尺寸的种类

在组合体投影图中应该标注的尺寸有三类：定形尺寸、定位尺寸和总体尺寸。

1. 定形尺寸　确定组成组合体的各基本几何体的形状、大小的尺寸，称为定形尺寸。

如图 4-50a 所示，这是一个景墙，是由墙体和小型花池组成的简单组合体，墙体上开了一个六边形景窗。图 4-50b 是景墙组合体的投影图，投影图的尺寸标注如图 4-50b 所示。

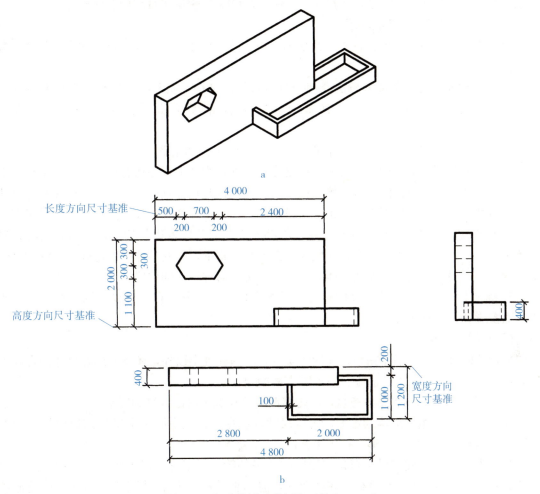

图 4-50　组合体尺寸的标注（单位：mm）

这些标注的尺寸当中定形尺寸包括：墙体的定形尺寸为长 4 000、宽 400、高 2 000；花池的定形尺寸为长 2 000、宽 1 000、高 400、壁厚 100；景窗的定形尺寸为长 200＋700＋200、宽 400、高 300＋300。通过这些定形尺寸的标注，结合图形，可以非常清楚地看出景墙、花池和景窗的形状和大小。

2. 定位尺寸　确定组成组合体的各基本几何体的相对位置关系的尺寸，称为定位尺寸。

定位尺寸是表达各基本几何体相对位置关系的尺寸，所以标注定位尺寸时，首先要确定尺寸基准线，再标注定位尺寸。尺寸基准线的确定，通过对形体特点的分析，一般对称形体，可选择对称轴为尺寸基准线。非对称形体，一般以主体的一个端线为尺寸基准；长度方向一般选择最左侧或最右侧端线，高度方向一般选择最下面或最上面端线，宽度方向一般选择最前面或最后面端线。

如图 4-50b 所示，景窗的长度方向定位尺寸为 500，高度方向定位尺寸为 1 100；花池的长度方向定位尺寸为 2 800，宽度方向定位尺寸为 200。通过这些定位尺寸的标注，明确规定了景窗和花池与墙体之间的相对位置关系。

3. 总体尺寸　确定形体的外形总长、总宽、总高的尺寸，称为总体尺寸。如图 4-50b 所示，景墙的总长为 4 800、总宽为 1 200、总高为 2 000，表达了景墙的总体轮廓。

（二）组合体尺寸标注的步骤

组合体尺寸标注的步骤：首先进行形体分析，然后标注定形尺寸，再标注定位尺寸，最后标注总体尺寸。

1. 形体分析　运用形体分析法透彻分析组合体的结构，明确组合体是由哪些基本几何体组成的，是以什么方式组成的，组成为组合体后，各基本几何体之间的相对位置关系如何。

2. 标注定形尺寸　逐一标注组合体中每个基本几何体的定形尺寸。

应注意的是要避免一种不良习惯，就是先在正面投影图上标注所有尺寸，包括定形、定位和总体尺寸，然后再标注水平和侧面投影图。而应该是在分别标注定形、定位和总体尺寸时，在清楚、明显的前提下先标注正立面投影图，然后再标注水平投影图和侧立面投影图。

3. 标注定位尺寸　定位尺寸标注要以能够明确、清楚地表达各基本几何体之间的相对位置关系为度，不宜多也不宜少，多则会使图面显得很乱，少则不能很好地确定几何体之间的位置关系。另外，对于对称的形体，必要时应标注对称轴线的位置。

4. 标注总体尺寸　总体尺寸的标注根据组合体特点，分别在三个投影图中标注，一般以正面投影和水平投影标注为主。

（三）尺寸配置

应标注的尺寸，除了要完整、准确无误、符合国标规定以外，还要考虑好尺寸的合理配置，以达到尺寸标注明显、清晰、整齐等方面的要求。

1. 完整　尺寸标注要完整齐全，不得遗漏，避免施工时的计算和度量。

2. 明显　同一基本形体的定形、定位尺寸，应尽量标注在同一个反映该形体特征的投影图中，一般选择反映其实形的投影图标注。

3. 清晰　尺寸标注应尽量布置在投影图的最外轮廓线以外，但也要靠近被标注的基本形体。对某些细部尺寸，允许标注在图形内，但不能影响图样的效果。如图 4-50b 中花池壁宽 100 的标注，就是在图形内的标注。另外，尺寸标注尽量不标注在虚线上。

4. 整齐　将形体应标注的定形、定位和总体尺寸合理地组合起来，整齐地排列成几行，小尺寸在靠近投影图样最外轮廓线一侧，但距离应大于 10mm；大尺寸向外排列，平行排列的尺寸线间距离相等，且不小于 7mm。

5. 标注封闭式　在房屋建筑图中，一个尺寸标注必要时允许重复。在施工图设计中，可采用封闭式柱注，即各个部分尺寸均标注出来，包括各个方向定形和定位尺寸以外的尺寸，使各方向的尺寸之和等于该方向的总体尺寸。

单元五

轴 测 投 影

课题1　轴测投影的基本知识

【学习目标】
1. 了解轴测投影的形成特点及投影规律。
2. 掌握轴测投影分类及相应特点。
3. 学会轴测投影的作图方法。

【学习重点和难点】
学习重点：轴测投影规律及画法。
学习难点：轴测投影的形成特点。

【内容结构】

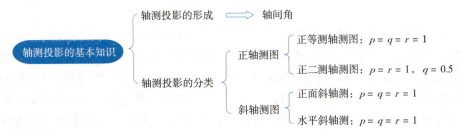

【相关知识】

三面投影图经常用于表达形体的形状和大小，有很好的完整性和准确性，度量性好，而且作图简便，是工程中常用的图纸形式。但是三面投影图中各投影图只能体现形体一个方向上的形状和大小，互相之间的对应关系也不直观，缺乏立体感，必须有一定的空间想象力和工程图纸识读能力才能看懂。因此，工程上还常采用轴测投影图作为辅助识图的图样，轴测图能于同一投影面上同时反映与坐标面平行的三个方向的形状，立体感强、直观性好，但因度量性较差，一般用于帮助设计构思、读图及进行外观设计等。

一、轴测投影的形成

轴测图是将空间物体和确定其位置的直角坐标系，按平行投影法（包括正投影和斜投影的方法）投影在一个适当的投影面上所得到的投影图（图5-1）。按照平行投影的平行比例不变性规律，轴测图可通过图形效果判定物体的形状并按一定的比例测定物体的大小。

轴测图既然是平行投影所形成的视图，那么轴测投影就具有平行投影的性质。即空间相互

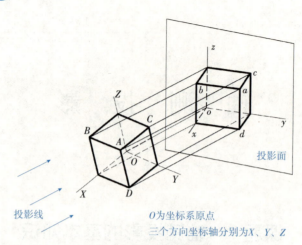

图 5-1 轴测图的形成

平行的直线的轴测投影仍然保持平行;空间同向直线的轴测投影长度与其相应的实际长度之比相同,该比值称为变形系数,其中沿轴测轴方向的直线线段变形系数称为轴向变形系数。如图5-1所示,在投影面上的图形为立方体及其所处坐标经过平行投影后所形成的轴测投影视图,三个轴向 OX、OY 和 OZ 上的投影边长 ac、ab、ad 与立方体相对应的边长 AC、AB、AD 之比分别为 p、q、r,它们分别为 OX、OY 和 OZ 的轴向变形系数。坐标轴 OX、OY 和 OZ 在投影面上的投影 ox、oy 和 oz 称为轴测轴,三个轴测轴 ox、oy 和 oz 之间的夹角称为轴间角。轴向变形系数和轴间角的大小取决于投影方向及物体与投影面的相对位置。

二、轴测投影的分类

平行投影包括正投影和斜投影两种,轴测投影是通过平行投影产生的,其对物体相互垂直的三个面在一个投影面上进行平行投影也有两种方法:第一种方法是将物体三个方向的面及其三个坐标轴都与投影面倾斜,投射线垂直投影面。用这种方法得到的图形称为正轴测投影,简称正轴测图(图5-2a)。第二种方法是将物体一个方向的面及其两个坐标轴均与投影面平行,投射线与投影面斜交,用这种方法得到的图形称为斜轴测投影,简称斜轴测图(图5-2b)。

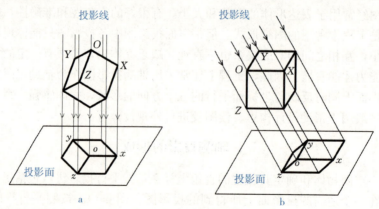

图 5-2 轴测图的类型
a. 正轴测图　b. 斜轴测图

轴测投影图因物体与投影面的相对位置关系及投影方向的不同而产生不同的轴测效果，如果三个坐标轴与轴测投影面倾斜角度不同，则三个轴测轴的轴间角和轴向变形系数也不相同。在实际应用中，为方便作图，通常将轴间角特殊化和轴向变形系数简化，即按较特殊轴间角和简化后的轴向变形系数作图，而且高度方向（OZ 轴方向）都确定为铅垂方向。以下分别介绍正轴测图和斜轴测图中的两种轴测图类型，即正轴测图中的正等测轴测图和正二测轴测图及斜轴测图中的正面斜轴测图和水平斜轴测图。

（一）正轴测图

园林工程制图中常用的正轴测图有正等测轴测图和正二测轴测图，区别在于形体的三个方向与投影面的相对关系。

1. 正等测轴测图 正等测轴测图是轴测图中最常用的一种，由平行投影产生。以立方体为例，其中的一条投射线刚好通过立方体的对顶角的两个角点，投影线垂直于投影面。立方体相互垂直的三条棱线，也就是三个坐标轴，它们与轴测投影面的倾斜角度完全相等，所以三个轴的轴向变形系数相等，即 $p=q=r=0.82$，在实际应用中习惯简化为 1，这样就可以直接按实际尺寸作图。因此，画出来的图形要比实际的轴测图大一些，各轴向长度的放大比例都是 1.22∶1。三个轴间角也相等，均为 120°。作图过程中，经常将其中 X、Y 轴与水平线各成 30°夹角，Z 轴则为铅垂线，可以直接利用丁字尺和 30°三角板作图（图 5-3）。

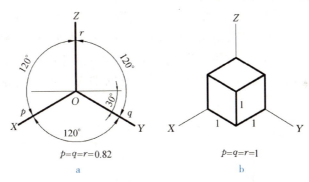

图 5-3　正等测轴测图的轴间角及轴向变形系数
a. 轴间角和实际轴向变形系数　b. 作图时简化的轴向变形系数

2. 正二测轴测图 正二测轴测图也是工程制图中常用的一种轴测图类型，其图形效果类似于提高视点的两点透视鸟瞰图，因此经常用于园林工程效果图的表现。以立方体为例，投影线垂直于轴测投影面，从上方向下投射，没有一条投影线正好通过立方体对角的两个顶点。正二测轴测图的轴向变形系数也均小于 1，轴向变形系数 p、q 和 r 中有两个相等即 $p=r=0.94$，$q=0.47$。轴间角中 $\angle XOY=\angle YOZ=131°25'$，而且 $\angle XOZ=97°10'$（图 5-4）。

在实际作图中，绘制轴间角和使用轴向变形系数测算量取投影长度不方便，因此也要对其进行简化，就是

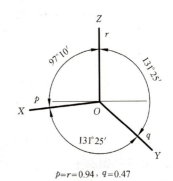

图 5-4　正二测轴测图的轴间角及轴向变形系数

把轴向变形系数简化为 $p=r=1$,$q=0.5$,各轴向长度的放大比例都是 1.06∶1。轴间角度不是特殊角度,不能利用三角板或量角器直接确定,可通过用等距线段量取的方法,较准确地确定各轴测轴之间的角度(图 5-5)。

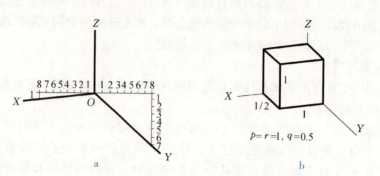

图 5-5　正二测轴测图的轴间角画法及简化后的轴向变形系数
a. 轴间角确定方法　b. 简化后的轴向变形系数

(二) 斜轴测图

园林工程制图中常用的斜轴测图有正面斜轴测图和水平斜轴测图,主要是根据形体的特点,在放置形体时将其中的一个面与投影面平行,然后进行斜投影。

1. 正面斜轴测图　正面斜轴测图的特点是将物体的正立面平行于轴测投影面放置,其投影反映实形,所以 X、Z 两个轴向的投影均不变形,长度为原长,两个轴的轴间角为 90°。实际绘图中常将 Z 轴确定为铅垂线,X 轴为水平线。Y 轴为斜线,它与水平线的夹角常用 30°、45° 或 60°,也可自定。又分为斜等测和斜二测两种轴测类型,正面斜等测的轴向变形系数为 $p=q=r=1$,正面斜二测的轴向变形系数为 $p=r=1$,$q=0.5$ (图 5-6)。

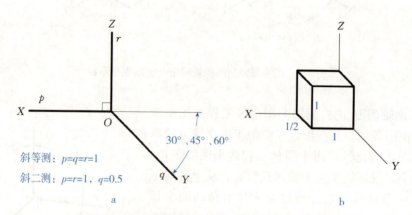

图 5-6　正面斜轴测图的轴间角和轴向变形系数
a. 正面斜等测轴测图的轴间角及变形系数　b. 正面斜二测轴测图的轴向变形系数

2. 水平斜轴测图　水平斜轴测图的特点是将物体的水平面平行于轴测投影面,其投影反映实形;轴测图中 X、Y 两个轴向均不变形,长度为原长,其轴间角为 90°。在实际绘图中常将 Z 轴作为铅垂线,将 X 或 Y 轴与水平线的夹角定为 30°、45° 或 60°,也可自定。三个轴向的变形系数取相等值,即 $p=q=r=1$ (图 5-7)。

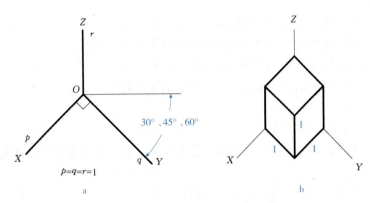

图 5-7 水平斜轴测图的轴间角和轴向变形系数
a. 轴测轴的确定   b. 轴向变形系数

课题 2　轴测投影图的绘制

【学习目标】
1. 掌握正轴测投影的作图方法。
2. 掌握正二等轴测投影的作图方法。

【学习重点和难点】
学习重点：特殊位置直线的投影规律及特性。
学习难点：曲线轴测图的绘制。

【内容结构】

【相关知识】

　　轴测图的图形特点使得绘制过程简单但方法较特殊，关键是要确定好轴测类型及其轴测轴和轴向变形系数，然后按照轴测投影规律按步骤进行绘图。任何轴测图，凡物体上与三个坐标轴方向平行的直线的尺寸，在轴测图中均可沿轴的方向按变形系数量取；与坐标轴不平行的直线，其轴测投影可能变长或变短，不能在图上直接量取尺寸，而要先定出该直线两个端点的位置，再画出该直线的轴测投影。对于结构简单的基本几何体，可以直接确定轴测轴并沿轴向量取尺寸作图。对于以叠加或切割形式构成的组合体，先用形体分析法将形体分成若干个基本几何体，然后逐一将各部分的轴测图按相对位置叠加起来或切割出去，最后得到形体的轴测图。轴测图的基本作图步骤如下：

　　(1) 作轴测图之前，应了解清楚所画物体的三面投影图或实物的形状和特点。
　　(2) 选择观看的角度，研究从哪个角度才能把物体表现清楚。

(3) 选择合适的轴测形式，确定物体的放置方位。

(4) 根据所选择的轴测形式，按照轴间角度的大小绘出轴测轴。

(5) 沿轴按轴向变形系数量取物体的尺寸，将相应的点连接起来，完成轴测平面。

(6) 在 OZ 轴的平行方向按轴向变形系数确定各点高度，根据空间平行线的轴测投影仍平行的规律，将相应的点连接起来。

(7) 根据前后关系，擦去被挡的图线和底线，加深图线，完成轴测图。

轴测投影图的绘制虽然可分成以上几个基本步骤，但也要根据实际情况来应用，简单的形体则步骤较少，如果是复杂的形体可能一个步骤要重复几次，而且有些线条不能直接量取，要分解成两个轴向确定位置。要找到绘制轴测图的捷径，必须通过不断的练习，在练习中掌握绘制方法和要点，同时也可以培养良好的空间想象力。在绘制轴测图前，可以先勾绘出对象的轴测草图以便在绘图过程中对照调整。

一、正等测轴测图的绘制

正等测轴测图的绘制要点：确定轴测轴时三个轴间角为 $120°$，其中 Z 轴为铅垂线，确定绘图尺寸时三个轴向变形系数都相等，$p=q=r=1$。

［例 5-1］已知形体的三面正投影图，要求作出形体的正等测轴测图。

分析：根据已知形体的三面正投影图，可推算出形体是一个长方体先后切割出两个不同大小的三棱柱而形成的组合体。

作法：见图 5-8。

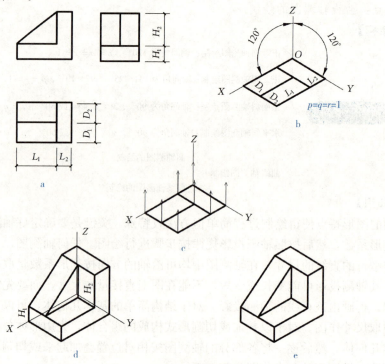

图 5-8　正等测轴测图的画法
a. 形体三面正投影图　b. 确定平面图的轴测图　c. 量取高度
d. 连接各顶点　e. 完成正等测轴测图

（1）根据正等测轴测图的特点，画出三个轴测轴，并把形体的水平投影的轴测图绘制在 XOY 平面上，其中底面的一个顶点放在坐标原点 O 位置，两个轴向变形系数 $p=q=1$。

（2）在已绘出的水平面投影轴测图的基础上，在 Z 轴向的平行方向上按变形系数 $r=1$，即量取实际值的大小确定各顶点的高度。

（3）利用平行线的投影规律将各组平行线画出，把相应的顶点连接起来。

（4）根据形体特点，擦去不可见图线和辅助线，加深正确的图线，完成轴测投影图。

二、正二测轴测图的绘制

正二测轴测图的绘制要点：确定 Z 轴为铅垂线，三个轴间角中 X 轴与 Y 轴、Y 轴与 Z 轴的轴间角相等，均为 $131°25'$，而 X 轴与 Z 轴的轴间角为 $97°10'$。确定绘图尺寸时三个轴向变形系数分别为 $p=r=1$，$q=0.5$。

[例 5-2] 已知形体的三面正投影图，要求作出形体的正二测轴测图。

分析：根据已知形体的三面正投影图，可推算出形体是一个长方体先后切割出两个不同大小的三棱柱而形成的组合体。

作法：见图 5-9。

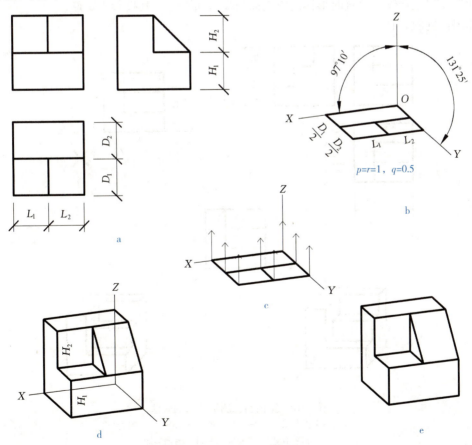

图 5-9 正二测轴测图的画法
a. 形体三面正投影图　b. 确定平面图的轴测图　c. 量取高度
d. 连接各顶点　e. 完成正二测轴测图

(1) 根据正二测轴测图的特点，利用等距线段辅助方法画出三个投影轴，并把形体的水平投影轴测图绘制在 XOY 平面上，其中底面的一个顶点放在坐标原点 O 位置，注意两个轴向变形系数 $p=1$，$q=0.5$。

(2) 在已绘出的水平面投影轴测图的基础上，在 Z 轴向的平行方向上按变形系数 $r=1$，即量取实际值的大小确定各顶点的高度。

(3) 利用平行线的投影规律将各组平行线画出，把相应的顶点连接起来。

(4) 根据形体特点，擦去不可见图线和辅助线，加深正确的图线，完成轴测投影图。

三、正面斜轴测图的绘制

正面斜轴测图的绘制要点：应用于正立面较复杂的形体，确定 Z 轴为铅垂线，X 轴为水平线，即 X 轴与 Z 轴的轴间角为 $90°$，Y 轴为斜线，它与水平线夹角常采用 $30°$、$45°$ 或 $60°$。正面斜等测轴测图的轴向变形系数为 $p=q=r=1$，正面斜二测轴测图的轴向变形系数为 $p=r=1$，$q=0.5$，以下举正面斜二测轴测图画法为例。

[例 5-3] 已知形体的三面正投影图，求作形体的正面斜二测轴测图。

分析：根据已知形体的三面正投影图，可推算出形体是一个长方体切割出两个不同的长方体而形成的组合体，放置时形体的正立面与投影面平行，其投影为实形。

作图：见图 5-10。

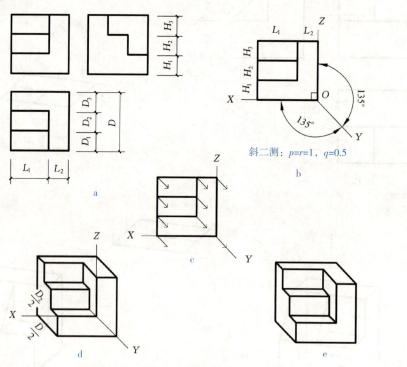

图 5-10 正面斜二测轴测图的画法
a. 形体三面正投影图　b. 确定平面图的轴测图　c. 量取高度
d. 连接各顶点　e. 完成正面斜二测轴测图

(1) 根据正面斜二测轴测图的特点，画出三个投影轴，X 轴为水平线，Z 轴为铅垂线，Y 轴的水平角取值 $45°$，并把形体的立面投影按原形直接绘制在 XOZ 平面上，因为其轴测投影为原形,其中一个顶点放在坐标原点 O 位置,注意两个轴向变形系数 $p=r=1$。

(2) 在已绘出的水平面投影轴测图的基础上,在 Y 轴向的平行方向上按变形系数 $q=0.5$,即量取实际值的一半确定各顶点的高度。

(3) 利用平行线的投影规律将各组平行线画出,把相应的顶点连接起来。

(4) 根据形体特点,擦去不可见图线和辅助线,加深正确的图线,完成轴测投影图。

四、水平斜轴测图的绘制

水平斜轴测图的绘制要点:应用于水平面较复杂的形体,确定 Z 轴为铅垂线,X 轴与 Y 轴的轴间角为 $90°$,其中 X 轴或 Y 轴与水平线的夹角可采用 $30°$、$45°$或 $60°$。水平斜等测的轴向变形系数为 $p=q=r=1$。

[例 5-4] 已知形体的三面正投影图,求作形体的水平斜轴测图。

分析:根据已知形体的三面正投影图,可推算出形体是一个长方体切割出两个不同的长方体而形成的组合体,放置时形体的水平面与投影面平行,其投影为实形。

作法:见图 5-11。

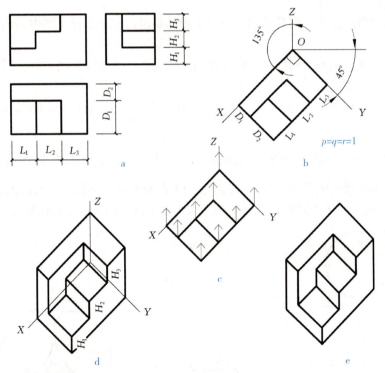

图 5-11 水平斜轴测图的画法
a. 形体三面正投影图 b. 确定平面图的轴测图 c. 量取高度
d. 连接各顶点 e. 完成水平斜轴测图

(1) 根据水平斜轴测图的特点,画出三个投影轴,其中 Y 轴与水平线的夹角采用 $45°$,并将形体的水平投影直接绘制在 XOY 平面上,因为其轴测投影为原形,其中底面的一个顶点放在坐标原点 O 位置,注意两个轴向变形系数 $p=q=1$。

(2) 在已绘出的水平面投影轴测图的基础上,在 Z 轴向的平行方向上按变形系数 $r=1$,

即量取实际值的大小确定各顶点的高度。

（3）利用平行线的投影规律将各组平行线画出，把相应的顶点连接起来。

（4）根据形体特点，擦去不可见图线和辅助线，加深正确的图线，完成轴测投影图。

五、曲线的轴测图画法

（一）圆的轴测图画法

园林设计图中圆或半圆的形状经常出现，如圆形的花坛、半圆形的广场等。圆是一种规则的几何曲线，其轴测图的绘制方法也是有规律可循的。圆的正轴测图形是椭圆，圆的斜轴测图形取决于圆所处的面，若圆处于画面的平行面上或反映实形的那个面上，则圆的斜轴测图形仍为圆，除此之外其他面上的圆的斜轴测图形均为椭圆。圆的椭圆形轴测图的画法较多而且精度也不相同，以下仅以圆的正等测轴测图为例进行介绍。

［例 5-5］根据水平面的圆的投影图作出正等测轴测图。

分析：根据所给条件可知该圆为水平方向，圆心位置为坐标轴原点，其轴测图为一椭圆。

作法：见图 5-12。

（1）圆的轴测图作法需用其外切正方形来辅助绘制，先在正投影图中画出，其中 a、b、c、d 为各边的中点。

（2）根据正等测轴测图的特点，先作出圆外切正方形的正等测图，具体图形为一个角为 $120°$ 的菱形，边长为原长。

（3）菱形两钝角顶点为 O_1 和 O_2，连接 O_1 和 a、d 两点，连线和两锐角对角线交于 O_3 和 O_4 两点。

（4）以 O_1 为圆心、O_1a 为半径画圆弧 $\overset{\frown}{ad}$；以 O_2 为圆心、O_2b 为半径画圆弧 $\overset{\frown}{bc}$；以 O_3 为圆心、O_3a 为半径画圆弧 $\overset{\frown}{ab}$；以 O_4 为圆心、O_4c 为半径画圆弧 $\overset{\frown}{cd}$。四段圆弧即可连接成一个椭圆，a、b、c、d 为其连接点，该椭圆即为水平位置的圆的正等测轴测图。

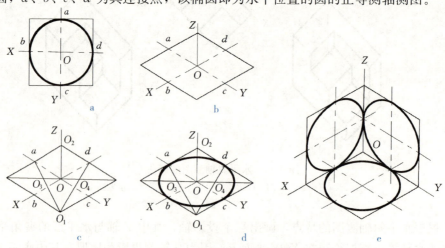

图 5-12　圆的正等测轴测图画法

a. 水平投影　b. 外切正方形轴测图　c. 四个圆心　d. 完成轴测图
e. 水平面、正平面、侧平面圆轴测图

如果圆处于正平面或侧平面上，其作法相同，但要注意椭圆的长短轴不同。

上述圆的正等测轴测图绘制方法为四点椭圆法，即通过四个圆心来确定四段圆弧连接而得，但如果是其他轴测类型时圆的外切正方形的轴测图形也不同，圆的轴测图也会不同，甚至会有所变形，有必要进行修正。另外圆的轴测图也可以用八点椭圆法绘制，即通过确定圆上八个特殊点的轴测位置，然后用圆滑曲线连接而成（图5-13）。

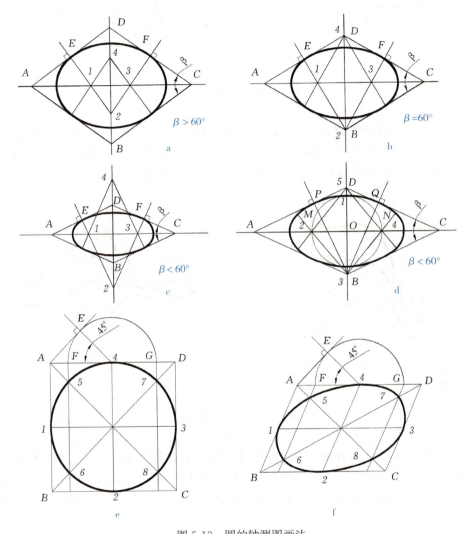

图 5-13　圆的轴测图画法
a、b、c. 四点椭圆法　d. 修正的四点椭圆法　e、f. 八点椭圆法

（二）曲线的轴测图画法

曲线可分为规则曲线和不规则曲线两大类，以下主要讲述不规则曲线的轴测图画法。简单曲线的轴测图可以用截距法绘制，绘制轴测图前在一个方向上等分曲线的直线距离，在等分点上得出相应的曲线点的实际高度。作轴测图时先定出各等分点的轴测位置，然后在等分点相应方向上按其相应高度和系数进行曲线点的定位，最后用圆滑曲线连接起来即可得到曲线的轴测图（图5-14）。

复杂的自由曲线的轴测图要通过网格法来辅助绘制，利用单元格为正方形的网格来确定

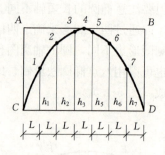 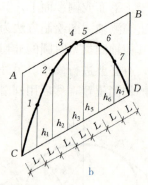

图 5-14 简单曲线轴测图画法
a. 等距定出曲线点的位置及高度　b. 等距法绘制轴测图

曲线与网格的交点的轴测图位置。在作轴测图前，先给曲线作好辅助网格，然后作出网格的轴测图，再根据平面图上网格与曲线的交点位置在轴测图上定出相应的点，最后用圆滑曲线按原来的形状和样式将各点连接起来即可绘制出曲线的轴测图（图 5-15）。

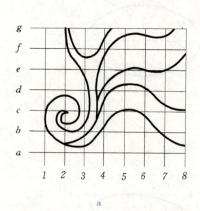 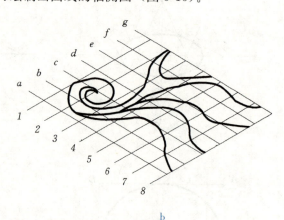

图 5-15 复杂曲线轴测图画法
a. 网格法确定曲线上点的位置　b. 绘制网格和曲线的轴测图

轴测图的形式很多，本书只介绍较特殊且常用于工程制图中的几种类型，在园林制图中，要根据实际情况来选用合适的轴测类型，充分表现设计内容和设计构思。为体现设计特色和辅助识读图纸服务，也可以在轴测图基础上加上其他的绘图表现手法用于园林规划设计的效果图表现。

课题 3　轴测投影图在园林中的应用

【学习目标】
1. 了解轴测图在园林中的用途。
2. 学会根据不同的环境选择适宜的轴测投影方法绘制园林局部效果图。
3. 学会常见园林小品轴测图的绘制方法。

【学习重点和难点】
园林局部效果图绘制。

【相关知识】

轴测投影图因绘制方法简单且有助于视觉效果的体现而被广泛用于工程制图中，在轴测图中平面形状、设计立面和群体效果可同时得到反映，能相对集中地展现设计内容，常用于立体效果的表现。园林设计中所采用的轴测投影图是平行投影线自园景上界面上方向下投影所形成的轴测图，这种轴测图形虽不符合人眼的视觉规律、缺少视觉纵深感，但却具有清楚地反映群体关系的能力。尽管轴测图的方法很早就为人所知，但是作为一种设计的绘图和表现方法却是到了 20 世纪才得到广泛应用。它具有独特而又新颖的视觉形象、相对客观和科学地展现设计内容的特点。轴测图不仅可以用来推敲园林设计造型、了解园林空间构成，为创造新的设计构思提供直观、快捷的三维形象，而且还可以用来表现方案或代替透视鸟瞰图（图 5-16）。总之，轴测图作图简便、形成视觉形象快、反映景物实际比例关系准确，是一种有力的设计表现方法。

图 5-16　轴测图用于园林设计效果图表现

一、基本效果图绘制

园林基本效果图就是将园林设计内容通过一定的投影原理形象直观地表现于平面图上，具有立体感，体现出设计方案的视觉效果。在园林制图中，可以通过轴测图的方法来表现园林设计基本效果图，起到辅助识读园林设计图纸的作用。轴测类型的不同使得其作图方法和图形特点也不同，利用轴测图方法来表现园林设计效果图，关键是作轴测图前要根据设计内容的形式和特点来选择相适应的轴测类型。在选择轴测类型时应注意：第一，在能清楚表达图形的前提下，应尽量便于作图。例如，对含有不规则曲线和复杂图形的园林可用平面反映实形的斜轴测图表现，对规整、平直的园林可用正轴测图表现。第二，直观效果要好，能准确反映景物的实际状况，避免过大的失真和变形。在作正式图之前可先粗略地勾绘出样稿以便调整。

［例 5-6］已知园林设计平面图，要求作轴测投影图作为其效果图（图 5-17）。

分析：已知平面图中图线较复杂，绘制水平斜轴测图比较方便。

作法：（1）建立轴测轴，把平面图按原形绘制于水平轴测面上，本例中直接把平面图逆时针旋转 45°即可。

（2）在平面轴测的基础上，根据水平斜轴测图的轴向变形系数 $p=q=r=1$，将建筑及配景的高度按实际高度量取，完成轴测图（图5-18）。

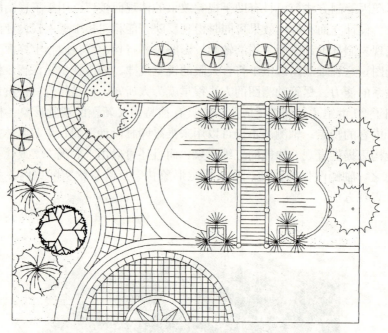

图 5-17　园林设计平面图

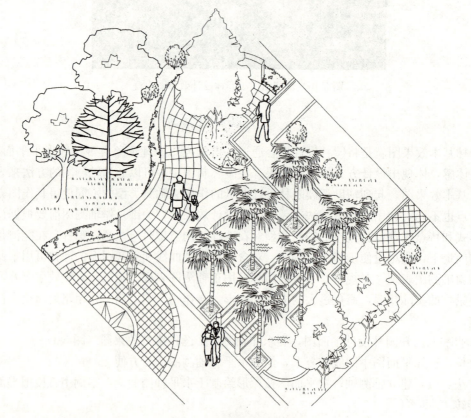

图 5-18　园林水平斜轴测图

对于比较复杂的特别是包含有不规则曲线的园林设计图，可用例 5-6 的斜轴测方法绘制其轴测图作为效果图表现，作图方便但因轴测投影角度较大而立体感稍差。对于比较规整、平直的园林设计图，为能更好地表现其立体效果，通常采用正轴测方法绘制其轴测图作为效果图，作图过程较复杂但立体感较好。

［例 5-7］已知园林设计方案的平面图和立面图，要求作其轴测图作为效果图（图 5-19）。

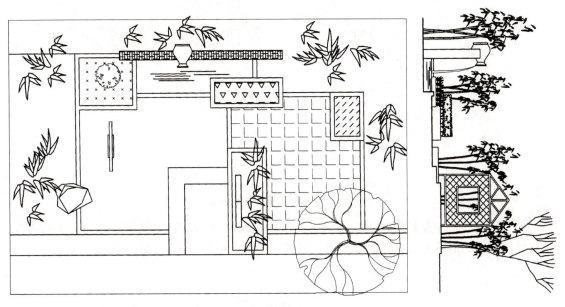

图 5-19　园林设计方案的平、立面图

分析：从园林平面图和立面图可以看出，该设计方案构图较规整，以平直线条为主，因此可采用正等测的方法绘制，作图方便且轴测效果较好。

作法：（1）确定轴测轴，作出设计平面图的正等测轴测图（图 5-20）。

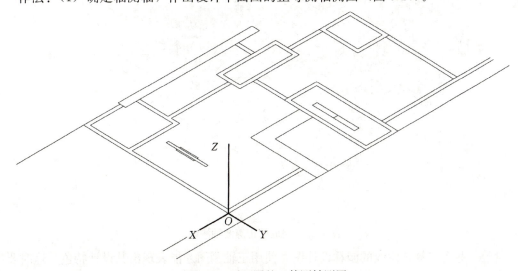

图 5-20　平面图的正等测轴测图

（2）在设计平面图的正等测轴测图基础上，根据各景物的高度按实际大小定高，作出地形及主要景物的正等测轴测图（图 5-21）。

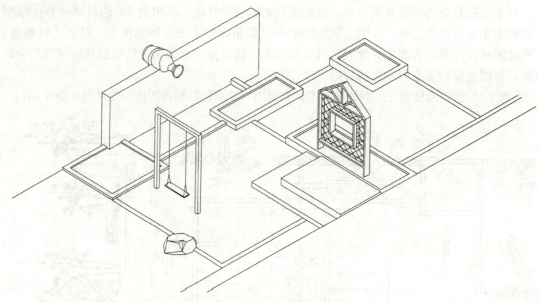

图 5-21 地形及主要景物的轴测图

(3) 在地形及主要景物轴测图基础上,按相应位置绘出植物的轴测图,加上人物等配景,根据景物的前后关系擦除多余图线,完成正等测轴测图(图 5-22)。

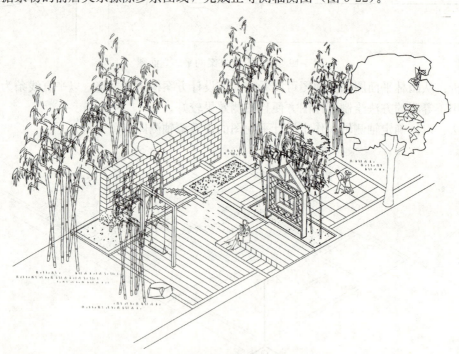

图 5-22 完成的正等测轴测图

对于一些含有复杂曲线的园林设计图,使用正轴测图才能表现出其设计特色,这时要按复杂曲线的轴测图画法进行绘制。绘图关键是这些曲线的轴测定位,通常采用方格网定位的方法,即对曲线与网格的交点作出其轴测图,然后用圆滑的曲线按原来的形状特点将各轴测点连接起来,就可以较准确地绘制出曲线的轴测图。

二、园林小品效果图绘制

园林建筑小品是园林中重要的组成部分,与一般工业建筑和民用建筑不同,园林建筑小品的形式更灵活,造型更丰富,但结构相对较简单,效果图的绘制主要是注意其结构和形式特点,选择合适的轴测类型。

[例 5-8] 已知花窗的立面和平面投影图,求作花窗的轴测投影图。

分析:根据花窗的特点,其立面形式较复杂,采用正面斜轴测图的形式较好绘制,本例采用正面斜二测轴测图,把花窗立面与投影面平行放置,其轴测投影为原形。

作法:见图 5-23。

(1) 建立轴测轴,并把立面图按原形绘制在 XOZ 轴平面内,其中一个顶点放在坐标原点 O 位置。

(2) 将立面上各点向 Y 轴上反方向即从前向后作 Y 轴平行线,按照轴向变形系数 $q=0.5$ 量取花窗实际厚度的一半为轴测厚度,确定各顶点位置。

(3) 完成花窗的正面斜二测轴测图。

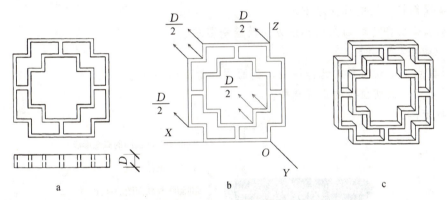

图 5-23 园林花窗轴测图绘制

a. 平、立面投影图 b. 立面轴测图为原形状和大小 c. 完成轴测投影图

轴测投影图虽然视觉效果没有透视投影图那么好,但其作图方便,只要选择恰当的轴测类型,用轴测投影来绘制园林效果图也不失为一种好办法,有时也会有意想不到的效果。

单元六 剖面图与断面图

课题1 剖面图与断面图的基本知识

【学习目标】
1. 了解剖面图与断面图的形成原理。
2. 掌握剖切位置的选择原则。
3. 掌握剖面图与断面图的标注方法及绘制要求。

【学习重点和难点】
学习重点：剖切位置的选择原则，剖面图与断面图的标注。
学习难点：剖切位置的正确选择。

【内容结构】

剖面图与断面图的基本知识 —— 剖面图与断面图的概念形成
　　　　　　　　　　　　　剖切平面的设置
　　　　　　　　　　　　　剖面图与断面图的标注
　　　　　　　　　　　　　剖面图的绘制
　　　　　　　　　　　　　剖面图与断面图的区别

【相关知识】

一、剖面图与断面图的形成

工程图样中，形体内部不可见的轮廓线用虚线来表示。若形体内部结构较为复杂，投影图中就会出现很多虚线，易造成虚、实线相互重叠或交叉，从而不能清晰地表示出形体的内部构造，也不便于标注尺寸和识读图样，因此必须设法减少或消除投影图中的虚线，这时常采用剖面图和断面图来解决这一问题。

（一）剖面图的形成

图 6-1a 所示为一景墙，从图 6-1b 可以看出其三面投影图中存在若干虚线，致使图面较易混淆，此时假想用一个平行于某一投影面的剖切面 P（平面或曲面）（图 6-1c），在形体的适当部位将其剖开，将观察者与剖切平面之间的部分移去，将剩余部分投射到投影面上，所得的投影图称为剖面图。

从图 6-1d 可以看出：

(1) 剖面图中除包含有景墙的断面外，还表示出了未被剖切到的花坛以及中空的景窗。

(2) 投影图中的景窗在侧立面中不可见，用虚线（表示形体内部不可见的轮廓线）表示，而在剖面图中则变为可见的轮廓，用实线表示。

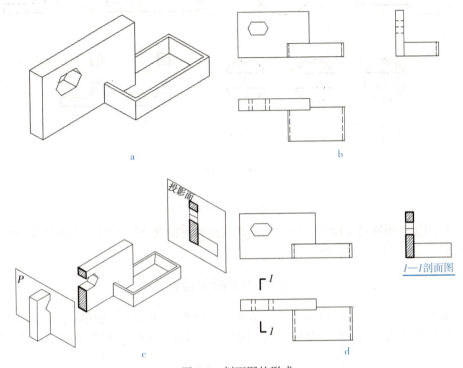

图 6-1　剖面图的形成

a. 景墙的立体图　b. 景墙的三面投影图　c. 景墙剖面图的形成　d. 景墙的剖面图

（二）断面图的形成

假想用一个剖切平面 P 将形体切开，形体与剖切平面相交的那部分图形，称为断面（或截面）。若仅把此断面投射到与剖切平面平行的投影面上，所得到的投影图称为断面图。如图 6-2 所示，在断面图中仅画出了平面 P 与景墙相交部分的投影，不画未被剖切到的花坛。

绘制断面图时应注意：

（1）当剖切平面通过回转面形成的孔或凹坑的轴线时，这些结构应按剖面图绘制，如图 6-2c 所示。

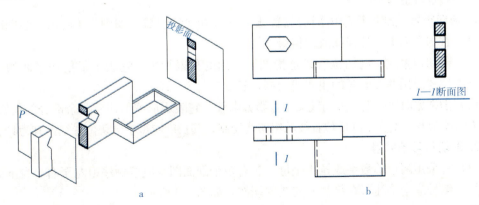

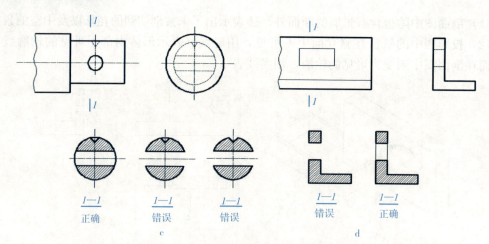

图 6-2 断面图的形成
a. 景墙断面图的形成 b. 景墙的断面图 c. 剖切平面通过回转面时的断面图
d. 剖切平面通过非回转面时的断面图

(2) 当剖切平面通过非回转面而导致出现完全分离的两个断面时，这些结构应按剖面图绘制，如图 6-2b、图 6-2d 所示。

二、剖切平面的设置

为了更好地反映出形体的内部形状和结构，剖切平面的设置应遵循以下基本原则：

(1) 剖切平面的设置应根据物体的具体形状，使剖面图能充分反映形体的内部特征，且数量最少。

(2) 所选择的剖面应平行于某一投影面，以使断面的投影反映实形。

(3) 剖切平面应尽量通过形体内部结构的对称面，或通过形体上孔、洞等的轴线，使得它们由不可见变为可见，并表达得完整、清楚。

(4) 剖切平面不能与轮廓线重合。

三、剖面图、断面图的标注

剖面图本身不能反映剖切平面的位置，必须在其他投影图中标出剖切平面的位置及剖切形式。在工程图中用剖切符号表示剖切平面的位置及其剖切后的投影方向。

（一）剖面图的标注

1. 剖切符号　剖切符号由剖切位置线和剖视方向线组成，如图 6-3 所示。绘图时，剖切符号不宜与图面上的任何图线相接触。

(1) 剖切位置线。剖切位置线是指剖切平面的积聚投影，它表示了剖切平面的剖切位置。剖切位置线用两段断开的粗实线绘制，长度宜为 5~10mm。

(2) 剖视方向线。剖视方向线又称投影方向线，它表示形体剖切后剩余部分的投影方向。剖视方向线用两段垂直于剖切位置线的粗实线绘制，其长度应短于剖切位置线，宜为 4~6mm。

2. 剖切符号的编号

(1) 宜采用阿拉伯数字或拉丁字母。若有多个剖面图，应按顺序由左至右、自下而上连续编排。编号应水平注写在剖视方向线的端部，如图 6-3 所示。

（2）需要转折的剖切位置线，应在转角的外侧加注与该符号相同的编号，如图 6-3 中的 1—1 剖面。

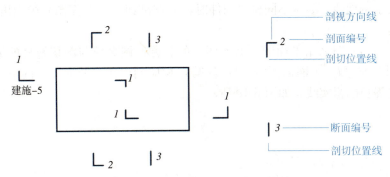

图 6-3　剖面图、断面图的剖切符号

（3）若剖面图与被剖切图样不在同一张图纸内，可在剖切位置线的另一侧注明其所在图纸的编号，如图 6-3 中的 1—1 剖面图就绘制在建施第 5 号图样上。

（4）特殊情况下剖面图可以省略标注：

①单一剖切平面通过形体的对称平面或基本对称平面，且剖面图按基本投影图关系配置时，可以不加标注。

②通过门、窗洞口位置，水平剖切房屋所绘制的建筑平面图。

（二）断面图的标注

1. 剖切符号　剖切符号用剖切位置线表示。剖切位置线绘制成两段断开的粗实线，长度宜为 5~10mm。

2. 剖切符号的编号

（1）采用阿拉伯数字或拉丁字母按顺序连续编排，注写在剖切位置线的一侧。编号所在的一侧为该断面的投影方向。如图 6-3 中编号 3—3 注写在剖切位置线的右侧，表示从左向右投影。

（2）若断面图与被剖切图样不在同一张图纸内，可在剖切位置线的另一侧注明其所在图纸的编号，也可在图上集中说明。

四、剖面图的绘制

（一）绘制方法

剖面图的绘制遵循三面正投影规律。当剖切平面平行于 V 面时，作出的剖面图称为正立剖面图，可以用来替代三面投影图中的正立面图；剖切平面平行于 W 面时，作出的剖面图称为侧立剖面图，可以替代侧立面图；剖切平面平行于 H 面时，作出的剖面图称为水平剖面图，可以替代水平面图。具体步骤如下：

（1）确定剖切位置，标注剖切符号。根据形体的特点，结合剖切平面的设置要求，确定剖切位置，标出剖切符号。

（2）绘制剖面图轮廓线。先画剖切面与物体接触部分的轮廓线，再画剖切面后可见轮廓线。在剖面图中，凡剖切面切到的断面轮廓用粗实线绘制，剖切面没有切到但沿投影方向可以看到的部分（即剩余部分）用中粗实线绘制。

(3) 填充材料图例。为使剖切到的断面轮廓与未剖切到的轮廓区别开来，应在断面轮廓线内填绘建筑材料图料。当建筑物的材料不明时，可用等间距、同方向的 45°细实线（称为图例线）来表示剖面线。表示不同材料构件时，应在剖面图（断面图）中画出材料分界线，如图 6-4a 所示。

(4) 标注图名。图名指剖面图（断面图）的名称。图名应与剖切符号的编号对应，如"*1—1* 剖面图"或"*1—1* 断面图"，它应注写在相应剖面图（断面图）的下方，并在图名下方画上与之等长的粗实线，如图 6-1d 所示。

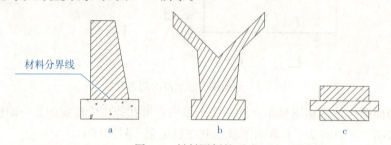

图 6-4　材料图例的画法
a. 材料分界线　b. 轮廓线为 45°时剖面线的画法　c. 相邻构件剖面线的画法

（二）注意事项

(1) 为了使图样更加清晰，剖面图中一般不画虚线。

(2) 剖切面是假想的，只有在画剖面图时，才假想将形体切去一部分，在画其他投影面的投影时，则应按完整的形体画出。

(3) 剖切面后方的可见轮廓线应全部画出，不应遗漏，如图 6-5 所示。

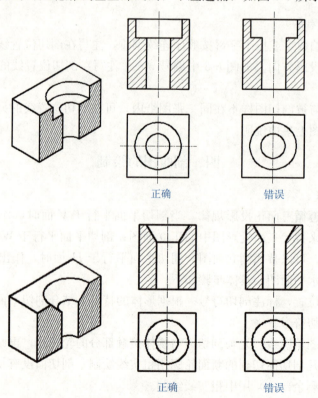

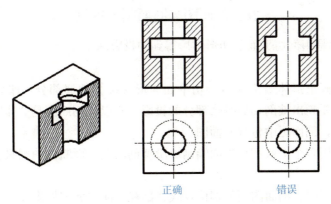

图 6-5 剖面图中漏线实例

(4) 如图 6-4b 所示,当剖(断)面中有部分轮廓线为 45°倾斜线时,图例线可画成 30°或 60°斜线,以便区别。对相邻两个或两个以上不同构件的剖面,图例线应画成不同倾斜方向或不同间隔,如图 6-4c 所示。

(5) 较大面积的剖面图,如图 6-6 所示的道路横断面图,剖面线可以简化,只在地面轮廓线的边缘画出部分剖面线表示地面即可。

图 6-6 较大面积剖面线的简化画法

(6) 对于一些薄板及柱状构件,凡剖切平面通过对称平面或轴线时,均不画剖面线。如图 6-7 中的蘑菇亭,因剖面通过亭的支柱和座椅的支撑板,故剖面图中不必画出剖面线。

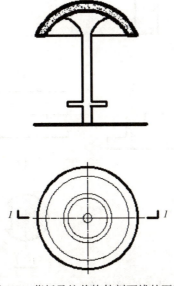

图 6-7 薄板及柱状构件剖面线的画法

五、剖面图与断面图的区别

1. 相同点　都是用剖切平面剖切形体后得到的投影图。

2. 不同点

（1）断面图只画出形体被剖切后剖切平面与形体接触的那部分，即只画出截断面的图形；而剖面图则需要画出被剖切后剩余部分的投影。所以说剖面图是"体"的投影，而断面图是"面"的投影，剖面图中包含断面图。

（2）剖面图可用多个平行剖切平面绘制成阶梯剖面图；而断面图则只反映单一剖切平面的断面特征。

（3）剖切符号不同。剖面图用剖切位置线、剖视方向线和编号来表示；断面图则只画剖切位置线与编号，用编号的注写位置来代表剖视方向。

（4）用途不同。剖面图用来表达形体的内部形状和结构；断面图则用来表达形体中某断面的形状和结构。

【实践观察】

剖面图、断面图形成知识的观察应用

根据图 6-8 给出的剖切条件，判断所绘剖、断面图的正确性，并改正。

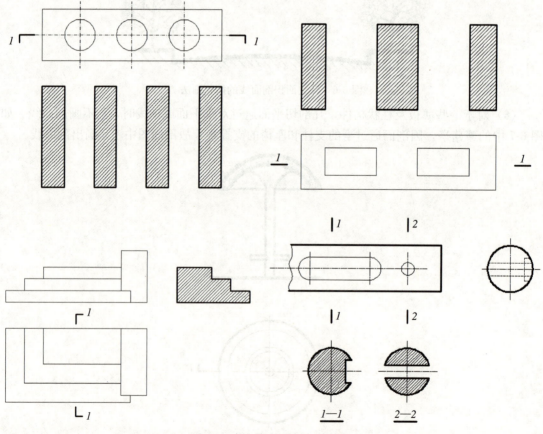

图 6-8　剖切条件和剖、断面图

【知识拓展】

第三角投影简介

目前国际上使用的投影制有两种,即第一角投影(又称第一角画法)和第三角投影(又称第三角画法)。中国、英国、德国、俄罗斯等国家采用第一角投影,而美国、日本、加拿大、澳大利亚等国家采用第三角投影。

(一) 第三角投影的概念

三个相互垂直的投影面——V 面、H 面、W 面,将空间划分为八个区域,按顺序分别称为第 1 角、第 2 角、第 3 角、第 4 角、第 5 角、第 6 角、第 7 角、第 8 角(图 6-9)。

在三面投影体系中,若把物体放在第 3 分角内,并使投影面处于观察者和物体之间,这样得到的正投影称为第 3 角投影。这种方法假定投影面是透明的,投影时人、物体、投影面的相对位置是:人—投影面—物体。

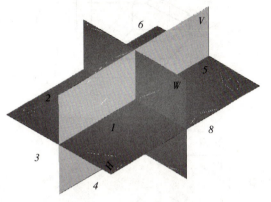

图 6-9 空间八个分角的产生

前面所讲的基本视图是将物体放在第 1 分角内进行正投影,即第一角投影。投影时人、物体、投影面的相对位置是:人—物体—投影面。

(二) 第三角投影中三视图的形成与展开

1. 三视图的形成　　如图 6-10a 所示,将形体放置在第 3 分角内进行正投影,从前向后观察形体,在 V 面上得到的视图称为前视图(或主视图);从上向下观察形体,在 H 面上得到的视图称为顶视图;从右向左观察形体,在 W 面上得到的视图称为右视图。

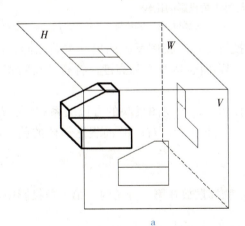
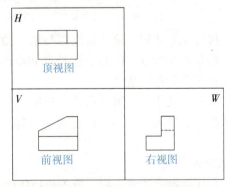

a　　　　　　　　　　　　　　b

图 6-10　第三角投影中三视图的形成与展开
a. 第三角投影直观图　b. 展开后的三视图

2. 三视图的展开　　三视图的展开方式为:V 面保持不动,H 面向上旋转 $90°$,W 面向前旋转 $90°$,最终三面展开于同一平面上(图 6-10b)。

（三）第三角投影与第一角投影中视图的比较（图 6-11）

1. 相同点

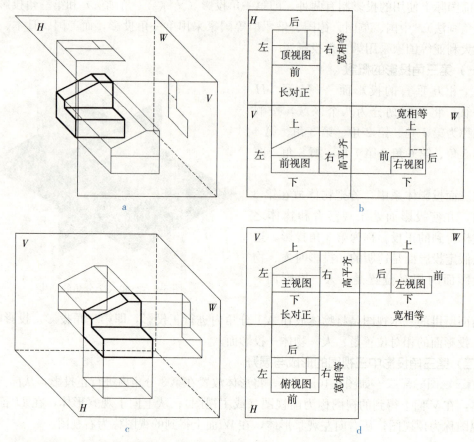

图 6-11　第 3 角投影与第 1 角投影的比较

a. 第 3 角投影直观图　b. 第 3 角投影中的三视图　c. 第 1 角投影直观图　d. 第 1 角投影中的三视图

（1）尺寸关系相同。第 3 角投影与第 1 角投影中，三视图反映的尺寸关系相同：H 面表达形体的长度和宽度，V 面表达长度和高度，W 面表达宽度和高度，符合"长对正，高平齐，宽相等"的投影规律。

（2）方位关系相同。第 3 角投影与第 1 角投影中，三视图反映的方位关系相同：H 面表达形体的前、后和左、右；V 面表达形体的上、下和左、右；W 面表达形体的前、后和上、下。

2. 不同点

（1）物体的摆放位置不同。第 1 角投影中，物体摆放在第 1 分角内；第 3 角投影中，物体摆放在第 3 分角内。

（2）观察（投影）顺序不同。第 1 角投影按人—物—面的顺序投影到不透明的投影面上形成视图；第 3 角投影按人—面—物的顺序投影到透明的投影面上形成视图。

（3）投影面的展开方式不同。第 1 角投影中 V 面不动，H 面向下旋转，W 面向右后方旋转；第 3 角投影中 V 面不动，H 面向上旋转，W 面向右前方旋转。

（4）视图位置关系不同。第 1 角投影中与主视图相邻的各视图，靠近主视图的一边表示形体的后面，远离主视图的一边表示形体的前面；第3角投影中靠近主视图的一边表示形体的前面，远离主视图的一边表示形体的后面。

（5）投影的标记不同。采用第1角投影时，图样中一般不需画出第1角投影的识别符号（图6-12a）；采用第三角投影时，必须在标题栏中画出第三角投影的识别符号，该符号以带圆锥的视图表示（图6-12b）。

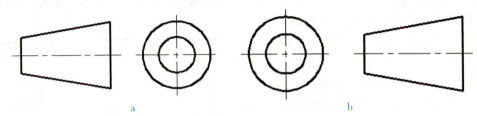

图6-12　第3角投影与第1角投影的识别符号
a. 第1角投影　b. 第3角投影

课题2　剖面图与断面图的类型

【学习目标】
1. 掌握剖面图与断面图的种类与画法。
2. 掌握剖面图与断面图的图示区别与识读方法。

【学习重点和难点】
学习重点：剖面图与断面图的种类和画法。
学习难点：剖面图与断面图的图示区别与识读方法。

【内容结构】

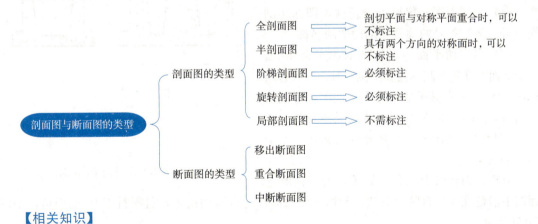

【相关知识】

一、剖面图的类型

为了清楚地表示形体的内部形状，可根据形体的形状特点，采用不同的剖切方式画出不同的剖面图。

（一）全剖面图

1. 形成　假想用一个平行于基本投影面的剖切平面，将形体全部剖开后所得到的剖面图，称为全剖面图。

2. 适用范围　全剖面图适用于不对称的建筑形体，或外形比较简单而内部结构比较复杂的对称形体。

对于房屋建筑图中的剖面图（详图除外）一般不画材料图例，而且水平剖面图习惯上沿门窗洞位置剖切，可不标注剖切位置线。

图 6-13 表示房屋的三面投影图，除了正立面图表示房屋的正立面外形外，选用平面图和 1—1 剖面图表示房屋的内部情况。

平面图是假想用一个水平剖切平面沿着窗台上方将房屋剖开，移去上边部分后，由上向下观看的全剖面图，习惯上仍称为平面图。因其剖切面总在窗台上方，故在正立面图中不标注剖切符号。平面图能清楚地表达房屋内部各房间的分隔情况、墙身厚度，以及门窗的数量、位置和大小。

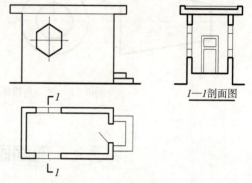

图 6-13　房屋的全剖面图

1—1 剖面图是假想用一个平行于侧立投影面的剖切平面将房屋剖开，移去左边部分，由左向右观看的全剖面图。1—1 剖面图清楚地表达了屋顶、门窗、台阶的高度和形状。1—1 剖切位置线一般标注在平面图上。

由于采用了两个全剖面图，房屋的内部情况已表达清楚，所以在正立面图中只画出房屋的外形，不画表示内部形状的虚线。

3. 注意事项

（1）全剖面图一般要求全标注，即标注剖切符号、剖切符号的编号和剖面图的名称。

（2）当剖切平面与形体的对称平面重合，且全剖面图又置于基本投影图位置时，可以省略标注。图 6-14 为双杯基础的全剖面图，因剖切平面与形体的对称平面重合，故不需要标注。

[例 6-1]　将图 6-15a 中台阶的侧立面图绘制成剖面图。

分析：因台阶上无孔、洞等，为了在侧立

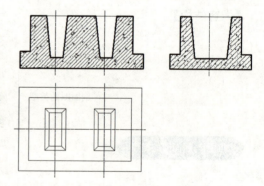

图 6-14　双杯基础的全剖面图

面图中清楚地表达台阶的形状，剖切平面只需通过台阶的踏步，且平行于 W 面即可，如图 6-15b 所示。

作法：（1）确定剖切平面的位置，并在平面图中标注。

（2）根据投影规律，做出剖切后台阶的侧立面投影，将剖切到的部位用粗实线绘制，未被剖切的可见轮廓线用中粗实线绘制。

（3）填绘断面材料图例并注写图名（图 6-15c）。

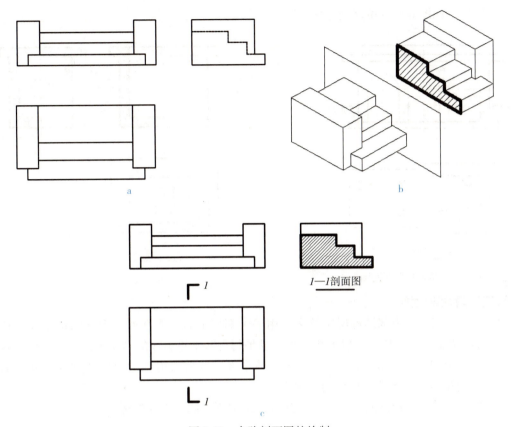

图 6-15　台阶剖面图的绘制
a. 台阶的三面投影图　b. 台阶的直观图　c. 台阶的剖面图

（二）半剖面图

1. 形成　当形体的内、外形在某个方向上具有对称性，且内、外形又都比较复杂时，以对称中心为分界线，将其投影的一半画成表示形体外部形状的正投影，另一半画成表示内部结构的剖面图，这种投影图和剖面图各画一半的图形，称为半剖面图。图 6-16 所示为一卷廊的投影图，为了很好地表达屋顶形状与内部结构，在水平投影中绘制成半剖面图。

2. 适用范围　半剖面图适用于内、外形都需表达的对称形体。

3. 注意事项

（1）半个投影图和半个剖面图的分界线应画成单点长划线（对称轴线），或用对称符号表示，但不能画成实线。若分界线刚好与轮廓线重合，则应避免用半剖面图。

（2）由于形体是对称的，内部构造在半个剖面图中已表达清楚，在另一半表达外形的投影图中就不再画出表示内部结构的虚线。

（3）根据习惯，当分界线为竖直时，投影图画在分界线的左侧，剖面图画在分界线的右侧；当分界线为水平时，投影图画在分界线的上方，剖面图画在分界线的下方。

（4）半剖面图的标注方法与全剖面图相同。

（5）若形体具有两个方向的对称面，且半剖面图又置于基本投影位置时，标注可以省略，如图6-16中的正立剖面图和侧立剖面图。但当形体具有一个方向的对称面时，半剖面图必须标注，如图6-17中的水平面投影。

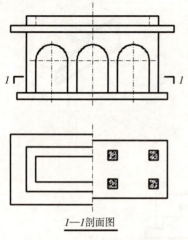

图6-16 卷廊的半剖面图

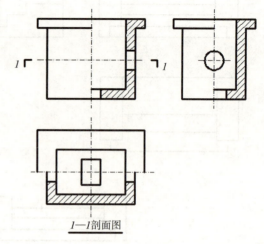

图6-17 半剖面图

（三）阶梯剖面图

1. 形成 当形体内部结构层次较多，用一个剖切平面不能把形体内部结构全部表达清楚时，可以假想用两个或两个以上相互平行且平行于基本投影面的剖切平面剖开物体，这种剖切方法称为阶梯剖。用阶梯剖的方法把物体全部剖开后所得到的投影图称为阶梯剖面图（图6-18）。图6-19所示即为房屋的阶梯剖面图。

2. 适用范围 阶梯剖面图适用于表达内部结构不在同一平面的形体。

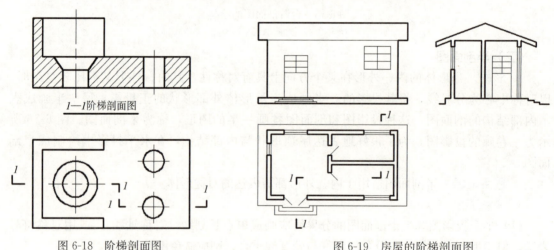

图6-18 阶梯剖面图　　　　图6-19 房屋的阶梯剖面图

图6-18中的形体，因孔、洞轴线不在同一平面内，无法用一个剖切平面将其完全剖切开，为此采用两个相互平行的平面作为剖切平面，通过孔、洞的轴线将物体完全剖开，并将其剩余部分投影到与剖切平面平行的正立面上，即得阶梯剖面图。

3. 注意事项

（1）为反映形体上各内部结构的实形，阶梯剖面图中的几个平行剖切平面必须平行于某一基本投影面。

（2）阶梯剖面图必须标出图名、剖切符号，如图 6-18 所示。为使转折处的剖切位置不与其他图线发生混淆，应在转折处标注转折符号"⌐"，并在剖切位置的起、止、转折处注写相同的编号。

（3）两剖切平面应以直角转折，但由于剖切平面是假想的，故在剖面图上不应画出两个剖切平面转折处交线的投影。图 6-20a 中，由于在剖面图中画出了直角转折处的交线，因而是错误的。

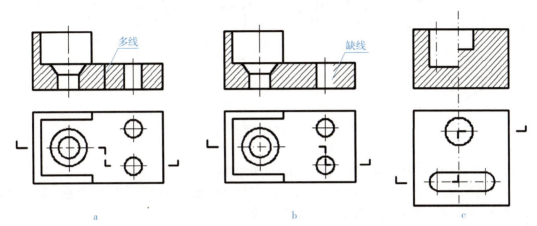

图 6-20　阶梯剖面图的画法（一）
a. 剖面图中出现直角转折处的交线　b. 剖面图中出现不完整要素　c. 两个要素具有公共轴线

（4）阶梯剖面图的剖切平面转折位置不应与图形轮廓线重合，也不应出现不完整的要素，如不应出现孔、槽的不完整投影，图 6-20b 中剖切平面从圆孔中心处转折，致使剖面图中出现不完整投影，故是错误的。只有当两个要素在图形上具有公共对称中心线或轴线时，才允许各画一半（图 6-20c），此时应以中心线或轴线为界。

［例 6-2］将图 6-21a 中形体的正立面图、侧立面图绘制成剖面图。

分析：通过三面投影图可知，形体上有孔、洞，且孔、洞的轴线不在同一平面内，无法用一个剖切平面将其完全剖切开。为将形体的内部结构在正立面、侧立面上全部表达清楚，因此正立面投影中采用阶梯剖的形式，剖切平面通过孔、洞的对称轴线，且与 V 面平行（图 6-21b）；而侧立面投影中采用全剖的形式，剖切平面通过两个洞的轴线且与 W 面平行（图 6-21c）。

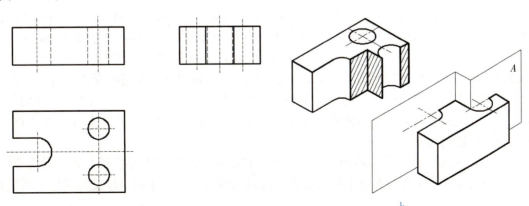

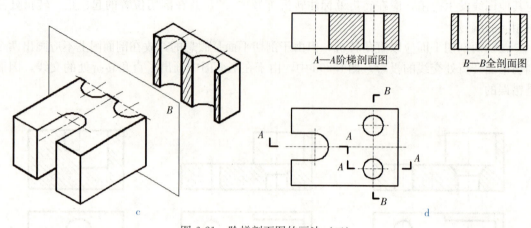

图 6-21 阶梯剖面图的画法（二）
a. 形体的三面投影图　b. 形体阶梯剖的直观图　c. 形体全剖的直观图　d. 形体的剖面图

作图：（1）确定剖切平面的位置，并在平面图中标注。

（2）根据投影规律，作出剖切后形体的正立面投影、侧立面投影，将剖切到的部位用粗实线绘制，未被剖切的可见轮廓线用中粗实线绘制。

（3）填绘断面材料图例并注写图名（图 6-21d）。

（四）旋转剖面图

1. 形成　当形体倾斜于基本投影面时，为了清楚地表达倾斜部分的内部实形，可用两个相交的剖切平面（交线垂直于某一基本投影面）剖切物体，将被剖切的倾斜部分绕其交线旋转到与选定投影面平行的位置，然后再进行投影，使剖面图既得到实形又便于绘图，这样所得的剖面图称为旋转剖面图。

2. 适用范围　旋转剖面图适用于内部结构形状不在同一平面上且具有回转轴的形体。

3. 注意事项

（1）旋转剖的剖切面交线常和形体的主要孔、洞等的轴线重合，因此采用旋转剖时，必须标出剖面图的名称，标注剖切符号，并在剖切面的起、止、转折处标注相同的编号。

（2）绘制旋转剖面图时，应先剖切、后旋转，然后再投影，且不能画出两相交剖切平面的交线。图名标注成"$X—X$ 剖面图（展开）"或"$X—X$ 旋转剖面图"。

（3）旋转是假想的，某一投影图画成旋转剖不影响其他投影图的画法。当剖面图上的图例线与轮廓线接近平行时，允许画成 30°或 60°斜线，但倾斜方向应与其他投影图相同。

图 6-22 所示为一折形长廊的旋转剖面图，为准确表达形体的内部结构，选择两个相交平面作为剖切平面剖开形体。其中右方的剖切平面与 V 面平行，左边的剖切平面与 V 面倾斜，两剖切平面的交线垂直于 H 面。剖切后，右边剖面不动，将左边剖切平面剖开的结构形状连同有关部分以交线为旋转轴，旋转到平行于 V 面的位置，然后整体向 V 面作投影，即得该形体的剖面图。

图 6-23 所示为楼梯的旋转剖面图，因两个梯段互相之间在水平投影上成一定的角度，用一个或两个互相平行的剖切平面无法将楼梯表示清楚，故选用两个相交的剖切平面进行剖切。

单元六 剖面图与断面图

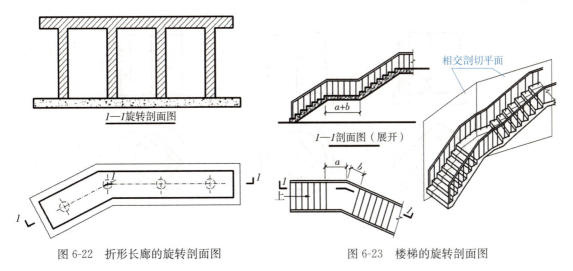

图 6-22 折形长廊的旋转剖面图　　　　图 6-23 楼梯的旋转剖面图

（五）局部剖面图

1. 形成　在不影响外形表达的情况下，用剖切平面局部地剖开形体来表达内部结构形状所得到的剖面图，称为局部剖面图。局部剖面图的位置与范围用波浪线来表示。图 6-24 中，为了表达形体的内部结构并保留其外形轮廓，平面图中采用了局部剖面图的形式，在被剖切开的部分画出基础的内部结构和断面材料，其余部分仍画其外形投影图。

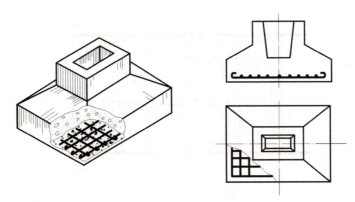

图 6-24 局部剖面图

2. 适用范围

（1）只有局部内形需要剖切表示，而又不宜采用全剖切的形体。

（2）需同时表达内、外形状的不对称形体。

（3）对称形体的轮廓线与对称轴线重合，不宜采用半剖和全剖的形体，可采用局部剖（图 6-25）。

3. 注意事项

（1）局部剖切比较灵活，但要考虑读图的便利性，不应过于零碎，一般每个剖面图局部剖不应多于三次。

（2）局部剖面图的剖切范围用波浪线表示，它是外形投影图和剖面图的分界线。波浪线不能和其他图线重合，也不能超出投影图的轮廓线。凡物体上与剖切平面相交的可见孔洞的

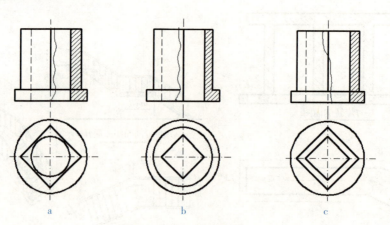

图 6-25 局部剖面图的选用
a. 对称中心线与外轮廓线重合　b. 对称中心线与内轮廓线重合　c. 对称中心线与内、外轮廓线同时重合

投影内,波浪线必须断开。

(3) 局部剖面图只是形体整个外形投影中的一部分,不需要标注。

(六) 分层剖面图

1. 形成　如图 6-26 所示,用几个互相平行的剖切平面分别将物体局部剖开,把几个局部剖面图重叠画在一个投影图上,用波浪线将各层的投影分开,这样的剖切图称为分层剖面图。

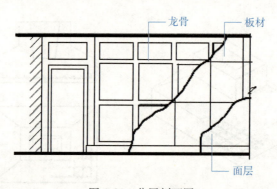

图 6-26 分层剖面图

2. 适用范围　分层剖面图适用于地面、层面、建筑物墙表面、楼面及其内部构造层次较多的形体,用来反映各层所用的材料和构造。

3. 注意事项

(1) 分层剖切面应按层次以波浪线与投影图分界,一般不需加任何标注。

(2) 波浪线不应与任何图线重合。

二、断面图的类型

断面图根据布置位置不同,可分为移出断面图、重合断面图和中断断面图。

(一) 移出断面图

1. 形成　如图 6-27 所示,绘制在投影图轮廓线外面的断面图称为移出断面图。

单元六 剖面图与断面图

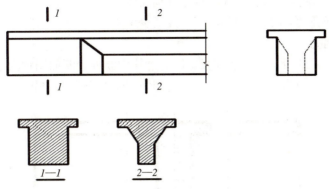

图 6-27 移出断面图

2. 适用范围 移出断面图适用于断面变化较多的构件。

3. 注意事项

（1）移出断面图的轮廓线用粗实线绘制，断面上要绘出材料图例，材料不明时可用 45°斜线绘出。

（2）移出断面图应尽量配置在剖切位置线的延长线上以便于对照识读，必要时也可将移出断面图配置在其他适当位置。移出断面图的下方应注出与剖切符号相应的编号，如 1—1，但不必写出"断面图"字样。

（3）当移出断面图形对称，且配置在剖切位置线的延长线上时，可省略剖切符号和编号，并用点划线代替剖切位置线；当断面图形不对称时，必须进行标注。

（4）当有多个移出断面图时，宜按顺序依次排列。

（二）重合断面图

1. 形成 绘制在投影图轮廓线内的断面图称为重合断面图，也即将形体剖开后得到的断面旋转 90°，使断面图与投影图重叠放在一起。

2. 适用范围 重合断面图适用于形体表面整体有凸起或凹陷的断面图的绘制，如图 6-28 所示。

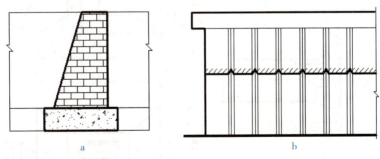

图 6-28 重合断面图
a. 挡土墙重合断面图　b. 墙面装饰的重合断面图

3. 注意事项

（1）在建筑图中，重合断面图的轮廓线一般比投影图的轮廓线略粗一些。

（2）投影图上与重合断面轮廓线位置一致的原有轮廓线，应连续画出，不可间断。

（3）重合断面图一般不加标注。断面闭合时，断面轮廓内应标明材料图例；断面不闭合时，应在断面轮廓范围内，沿轮廓线边缘绘制剖面线。

（4）因重合断面图影响投影图的清晰，故很少采用。

（三）中断断面图

1. 形成 如图 6-29 所示，绘制在投影图轮廓线中断处的断面图称为中断断面图。

2. 适用范围 中断断面图适用于表达单一断面的长向构件及型钢。

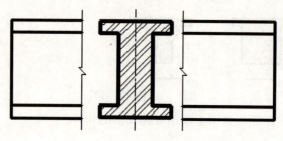

图 6-29 工字梁的中断断面图

3. 注意事项

（1）中断断面图的轮廓线用粗实线绘制，并在断面轮廓内标明材料图例；投影图的中断处应用波浪线或折断线绘制。

（2）中断断面图不需要标注。

三、剖面图的尺寸标注

剖面图尺寸标注与组合体的尺寸标注方法相同，但应注意以下几点：

（1）内部、外形的尺寸尽量分开标注。为了使尺寸清晰、整齐，尽量把外形尺寸和内部尺寸分开标注，不要混在一起。如图 6-30a 所示，"450""60""40"为水管的外形尺寸，注在图形的下方；"50"为水管的内部尺寸，注在图形的上方。

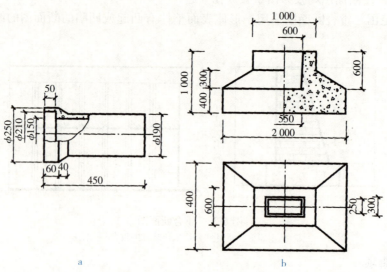

图 6-30 剖面图的尺寸标注
a. 局部剖面图　b. 半剖面图

（2）半剖面图和局部剖面图中的尺寸标注。半剖面图和局部剖面图上，由于图上对称部分省略了虚线,注写内部尺寸时应把能完整标注的一端照旧画出,另一端把尺寸线画过对称轴线或圆心,尺寸数字按整个构件的尺寸来标注。如图 6-30a 中的 "$\varphi150$" "$\varphi210$" 和图 6-30b 立面图中的尺寸 "600" "550"。

(3) 在有剖面线的地方标注数字时应将剖面线断开。

四、剖面图与断面图在园林设计中的应用

剖面图与断面图在园林设计中主要用来表达形体的内部结构。常用的剖面图与断面图有园景剖面图、建筑剖面图、道路断面图、结构断面图等。

(一) 园景剖面图

园景剖面图是指某园景被一假想的铅垂面剖切后,沿某一剖切方向投影所得到的全剖面图,主要用来反映地形地貌或构成园景各要素的空间关系。园景剖面图表达了被剖切的表面或侧面的轮廓线,通常较近的物体要以较深的线条来绘细部,而较远的物体(若要在图面上表达出来的话)则以较轻的轮廓线概略地画出。图 6-31 所示为某公园的园景剖面图。

园景剖面图有两个不可或缺的特性:

(1) 一条明显的剖面轮廓线。

(2) 同一比例绘制的所有垂直物体,不论它距此剖面线多远,都必须绘出。

图 6-31 某公园园景剖面图
a. 公园的总平面图及剖切位置示意 b. 园景剖面图

(二) 建筑剖面图

建筑剖面图主要用来表示建筑物的内部结构形式及主要部位的标高。图 6-32 所示为六角套亭

的平面图、立面图及剖面图，从剖面图中可以详细了解六角套亭的材料、尺寸及内部结构。

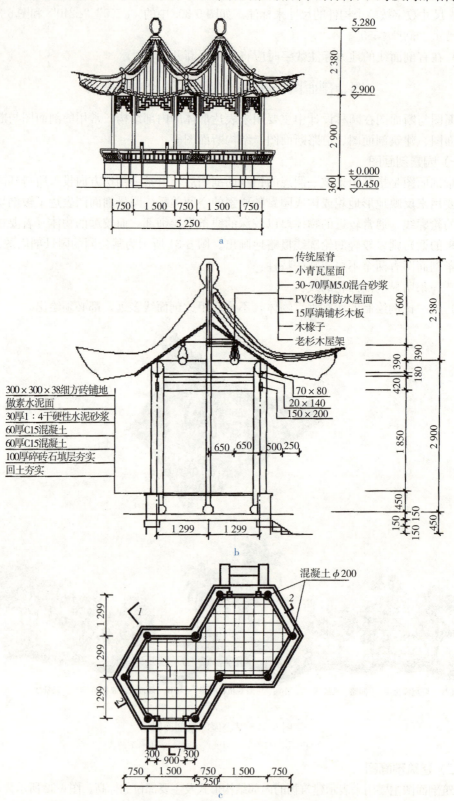

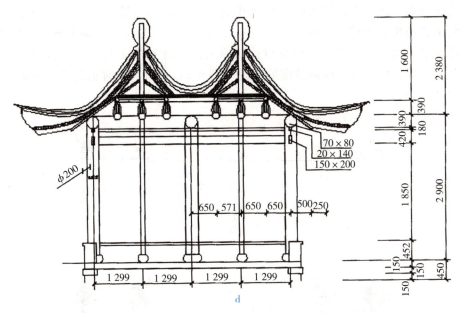

图 6-32 建筑剖面图
a. 六角亭立面图　b. 六角亭 1—1 剖面图　c. 六角亭平面图　d. 六角亭 2—2 剖面图

（三）道路断面图

道路的断面表达主要用于施工设计阶段，可为纵断面图和横断面图。

（1）沿道路中线所作的竖向剖面，称为道路纵断面。反映路线在纵断面上的形状、位置及尺寸的图形，称为道路纵断面图，它反映道路的地面起伏情况、设计纵坡以及设计标高与原标高之间的关系（图 6-33）。

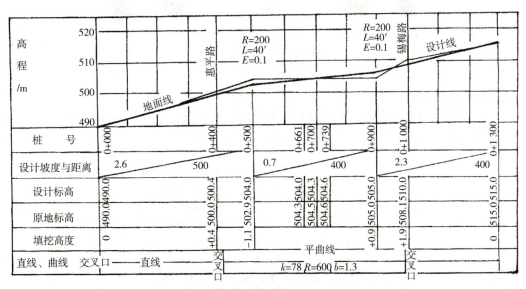

图 6-33 道路纵断面图

（2）道路中线上各点垂直于路线前进方向的竖向剖面图，称为道路横断面图，主要表现道路的横断面形式及设计横坡。

道路横断面设计，应在风景园林总体规划中所确定的园路路幅或在道路红线范围内进行。它主要由机动车道、非机动车道、人行道、绿带、分车带、地上地下管线敷设带、排水沟道等部分组成。路线设计中所讨论的横断面设计只限于与行车直接有关的那一部分，即各组成部分的宽度、横向坡度等问题（图6-34），所以有时也将路线横断面设计称作"路幅设计"。

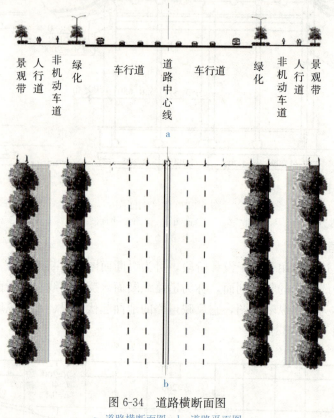

图6-34　道路横断面图
a. 道路横断面图　b. 道路平面图

（四）结构断面图

结构断面图主要表现各构造层的材料及其厚度，结合图例和文字标注来清楚地表示。常见的有道路结构断面图（图6-35）、驳岸结构断面图（图6-36）。

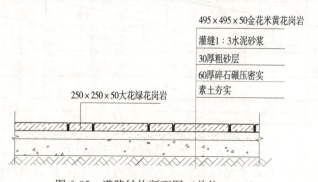

图6-35　道路结构断面图（单位：mm）

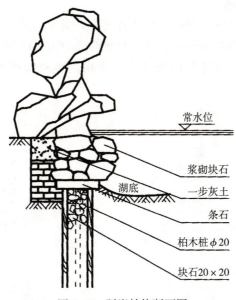

图 6-36 驳岸结构断面图

[例 6-3] 绘制图 6-37 中园路的结构断面图。

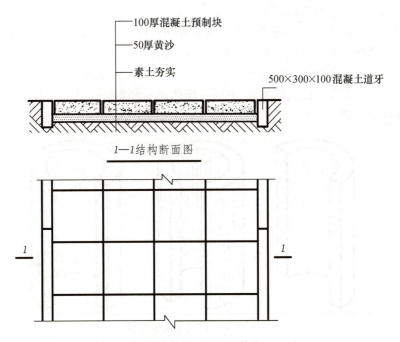

图 6-37 园路的结构断面图（单位：mm）

作法：(1) 选择垂直于园路中心线方向的平面作为剖切平面，并在平面图上进行标注。

(2) 根据投影规律，绘制园路的断面轮廓，并在断面部分标注材料图例。断面轮廓用粗实线绘制。

(3) 在引出线上注写各构造层的材料及其厚度。

(五)轴测剖面图的画法

用轴测投影来表示的剖面图称为轴测剖面图,其画法与一般形体的轴测图画法相同,只是需在截面轮廓范围内加画剖面线。轴测剖面图中的剖面线不再是45°斜线,而应按轴测投影方向来画,这样才能使图形逼真。常用的各种轴测投影中的剖面线如图6-38所示。

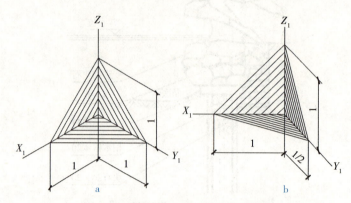

图6-38 轴测剖面图中剖面线的画法
a. 正等测轴测图 b. 正二测轴测图

(1)轴测剖面图中剖切平面位置的选择应考虑以下几点:

①剖切平面要与轴测坐标面平行。

②剖切平面最好选择为通过机件的主要对称面;使轴测剖视图中的剖面图即为剖视图中剖面图形的轴测图,互相对应,便于画图,方便检查。

③尽量避免用一个剖切平面把形体剖去一半,从而过多地削弱外部的形状结构;也不得使剖切平面成为一条线。比较图6-39中同一形体的三种剖切方法,可以看出沿对称面用两个剖切平面剖切为最好。

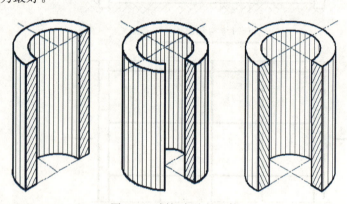

图6-39 剖切方法的比较

(2)轴测剖面图的绘制一般采用以下两种方法。

①先画外形,后画剖面。用细实线先画出物体外形的轴测图,然后按选定的剖切位置,画出剖面的轴测图,再补画内部的可见部分,并擦去切口前面被切除部分的轮廓线以及其他多余的作图线,最后在剖面上画出剖面线。如图6-40a所示,已知杯形基础的正投影图,画出其剖切1/4后的剖面轴测图,其作图步骤如图6-40b至图6-40e所示。

单元六 剖面图与断面图

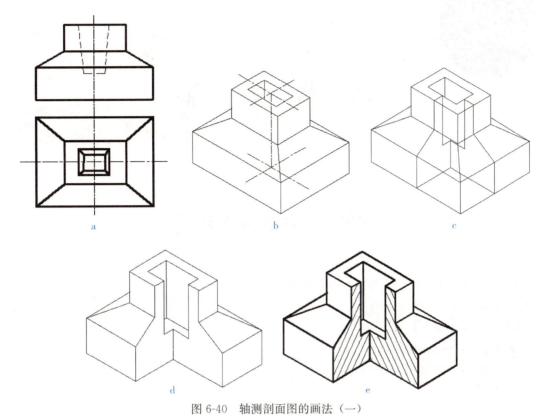

图 6-40 轴测剖面图的画法（一）
a. 杯形基础的正投影图　b. 画形体外形的轴测图　c. 找出各边中点，根据轴测轴补画内部可见部分
d. 擦去被切除部分的轮廓线及多余作图线　e. 加深图线，绘制剖面线

②先画剖面，后补内、外轮廓。在轴测剖视图的画法已能熟练掌握时，则可按以下步骤画图：确定轴测轴后，先在轴测图中画出剖切平面上的截面形状，然后由近而远地补画出相应的内、外轮廓线，并在剖面上画出剖面线，从而完成全图。其作图步骤如图 6-41a 至图 6-41c 所示。

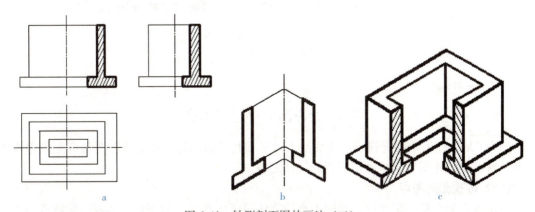

图 6-41 轴测剖面图的画法（二）
a. 形体的半剖面图　b. 在轴测图中画出剖切平面上的截面形状　c. 由近而远地画出轮廓线和内部形状

单元七　透视投影

课题1　透视基本知识

【学习目标】
1. 通过透视投影现象熟悉透视的基本概念。
2. 掌握点透视的类型及特点。

【学习重点与难点】
学习重点：透视的基本概念。
学习难点：透视的基本特点。

【内容结构】

透视基本知识
├─ 透视图的特点和用途
│   ├─ 透视图的特点
│   └─ 透视图的用途
├─ 透视图的形成
├─ 名词术语：基面、画面、基线、视点、站点、视线、心点、中心视线、视平面、视平线、视高、视距、基点、透视、基透视、透视高度
└─ 透视图的种类
    ├─ 一点透视图
    ├─ 两点透视图
    └─ 三点透视图

【相关知识】

一、透视图的特点和用途

图 7-1 是一幅街景的透视图，图面给人以身临其境的感觉。由于透视图具有形象逼真的特点，所以被广泛用于园林建筑工程的设计之中。

（一）透视图的特点

透视具有消失感、距离感，相同大小的物体呈现出有规律的变化。透视图的特点如下：

（1）空间中同样体积、面积、高度和间距的物体，随着距画面近远的变化，在透视图中呈现出近大远小、近高远低、近宽远窄、近疏远密的特点。

（2）空间中与画面平行的直线，在透视图中仍保持平行关系。

图 7-1　街景透视图

（3）空间中与画面相交的直线有消失感，这类平行线随着远离画面的方向延伸，在透视图中逐渐靠拢并汇于一点。

（二）透视图的用途

透视图是园林设计中最常用的表现方法。其用途有以下几个方面。

1. 为设计服务　透视图可以形象生动地表现园林景物设计方案的最终效果，以探求理想的设计方案。设计人员可以根据透视图效果，进一步推敲造型艺术的优劣，确定布局是否合理等。

2. 为施工服务　透视图不仅能为设计服务，还具有施工方面的实际意义。透视图不仅可以形象地表现园林景物的空间艺术效果，从而帮助施工单位更好地理解设计人员的意图，更准确地选择用料；还可以形象地展示各部位的空间关系，从而弥补施工图中不容易表达或表达不十分清楚和不完善的部分。

3. 为用户服务　透视图可以帮助业主和审查单位及其他相关部门更直观地领会设计意图，提出意见和建议。同时，也可帮助业主做开业前的广告宣传。

二、透视图的形成

在图 7-2 中，设点 S 为人的眼睛，当其透过平面 P 观看形体 A 时，视线与 P 面交成的图形便称为透视图。可以看出，透视图是以人的眼睛为投影中心的中心投影，所以也称为透视投影，简称为透视。

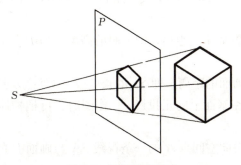

图 7-2　透视图的形成

三、名词术语

为掌握透视作图方法，首先要明确有关基本术语的确切含义，这有助于理解透视的形成过程，掌握作图方法（图 7-3）。

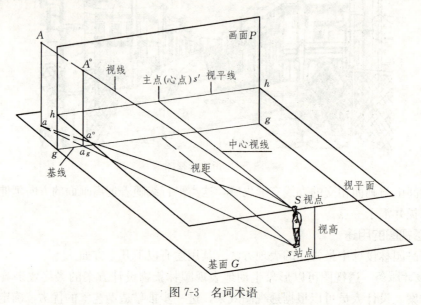

图 7-3　名词术语

1. 基面　放置景物的水平面。用 G 表示，相当于正投影的 H 面。

2. 画面　透视图所在的平面。用 P 表示，画面与基面的交线用 $p—p$ 表示（P 在 G 上的投影）。

3. 基线　画面与基面的交线，用 $g—g$ 表示，当 $P \perp G$ 时，$p—p$ 与 $g—g$ 重合。

4. 视点　人眼所在的位置，即投影中心，用 S 表示。

5. 站点　视点在基面 G 上的正投影。用 s 表示，相当于看景物时人的站立点。

6. 视线　过视点 S 的所有直线（可理解为由投影中心发出的所有光线）。

7. 心点　视点 S 在画面 P 上的正投影，用 s' 表示（又称视中心点、主视点）。

8. 中心视线　视点 S 与心点 s' 的连线，又称主视线。

9. 视平面　过视点的所有平面称为视平面，其中，过视点的水平面称为水平视平面。

10. 视平线　水平视平面与画面的交线，用 $h—h$ 表示，当 $P \perp G$ 时，心点 s' 在视平线 $h—h$ 上。

11. 视高　视点 S 到基面 G 的距离，即人眼的高度，当 $P \perp G$ 时，视平线 $h—h$ 与基线 $g—g$ 的距离反映视高。

12. 视距　视点 S 到画面的距离，即 Ss' 的长度或 s（站点）到画面的距离。

13. 基点　空间点 A 在基面上的正投影 a。作图时，可把物体的水平投影（或平面图）看成基点的集合。

14. 透视　自视点 S 引向空间点 A 的一条视线 SA 与画面 P 的交点 $A°$，就是空间点 A 的透视。

15. 基透视　基点 a 的透视 $a°$ 为基透视。

16. 透视高度　空间点 A 的透视 $A°$ 与其透视 $a°$ 的距离 $A°a°$ 为透视高度。

四、透视图种类

随着物体与画面相对位置的改变，物体长、宽、高三组主要方向的轮廓线可能与画面平行或相交。由于平行于画面的直线没有灭点，而与画面相交的直线有灭点。据此，将透视图分为以下三类。

1. 一点透视　当物体有两组方向轮廓线（长、高）与画面平行时，这两组方向轮廓线在画面上就没有灭点，只有与画面垂直的第三组方向轮廓线有灭点。也就是当物体有两组方向轮廓线与画面平行时只有一个灭点，这样画出来的透视图称为一点透视，也称平行透视（图7-4）。一点透视适宜表现场面宽广或纵深较大的景观（图7-5）。

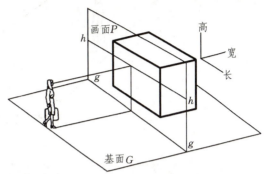

图 7-4　一点透视的形成

图 7-5　一点透视图

（王晓俊，2001，《风景园林设计》）

2. 两点透视　当物体仅有一组方向轮廓线与画面平行，而另两组方向轮廓线均与画面相交时，在画面上会形成两个灭点（图7-6）。这样画出来的透视图称为两点透视，也称为成角透视（图7-7）。

3. 三点透视　当物体的三组方向轮廓线均与画面相交时，画面上有三个灭点，这样画出来的透视图称为三点透视，也称倾斜透视（图7-8）。三点透视主要用于绘制高耸的建筑物。在园林设计中，三点透视用得比较少。因此，本单元没有对三点透视的基本画法作详细介绍（图7-9）。

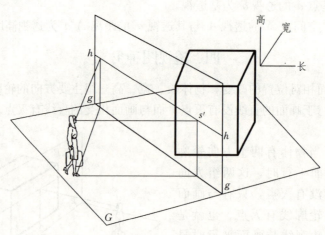

图 7-6 两点透视的形成

图 7-7 两点透视图
(王晓俊，2001，《风景园林设计》)

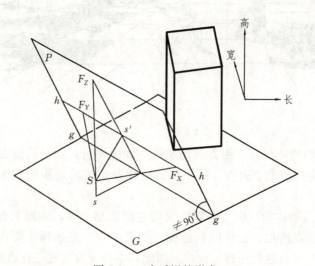

图 7-8 三点透视的形成

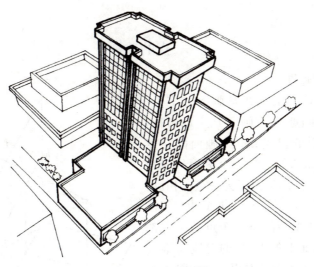

图 7-9　三点透视图

课题 2　透视的基本规律及画法

【学习目标】
1. 了解点的透视规律。
2. 掌握直线的透视特性及透视绘制方法。
3. 学会特殊位置直线及一般位置直线的三面投影绘制方法。
4. 学会常见透视图的绘制方法和技巧。

【学习重点和难点】
学习重点：平面的透视绘制。
学习难点：圆和曲线透视的绘制。

【内容结构】

```
                      ┌─ 点的透视特性：基点、基透视、视线迹点法
                      │
                      │                    ┌─ 迹点和灭点
                      ├─ 直线的透视特性 ┤
                      │                    └─ 画面平行线
                      │
                      ├─ 直线透视作图：视线法
                      │
透视的基本             │              ┌─ 平面透视特性
规律及画法      ──────┼─ 平面透视 ┤
                      │              └─ 平面的透视作图
                      │
                      ├─ 透视高度量取：真高线
                      │
                      │                      ┌─ 圆透视
                      ├─ 圆和曲线透视画法 ┤
                      │                      └─ 曲线透视
                      │
                      │                          ┌─ 站点、画面在平面图中的选择方法
                      └─ 常见透视图的绘制技巧 ┤
                                                 └─ 视点、画面对建筑形体的位置处理
```

【相关知识】

一、点的透视

（一）点的透视特性

点的透视是过该点的视线与画面的交点。如图 7-10 所示，空间点 A 在画面 P 上的透视，是自视点 S 向 A 引的视线 SA 与画面的交点 $A°$。由于视线是一条直线，与一个平面只能交于一点，因此空间一点的透视仍为一点；相反，只由画面上的点 $A°$，并不能确定点 A 的空间位置，这是因为视线 SA 上的每一个点的透视都位于 $A°$ 处。为使画面上的点 $A°$ 的对应有唯一性，将空间点 A 向基面正投射得点 a，称 a 为点 A 的基点，基点 a 在画面上的透视 $a°$，称为点 A 的基透视，由点 A 和 a 就能唯一地确定点 A 的空间位置。可以看出，A 和 a 位于同一条铅垂线上，称线段 $A°a°$ 为点 A 的透视高度。尽管视线 SA 上的每一个点的透视都是同一个点

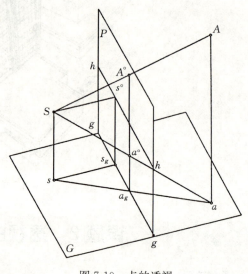

图 7-10 点的透视

A，但是各点的基透视的位置不同，因而各点的透视高度也不同。在画面后方，点离画面越近，其透视高度就越大；当点 A 在画面上时，透视就是其本身，透视高度等于点 A 的实际高度，也即透视 $A°≡A$，透视高度 $A°a_g$ 是 A 的实际高度。

（二）点的透视作图

将视点 S 和空间点 A，分别正投射到画面和基面上，然后再将两个平面拆开摊平在一张图纸上，如图 7-11a 所示。为便于理解和方便作图，常将两个平面上、下对齐放置，并去掉边框。此时，画面 P 用视平线 $h—h$ 和基线 $g—g$ 表示，$h—h$ 和 $g—g$ 互相平行。基面 G 用基线 $g—g$ 和站点 s 表示。由于基线 $g—g$ 在画面 P 和基面 G 上都有出现，为避免混淆，规定把基面 G 上的基线标注为 $p—p$，如图 7-11b 所示。

设点 A 在画面 P 上的正投影为 a'，在基面 G 上的正投影为 a，也即点 A 的基点。点 a 在画面 P 上的正投影以 a_p 表示。视点 S 在画面 P 上的正投影是 $s°$，在基面 G 上的正投影是 s。

点 A 的透视作图步骤如下：

（1）在 G 面上连线 sa。sa 即视线 SA 的水平投影。

（2）在 P 面上分别连线 $s°a'$ 和 $s°a_p$，它们分别是视线 SA 和 sa 的正面投影。

（3）由 sa 与画面迹线 $p—p$ 的交点向上引垂线，交 $s°a_p$ 于点 $a°$，得点 A 的基透

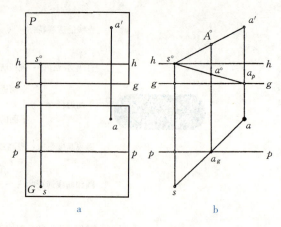

图 7-11 点的透视作图

视；交 $s°a'$ 于点 $A°$，得点 A 的透视。这里，利用视线的两面正投影求作视线与画面交点（透视）的方法，称为视线迹点法。

二、直线的透视

（一）直线的透视特性

直线的透视，一般情况下仍然是直线。其透视位置可由直线上的两个点的透视确定。如图 7-12 所示，自视点 S 分别向直线 AB 上的点 A 与 B 引视线 SA 和 SB，SA 与画面交于点 $A°$，SB 与画面交于点 $B°$。$A°$ 与 $B°$ 的连线，就是直线 AB 在画面上的透视。在这里，$A°B°$ 也可以看作是通过直线 AB 的视平面 SAB 与画面的交线。AB 上每一个点的透视都在 $A°B°$ 之上，如点 C 的透视 $C°$ 在 $A°B°$ 上。

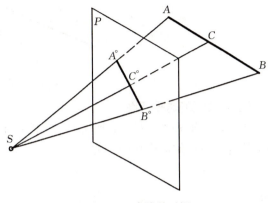

图 7-12 直线的透视

1. 迹点和灭点

（1）迹点。不与画面平行的空间直线与画面的交点称为直线的画面迹点（图 7-13）。

（2）灭点。直线上距画面无限远的点的透视称为直线的灭点（图 7-13）。

直线的灭点有如下规律：①相互平行的直线只有一个共同的灭点；②垂直于画面的直线，其灭点即主视点；③与画面平行的直线没有灭点；④地平面上或平行于地平面的直线，即水平线的灭点必定落在视平线上。

如图 7-14 所示，直线 AB 为与画面相交的水平线，其延长线与画面的交点 N 是 AB 的画面迹点。过视点 S 作平行于直线 AB 的视线，它与画面的交点 F 落在视平线 $h—h$ 上。线段 NF 是直线 AB 的全透视。

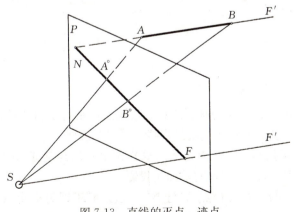

图 7-13 直线的灭点、迹点

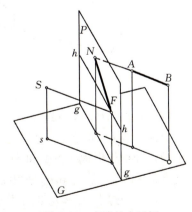

图 7-14 直线的全透视

2. 画面平行线　画面平行线的透视与直线本身平行。如图 7-15 所示，直线 AB 与画面 P 平行，由直线的画面迹点和灭点定义可知，AB 在画面上既没有迹点，也没有灭点，它在画面上的透视 $A°B°$ 平行于 AB 本身。

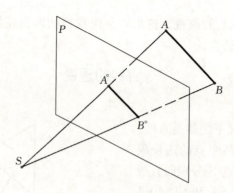

图 7-15　画面平行线的透视

（二）直线的透视作图

图 7-16a 直观地示出在由画面 P、基面 G 和视点 S 所确定的透视体系中，基面上与画面相交的直线 AB 的透视作图过程：

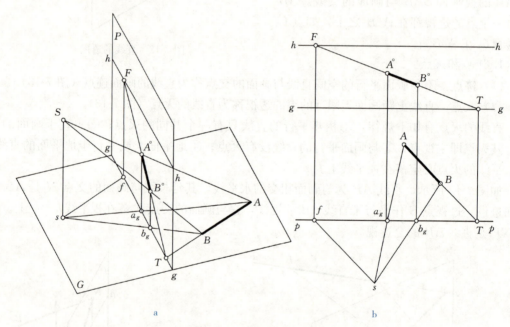

图 7-16　直线的透视作图

（1）延长 AB，交基线 $g—g$ 于 T，点 T 是 AB 的画面迹点。过视点作平行于 AB 的视线，交视平线 $h—h$ 于 F，点 F 是 AB 的灭点。FT 连线就是直线 AB 的全透视。

（2）分别作出视线 SA 和 SB 的基面正投影 sA 和 sB，然后分别作出它们与基线 $p—p$ 的交点 a_g 和 b_g，点 a_g 和 b_g 是视线 SA、SB 与画面交点的基面正投影。

（3）分别过点 a_g 和 b_g 向上作铅垂线，与 FT 交得点 $A°$ 与 $B°$，线段 $A°B°$ 即为直线 AB 的透视。

以上利用视线的基面正投影作直线段的透视的方法，称为视线法。

图 7-16b 所示为用视线法在画面上作直线 AB 的透视的过程。

1. 在基面上作图

（1）延长直线 AB，与基线 $p—p$ 相交，得到 AB 的画面迹点在基面上的正投影 T。

(2) 过站点 s 作 AB 的平行线并与 $p—p$ 相交,得 AB 的灭点在基面上的正投影 f。
(3) 作直线 sA 交 $p—p$ 得点 a_g,作直线 sB 交 $p—p$ 得点 b_g。

2. 在画面上作图
(1) 过基线 $p—p$ 上的点 T 作铅垂线,与 $g—g$ 相交,得 AB 的画面迹点 T。
(2) 过点 f 作铅垂线与 $h—h$ 相交,得 AB 的灭点 F,TF 连线即为 AB 的全透视。
(3) 过点 a_g 作铅垂线与 TF 相交,得点 A 的透视 $A°$。
(4) 过点 b_g 作铅垂线与 TF 相交,得点 B 的透视 $B°$。
(5) $A°B°$ 连线即为直线 AB 的透视。

三、平面的透视

(一)平面的透视特性

平面图形的透视,在一般情况下仍然是平面图形;只有当平面通过视点时,其透视是一直线。

平面相对于画面,有两种不同的位置。一是平面平行于画面,这类平面称为画面平行面;二是平面与画面相交,这类平面称为画面相交面。它们各有不同的透视特性。

1. 画面平行面 图 7-17 中,平面 $ABCD$ 平行于画面 P,平面上的 AB、BC、CD 和 DA 各边均为画面平行线,它们的透视均与本身平行,即 $A°B°/\!/AB$,$B°C°/\!/BC$,$C°D°/\!/CD$,$D°A°/\!/DA$。平面 $ABCD$ 与其透视 $A°B°C°D°$ 是相似图形。由此可知,画面平行面的透视是一个与原形相似的图形。

2. 画面相交面 图 7-18 中,平面 Q 与画面 P 相交于 MN,直线 MN 称为平面 Q 的画面迹线,画面迹线的透视是其本身。平面 Q 内距画面无限远的直线的透视,称为平面 Q 的灭线。这条无限远处的直线,可由该平面内任意相交的两条直线 ME 和 NE 上的无限远点 $F_1\infty$ 和 $F_2\infty$ 确定。无限远直线 $MF_1\infty$、$NF_2\infty$ 的透视,又可由点 $F_1\infty$ 的透视和点 $F_2\infty$ 的透视确定。为此,过视点 S 作 ME 的平行线,与画面交得直线 ME 的灭点 F_1,过视点 S 作 NE 的平行线,与画面交得直线 NE 的灭点 F_2,F_1F_2 连线即为平面 Q 的灭线。在这里,平面 Q 的灭线 F_1F_2,也可以看成是过视点 S 所作的平行于 Q 面的视平面 SF_1F_2 与画面 P 的交线。

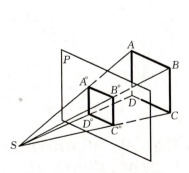

图 7-17 画面平行面的透视

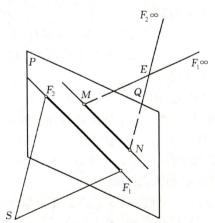

图 7-18 平面的灭点和迹点

因为视平面 SF_1F_2 与平面 Q 平行,所以它们与画面相交所得的交线 MN 与 F_1F_2 相互平行。即画面相交面的画面迹线和灭线相互平行。

如果平面 Q 是水平面，如图 7-19 所示，过视点 S 作平行于水平面 Q 的视平面，该水平视平面与画面的交线即为水平面 Q 的灭线，也就是视平线 $h—h$。所以，水平面的灭线是视平线。

如果平面 Q 是与画面相交的铅垂面，如图 7-20 所示，它的画面迹线是一条铅垂线。过视点 S 作平行于平面 Q 的视平面，该视平面是铅垂面，它与画面的交线便是平面 Q 的灭线，这是一条铅垂线。即铅垂面的灭线是一条铅垂线。

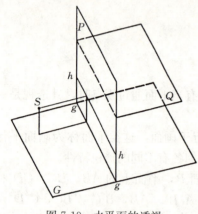

图 7-19 水平面的透视

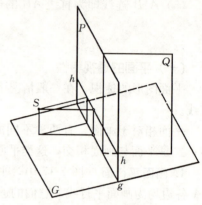

图 7-20 铅垂面的透视

（二）平面的透视作图

图 7-21 示出画面、站点、视平线的位置及在基面上的斜置矩形平面 $ABCD$。求作该平面的透视。

矩形平面 $ABCD$ 的透视作图可归结为围成该平面的四段水平线按画面相交直线的透视作图。

1. 在基面上作图

（1）过点 s 作直线 AB 的平行线，交 $p—p$ 于 f_x。点 f_x 是 AB 及其平行线 CD 的灭点在基面上的正投影。

（2）过点 s 作直线 AD 的平行线，交 $p—p$ 于 f_y。点 f_y 是 AD 及其平行线 BC 的灭点在基面上的正投影。

（3）连 sB，该直线交 $p—p$ 于 b_g。点 b_g 是视线 SB 与画面的交点 $B°$ 在基面上的正投影。

（4）连 sD，该直线交 $p—p$ 于 d_g。点 d_g 是视线 SD 与画面的交点 $D°$ 在基面上的正投影。

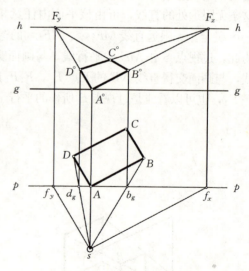

图 7-21 平面的透视作图

2. 在画面上作图

（1）将基线 $p—p$ 上的点 A 上移至画面迹线 $g—g$ 上，得直线 AB、AD 的画面迹点 $A°$。

（2）将基线 $p—p$ 上的点 f_x、f_y 上移至视平线 $h—h$ 上，得 AB、CD 的灭点 F_x、F_y。即矩形 $ABCD$ 的两个主向灭点。

（3）连点 $A°F_x$，得直线 AB 的全透视；连点 $A°F_y$，得直线 AD 的全透视。

(4) 过点 d_g 和 b_g 分别作铅垂线,使之交 $A°F_y$ 于 $D°$,交 $A°F_x$ 于 $B°$;分别连 $D°F_x$ 与 $B°F_y$,使之交于点 $C°$,$A°B°C°D°$ 即为矩形平面 $ABCD$ 的透视。

四、透视高度的量取

由点的透视规律可知:空间一点的透视与基透视间的连线是一条铅垂线,它的长度就是该空间点的透视高度。当空间点在画面 P 上时,它的透视高度反映该点的真实高度,该点的透视与基透视之间的连线为真高线。作图时常用这一规律确定体的透视高度。

如果已知空间一点的基点和实际高度,便可在画面上作出它的透视高度。作图原理如图 7-22 所示。将空间点 A 沿任一选定的水平方向移动到画面 A_1 处,其基点 a 也相应移动到 a_1 处,并有 $Aa = A_1a_1$。点的移动轨迹 AA_1 及 aa_1 是两条互相平行的水平线。过视点 S 作视线平行于直线 AA_1,交视平线 h—h 于 F,点 F 就是直线 AA_1 及 aa_1 的灭点。在基面上过站点 s 和基点 a 作直线,交基线 g—g 于 a_g,过 a_g 作铅垂线交 FA_1 得 $A°$,交 Fa_1 得 $a°$,则线段 $A°a°$ 就是点 A 的透视高度。

过 $a°$ 作铅垂线交直线 FA_1 于 $A°$,点 $A°$ 就是空间点 A 的透视,线段 $A°a°$ 就是点 A 的透视高度。

画面上的铅垂线 A_1a_1 称为真高线。利用真高线可以简便地在画面上作图而得到透视高度(图 7-23)。

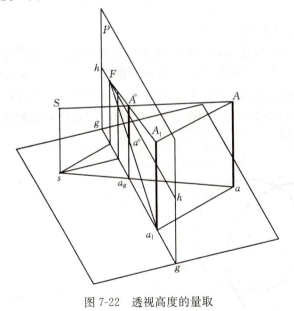

图 7-22 透视高度的量取　　　　图 7-23 用真高线作点的透视图

五、曲线和圆的透视

(一)曲线的透视

平面曲线所在平面与画面的位置不同,其透视各不相同。通常在画面上的平面曲线,透视为其本身。平面曲线所在平面若平行画面,透视为该曲线的类似形。曲线所在平面若通过视点,透视为一段直线。曲线所在平面不平行于画面时,透视形状将发生变化。

平面曲线的透视可用方格网法求作(图 7-24):

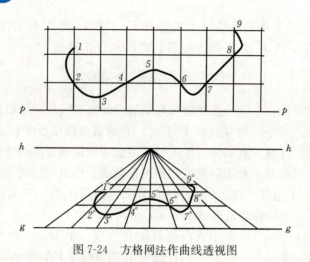

图 7-24 方格网法作曲线透视图

（1）首先将曲线平面绘制成方格网。方格的单位边长的大小应以能作出相对准确和肯定的曲线为准，一般图形越复杂，方格的单位边长越小。

（2）求作方格网的透视。

（3）目测各控制点在方格网上的位置，并将它们定位到透视网格相对应的位置上，然后圆滑地连线完成透视。

（二）圆的透视

圆周平面与画面的位置不同，其透视也各不相同。

1. 圆周平面平行于画面的透视　当圆周平面在画面上时，其透视为其实形。当圆周平面平行于画面时，其透视仍为圆，但直径缩小。作圆周平面平行画面的透视较容易。如图 7-25 所示，设圆与基面相切，在基线上定出切点 A，然后向上作垂线，据圆的半径求得圆心 O。过圆心作其透视方向线，并据圆周离画面的距离用量点法求作圆心的透视及透视半径，从而完成圆周平面平行于画面的圆的透视。

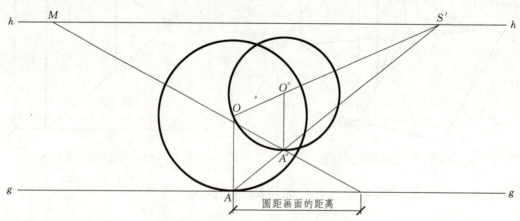

图 7-25　平行于画面的圆的透视画法

以图 7-26 所示拱门的一点透视为例，说明平行于画面的铅垂圆的透视作图方法。作图时先求出圆心和半径的透视，然后用圆规画圆即可。作图时应注意前、后圆心 O_1、O_2 和切点 a、b 的透视不等高，前圆因在画上，可依据其真高直接定出透视位置；作后圆时，可用视线法求出圆心和切点，然后用圆规画出。

单元七　透视投影

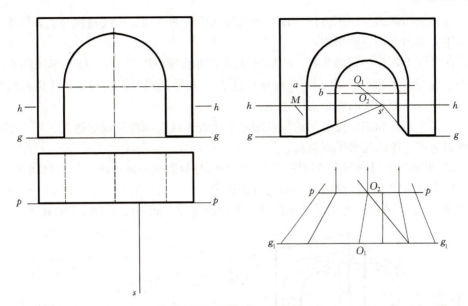

图 7-26　拱门的一点透视

2. 圆周平面不平行于画面的透视　圆周平面不与画面平行时，常用八点圆的方法来求作圆的透视。所谓八点圆的方法，即利用圆周的外切正方形与圆的切点及圆的对角线与圆的交点来求圆的透视的方法。图 7-27a 所示为水平圆的透视作法：

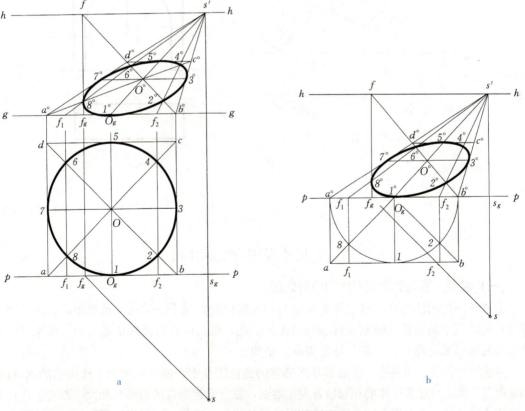

a　　　　　　　　　　　　　　　b

图 7-27　不平行于画面的圆的透视画法

(1) 首先求作圆的外切正方形透视及对角线和中线的透视。中线透视与正方形透视的交点为圆与正方形四个切点的透视。

(2) 在基线上，作一辅助半圆。然后过辅助半圆的圆心作两条 45°线与半圆相交，过交点向上引垂线与基线相交于 f_1、f_2，再分别过 f_1、f_2 作透视方向线与对角线透视相交，其交点即为对角线与圆相交的四个点的透视。

(3) 将四个切点和四个交点的透视点用光滑曲线连接起来即为圆的透视。图 7-27b 所示为铅垂圆的透视，作法与水平圆类似。

图 7-28 所示为拱门的两点透视图作法。因拱门与画面成一定角度，因此其透视为椭圆。作图时，应在真高线上作辅助圆，用前述方法找出 a 点，作 $ab // p-p$，连 bV_1 与外切四边形对角线交于 1、2 两点，再圆滑地连接两点即得前椭圆。同理可作出后面的椭圆。

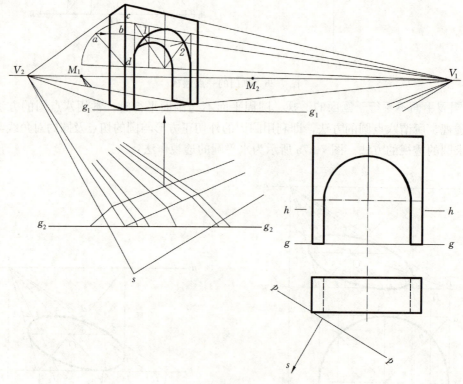

图 7-28 拱门的两点透视

六、常见透视图的绘制技巧

（一）视点、画面对建筑形体的位置处理

由透视图的画法可知，透视图的形象与画面的位置、视平线的高低及视距的远近等因素密切相关，其中最关键的因素是视点的位置。因此，视点位置选择的正确与否，关系到所得出的透视图形象是逼真、生动，还是失真、歪曲。

将建筑形体置于由视点、画面和基面确定的透视体系中，便可在画面上作出它的透视图。如果视点、画面对建筑形体的相对位置发生改变，就会引起透视图的形状和大小改变。在作建筑形体透视之前，应对视点、画面对建筑形体的位置加以选择，以便得到预想的透视效果。

1. 画面位置的选择　　画面对建筑形体的位置，通常选取以下两种：

（1）画面与建筑形体的主立面平行。图 7-29 中，形体主立面 A 平行于画面 P，形体上有一组垂直于画面 P 的直线，在画面 P 上有一个灭点。这种情况下作出的透视图称为一点透视，也称为平行透视。

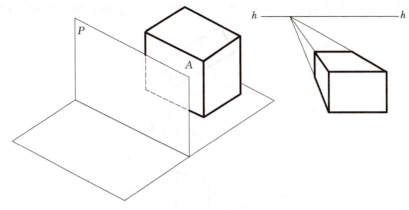

图 7-29　一点透视

（2）画面对建筑形体的主立面偏转一个角度。图 7-30 中，形体的主立面 A 与画面 P 倾斜成一个角度，形体上有两组水平的画面相交直线，在画面 P 上有两个交点（F_x 与 F_y），这种情况下作出的透视图称为两点透视，也称为成角透视。

2. 视点的选择

（1）视点。当人的眼睛注视画面时，只能清晰地看到主视线周围的有限范围（图 7-31）。这时，视线近似于以人的眼睛为锥顶的正圆锥之内，这个正圆锥，称为视锥，视锥与画面 P 相交成的圆形范围称为视野，视锥的顶角称为视角。

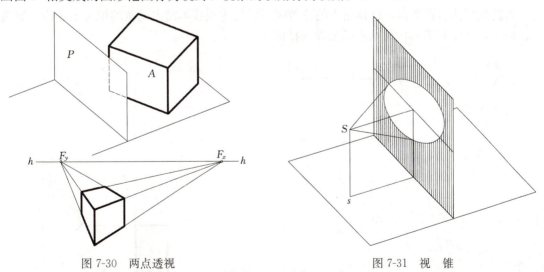

图 7-30　两点透视　　　　　　图 7-31　视　锥

据测定，视角在 60°范围以内，视野清晰，尤以 30°～40°为最佳。在特殊情况下，视角可稍大于 60°，但不宜超出 90°，否则会使画出的透视图严重失真。画透视图时，主要是通过调整视距来控制视角，以使其在合适的范围之内。

（2）站点。在基面上，视距就是站点到画面的距离，站点对画面的位置改变，意味着视距的改变和观看形体所需视角的改变。

如果站点 s 离画面 P 太近，视角 α 就会过大。作出的透视图，如图 7-32 所示，两灭点相距过近，水平轮廓线的透视收敛过急，形体的立面变得狭窄、尖斜，其形象已不符合人们的视觉印象。如果站点 s 离画面 P 太远，观看形体所需视角就会偏小，视线与视线之间趋于平行，在透视图中，灭点将越出幅面，形体的水平轮廓的透视平缓，形体的透视效果差。

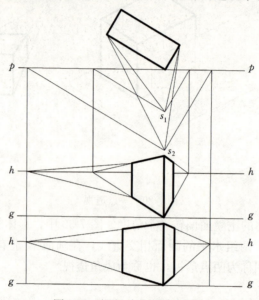

图 7-32 视距对透视图的影响

作形体的透视时，站点对画面的相对位置，宜以视距为画宽的 1.5～2.0 倍的关系来确定（图 7-33）。按这样的关系选择站点的位置，便于将形体收进最佳视野范围之内。

为避免形体透视失真，选择站点的位置时还要使主视线不超出画宽的中央 1/3 段。如图 7-34 所示，图中矩形暗区为站点的最佳选择区。

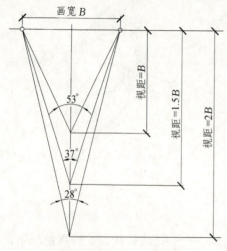

图 7-33 视距与画宽的关系

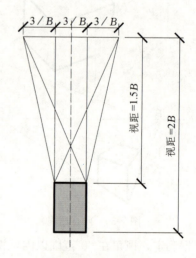

图 7-34 视点的位置

如果建筑形体的高度远大于水平方向的画宽，选站点时应使垂直视角控制在 60°范围之内。如果是画室内透视，视距可以适当缩短，取其为画宽的 0.9～1.5 倍，视角在 37°～60°。

（3）视高。视高一般选用人体的实际高度。一般取 1.5～1.8m，以获得人们正常观看建筑形体时的透视效果。有时为了取得某种特定的表现意图，所选视高也可以高于或低于人体高度。图 7-35 示出同一建筑形体选取不同视高之后的透视情况。图 7-35a，降低了视平线，图形具有仰视效果；图 7-35b，视平线高度适中，图形生动、自然；图 7-35c，提高了视平线，图形具有俯视效果。

如果是画室内透视，视高可取 1.0～1.3m，这样，房间的透视会显得开朗、亲切。

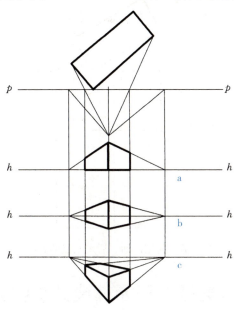

图 7-35　视点高低不同时的透视

（二）站点、画面在平面图中的选择方法

1. 先定站点，后定画面的方法

（1）首先确定站点 s。自站点 s 向景物两侧引视线投影 sa 和 sc，并使其夹角在 30°～40°。

（2）引视线 sO，使其为夹角∠asc 的平分线，即视线 sO 两侧的分角相等。

（3）过 O 点作垂直于 sO 的直线，得画面线 p—p（图 7-36）。

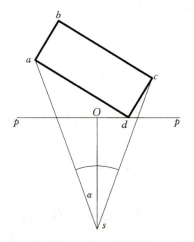

图 7-36　先定站点、后定画面的方法

2. 先定画面，后定站点的方法

（1）根据偏角（常用 30°）确定画面线 $p-p$。

（2）过转角点 a 和 c 分别向 $p-p$ 作垂线，两垂线的宽度为 M，M 为透视近似宽度。

（3）在画面线上确定一点 O，过 O 点作垂线，在垂线方向上确定站点 s，使 sO 为 $1.5\sim2.0$m（图 7-37）。

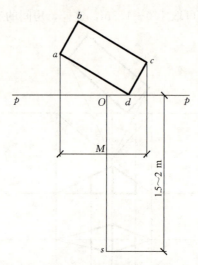

图 7-37　先定画面、后定站点的方法

课题 3　透视图在园林设计图中的应用

【学习目标】
1. 在学会透视图绘制技巧的基础上了解其在园林中的用途。
2. 掌握常见园林小品的透视图绘制方法。
3. 学会特殊位置直线及一般位置直线的三面投影绘制方法。

【学习重点和难点】

学习重点：常见园林小品的透视图绘制方法。

学习难点：园林设计效果图的绘制方法。

【内容结构】

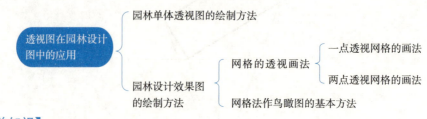

【相关知识】

一、园林单体透视图的绘制方法

园林建筑透视图的具体绘制方法通常是从平面图开始的。首先将建筑物的平面图的透视画出来，即得到透视平面图。在此基础上，将各部分的透视高度立起来，就可以完成建筑透视图的绘制。

对于建筑物的透视平面并不需要不分巨细地全都画出来，而只需将建筑物的主要轮廓在透视平面中画出即可，至于门、窗及细部可用简洁画法解决。

[例 7-1] 已知形体的两面投影及视点、视平线、画面位置，求形体透视。

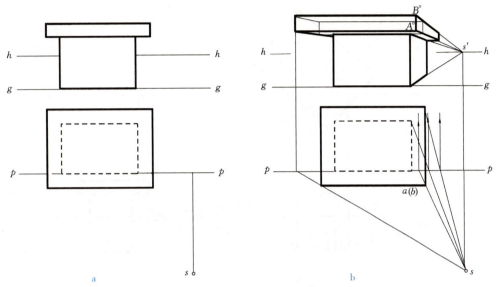

图 7-38 求作建筑形体的透视

分析：由图 7-38a 可知，画面位于房屋的前立面上，部分形体位于画面之前。作图时，先求出位于画面上及画面后形体的透视。作画面前的部分时，将所连实线延长至画面上。

作图：如图 7-38b 所示。连 $sa(b)$ 并延长至 $p—p$ 上，引垂线与相应棱线透视延长线相交，即可确定其透视高度 $A°B°$。最后求出其他点的透视，完成作图。

[例 7-2] 已知出檐平顶小房的三面正投影图，它在透视体系中的位置如图 7-39 所示，求作该房的两点透视。

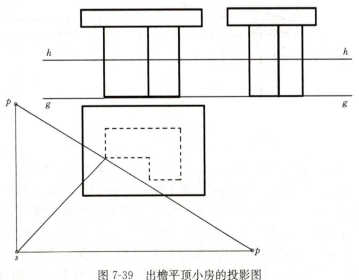

图 7-39 出檐平顶小房的投影图

分析：小房可看作是由 L 形长方体和顶部的平板组合而成的。长方体的透视可利用基面上平面形的透视作图方法和真高线完成。本例重点介绍挑出檐口的透视作图方法。

作图：（1）作 L 形墙体的透视（图 7-40a）：①作出形体上两组水平方向直线的灭点 F_x 和 F_y；②用视线法，作出墙体水平投影 $bajed$ 的透视 $b°a°j°e°d°$；③以墙角线 $A°A_1°$ 为真高线，作出墙体各可见立面的透视。

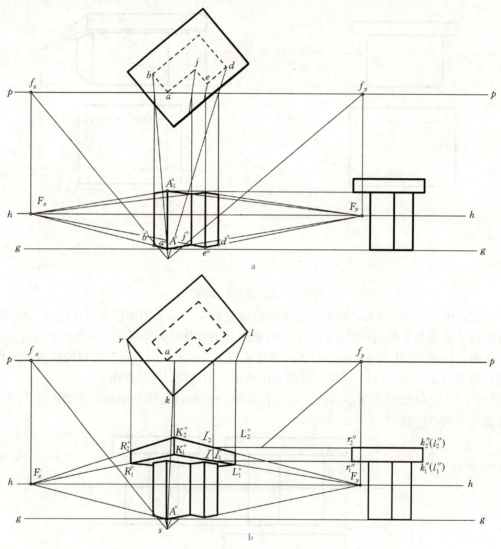

图 7-40 挑出檐口的透视作图方法
a. 作 L 形墙体的透视 b. 作檐口及平屋顶的透视

（2）作檐口及平屋顶的透视（图 7-40b）。由基面上的水平投影图可以看出，外挑的前檐口线 KL 穿过画面，前檐口的立面与画面的交线 I 反映檐口的实际高度和厚度，故可在 I 处竖起真高线进行作图：①自侧投影的点 r_1'' 和 r_2'' 分别向左引水平线，交过点 I 的真高线于点 I_1 和 I_2；②过点 I_1 向灭点 F_x 引直线，并用视线法在直线 I_1F_x 上作出前檐口上的点 K_1 和 L_1 的透视 $K°_1$ 和 $L°_1$；③同理，作出直线 I_2F_x，并在其上作出透视 K_2 和 L_2。然后连点 $K°_1$ 和 $K°_2$；④由点 $K°_1$ 向灭点 F_y 引直线，并用视线法在直线 $K°_1F_y$ 上作出点 R_1 的透视 $R°_1$；

⑤同理，作出直线 $K°_2F_y$，并在其上作出 $R°_2$；⑥连点 $L°_1$ 和 $L°_2$，由点 $L°_1$ 向灭点 F_x 引直线，连点 $R°_1$ 和 $R°_2$，由点 $R°_1$ 向灭点 F_y 引直线，即完成外挑檐口及平顶屋面的作图。

［例 7-3］已知某建筑入口平面图和剖面图，它在透视体系中的位置如图 7-41 所示，求作其两点透视。

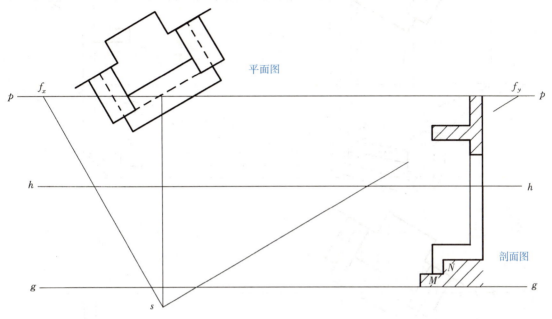

图 7-41 已知条件

分析：建筑入口可看作是由矩形的两块栏板、两级踏步、门洞和雨篷四部分组成。

作图：(1) 作栏板的透视（图 7-42a）：①作出两组水平方向直线的灭点 F_x 和 F_y；②在基线 $g—g$ 的点 I 处竖真高线，借助剖面图上反映出的栏板高度，用视线法作出两块栏板的透视。

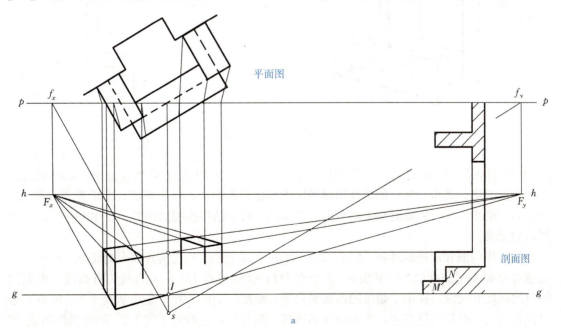

a

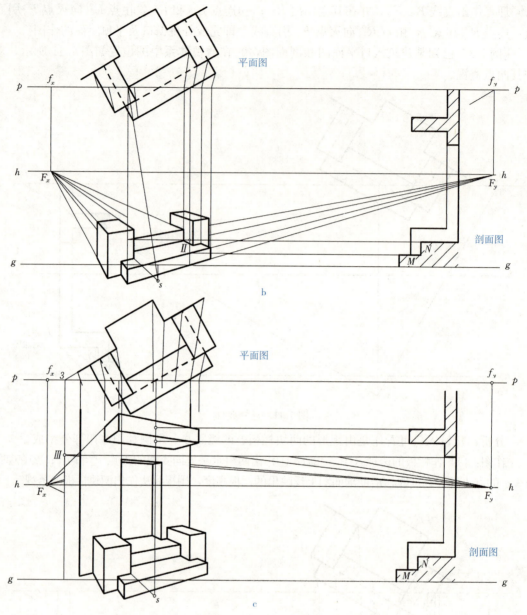

图 7-42 求作两点透视
a. 作栏板的透视　b. 作两级踏步的透视　c. 作门洞和雨篷的透视

（2）作两级踏步的透视（图 7-42b）：①在基线 g—g 的点 II 处竖真高线，借助剖面图上反映出的第一踏步（M）的高度用视线法先作出其踢面，再作出踏面；②借助真高线 II，作出第二踏步（N）的踢面和踏面平台；③作以上两个踏步透视的同时，要作出它们与两侧栏板的交线。

（3）作门洞和雨篷的透视（图 7-42c）：①在基面上，延长建筑外墙面交线 p—p 于点 3，过点 3 作铅垂线交画面上的基线 g—g 于点 III；②以过点 III 的竖直线为真高线，根据门洞口的高度和洞深，在第二踏步的踏面平台上，作出门洞的透视；③在基线 g—g 的点 I 处竖起真高线，根据雨篷高度，作出雨篷的透视，其具体作法参见［例 7-2］的挑檐作图法。

二、园林设计效果图的绘制方法

园林设计效果图一般用鸟瞰图,鸟瞰图一般是指视点高于景物的透视图。由于视点位置在景物上界面的上方,所以鸟瞰图能展现相当多的设计内容,在体现群体特征方面具有一般透视图无法比拟的能力。因此,鸟瞰图对平面性很强的园林设计来说,更能体现出其表现能力。对园林设计人员来说,用网格法作鸟瞰图比较实用,尤其对不规则图形和曲线状景物来说,作鸟瞰图更为方便。

(一) 网格的透视画法

1. 一点透视网格画法 图 7-43 所示为一点透视网格的画法,其求作方法可按以下步骤进行:

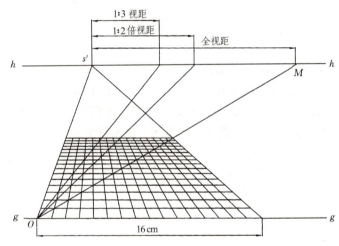

图 7-43 一点透视网格的画法

(1) 首先定出视平线 $h—h$,主视点 s' 和点 O。

(2) 在视平线 $h—h$ 上 s' 的一侧按视距尺寸量得点 M,即量点。连接 OM 即为所求网格 45°对角线的透视方向。

(3) 在基线 $g—g$ 上从 O 开始向一侧量取等边网格点,并分别向 s' 引直线得网格线的透视方向线。

(4) 过上述直线与 OM 的交点分别作水平线,即得一点透视网格。当量点 M 不可达时,可选用 1/2 或 1/3 视距点来代替,作法与上述类同。

2. 两点透视网格的画法 两点透视网格的画法,根据不同情况可分为普通画法和对角线画法两种。

(1) 图 7-44a 中的两点透视网格为普通画法,其求作方法可按以下步骤进行:

①根据平面网格图,分别确定灭点 F_x 和 F_y,量点 M_x 和 M_y,基线 $g—g$ 和视平线 $h—h$。

②从基线上点 D 分别向灭点 F_x 和 F_y 引直线,并向两侧量取等边网格边 DA 和 DB。

③将 DA 和 DB 上各点分别与 M_x 和 M_y 相连,并与 DF_x 和 DF_y 相交,所得交点与灭点 F_x 和 F_y 相连可得两点透视网格。

(2) 图 7-44b 中的两点透视网格为对角线画法,其求作方法可按以下步骤进行:

①沿基线 $g—g$ 上 D 点一侧量取等边网格边 DA,从其上的各点向 M_y 引直线,与 DF_y

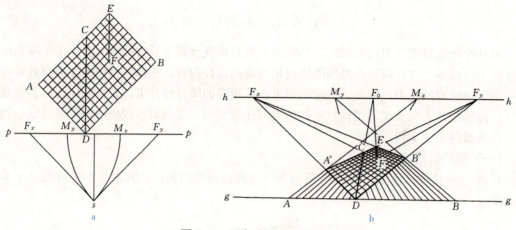

图 7-44 两点透视网格的画法
a. 普通画法 b. 对角线画法

相交，从交点向 F_x 引直线可得 F_x 的方向线。

②在视平线 $h—h$ 上定出对角线灭点 F_{45}（对角线 DC 的延长线）。

③连接 $F_{45}E$ 并延长交 F_xC 方向线于点 F，得 EF 透视线。连接 DC 便得其透视。

（3）另外，对角线为 45°时，其透视可以按照下列步骤完成（图 7-45）：

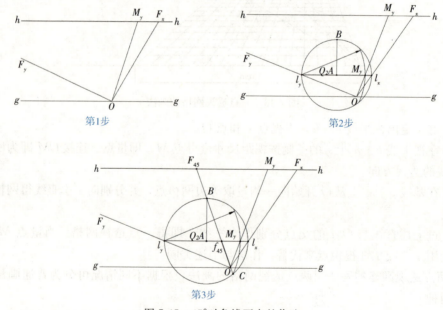

图 7-45 45°对角线灭点的作法

①首先定出视平线 $h—h$，基线 $g—g$，灭点 F_x 和 F_y（在图外），量点 M_y 以及点 O。

②作直线 OF_x 和 OF_y，与基线 $g—g$ 的平行线 L_xL_y 相交于点 L_x 和 L_y，连接 OM_y，交该平行线于点 M_y。

③作以 L_xL_y 为直径的圆。从圆心 Q_2A 向上作垂线交圆于点 B；再以 L_y 为圆心、L_yM_y 为半径向下作圆弧交圆于点 C，连接点 B 和点 C 交 L_xL_y 于点 f_{45}。从点 O 向 f_{45} 作直线交 $h—h$ 于点 F_{45}，该点即为所求网格的对角线的灭点 F_{45}。

（二）网格法作鸟瞰图的基本方法

掌握了网格的透视画法，就可用网格法来作鸟瞰图了。其基本步骤为：

（1）首先确定基线 $g—g$，视平线 $h—h$，主视点 s'，灭点 F（或 F_x 和 F_y）和量点 M（或 M_x 和 M_y）。

（2）运用前述方法绘制与平面网格相应的网格透视图。

（3）目估景物各控制点在方格网上的位置，并按照透视规律，将它们定位到透视网格相对应的位置上，即得景物的基透视图。

（4）在基透视的一侧作一集中真高线。根据各景物在基透视中的位置，按照透视规律，求作各景物的透视高。然后运用表现技法加深景物，擦去网格线及一些看不到的线，最终完成鸟瞰图。

［例 7-4］如图 7-46 所示，已知园景的平面和立面，观察者的视高和视点及画面位置。求作该园景的一点透视鸟瞰图。

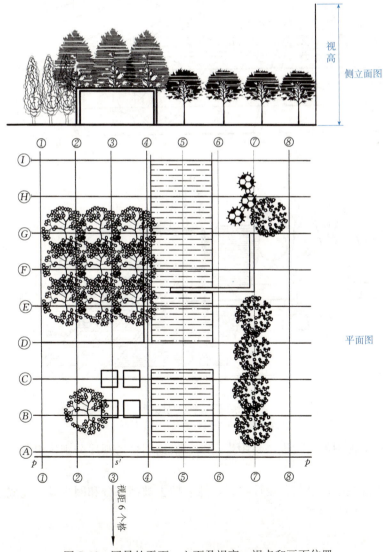

图 7-46　园景的平面、立面及视高、视点和画面位置
（张淑英，2003，《园林制图》）

作图：(1) 根据园景平面图的复杂程度，确定网格的单位尺寸，并在园景平面图上绘制方格。为了方便作图，分别给网格编上号。通常顺着画面方向即网格的横向采用阿拉伯数字编号，纵向采用英文字母编号（图7-46）。

(2) 定出基线 $g—g$，视平线 $h—h$ 和视点 s'。

(3) 在视平线 $h—h$ 上于 s' 的右边量取视距得量点 M。按一点透视网格画法，把平面图上的网格绘制成一点网格透视图。

(4) 按透视规律，将平面图上景物的各控制点定位到透视网格相对应的位置上，从而完成景物的基透视图（图7-47a）。

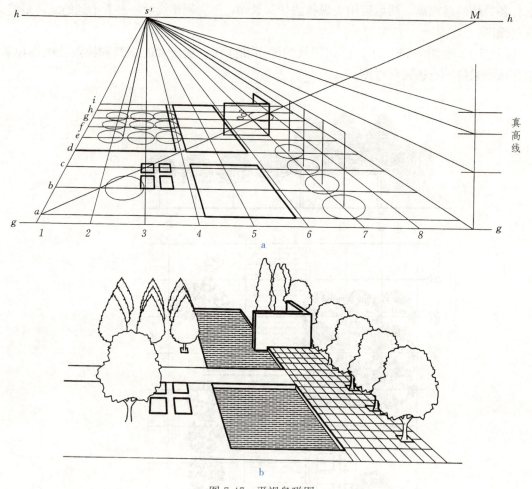

图7-47 平视鸟瞰图
a. 平视鸟瞰图的基本画法　b. 完成平视鸟瞰图

(5) 在网格透视图的右边设一集中真高线，借助网格透视线分别作出各设计要素的透视高（图7-47a）。

(6) 运用表现技法，绘制各设计要素，然后擦去被挡部分和网格线，完成园景的一点透视鸟瞰图（图7-47b）。

单元八

园林要素的表示方法

课题1　园林植物的画法

【学习目标】
1. 了解常见园林植物的类型。
2. 掌握各种园林植物的平面表示方法，能够区分乔木、灌木及地被的表示方法。
3. 掌握各种园林植物的立面表示方法。

【学习重点和难点】
学习重点：园林植物平面绘制。
学习难点：园林植物立面绘制。

【内容结构】

【相关知识】

植被是构成园林的基本要素之一。由于植物的种类很多，各种类型产生的效果不尽相同，在设计中对植物的表示应加以区别，可通过简化、抽象其平面、立面投影，分别表现出其特征。

一、园林植物的平面画法

园林植物是园林设计中应用最多，也是最重要的造园要素，平面图中无法详尽地表达，一般采用图例概括表示。园林植物的分类方法较多，所绘图例应根据各自特征，将其分为乔木、灌木、攀缘植物、竹类、花卉、绿篱和草地七大类。这些园林植物的种类不同，形态各异，因此画法也不同。但一般都是根据不同的植物特征，抽象其本质，形成约定俗成的图例来表现的。

(一) 树木的平面表示方法

树木的平面表示是用圆圈表示树冠的大小和形状，用黑点（△）表示树干的位置及树干粗细，树冠的大小应根据树龄按比例画出，再加以表现，其表现手法非常多，表现风格变化很大（见附表中"六、初步设计和施工图设计图纸的植物图例"部分）。

根据不同的表现手法可将树木的平面表示划分为下列四种类型（图8-1）。

（1）轮廓型。树木平面只用线条勾勒出轮廓，线条可粗可细，轮廓可光滑，也可带有缺口或尖突。

（2）分枝型。在树木平面中只用线条的组合表示树木的分枝或枝干的分叉。

（3）枝叶型。在树木平面中既表示分枝，又表示冠叶，树冠可用轮廓表示，也可用质感表示。这种类型可以看作是其他几种类型的组合。

（4）质感型。在树木平面中只用线条的组合或排列表示树冠的质感。

类型	阔叶树	针叶树
轮廓型		
分枝型		
枝叶型		
质感型		

图8-1 树木平面的四种表示类型

为了能够更形象地区分不同的植物种类，常以不同的树冠线来表示。一是针叶树常以带有针刺状的树冠来表示，若为常绿的针叶树，则在树冠线内加画平行的斜线。二是阔叶树的树冠线一般为圆弧或波浪线，且常绿的阔叶树多表现为浓密的叶子，或在树冠内加画平行斜线，落叶的阔叶树多用枯枝表现。

树木平面画法并无严格的规范，实际工作中根据构图需要，设计师可以创作出许多画法。表示几株相连的相同树木的平面时，应互相避让，使图面形成整体（图8-2）；表示成群树木的平面时可连成一片；当表示成林树木的平面时可以只勾勒林缘线（图8-3）。

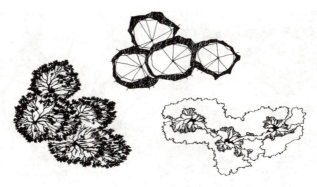

图 8-2　几株相连树木的组合画法

图 8-3　大片树木的平面表示法

为使图面简洁清楚、避免遮挡，基地现状资料图、详图或施工图中的树木平面可用简单的轮廓线表示，有时甚至只用小圆圈标出树干的位置。在设计图中，当树冠下有花台、花坛、花境或水面、石块和竹丛等较低矮的设计内容时，树木平面也不应过于复杂，要注意避让，不要挡住下面的内容（图 8-4）。但是，若只是为了表示整个树木群体的平面布置，则可以不考虑树冠的避让，应以强调树冠平面为主。

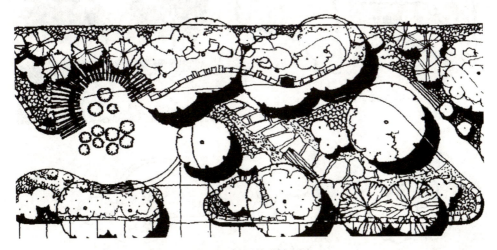

图 8-4　树冠的避让画法

树木的落影是树木平面重要的表现方法，它可以增加图面的对比效果，使图面明快、有生气。树木的地面落影与树冠的形状、光线的角度和地面条件有关，在园林图中常用落影圆表示，有时也可根据树形稍稍作些变化（图 8-5）。

图 8-5　加绘阴影的平面图
（王晓俊，2000，《风景园林设计》）

（二）灌木、地被物等的表示方法

1. 灌木和地被物的表示方法　灌木没有明显的主干，平面形状有曲有直。自然式栽植灌木丛的平面形状多不规则，修剪的灌木和绿篱的平面形状多为规则或不规则，但都是平滑的。灌木的平面表示方法与树木类似，一般来说，修剪的规则灌木可用轮廓、分枝或枝叶型表示，不规则形状的灌木平面宜用轮廓型和质感型表示，表示时以栽植范围为准。由于灌木通常丛生、没有明显的主干，因此灌木平面很少会与树木平面相混淆（图 8-6）。

地被物宜采用轮廓勾勒和质感表现的形式。作图时应以地被栽植的范围线为依据，用不规则的细线勾勒出地被的范围轮廓。

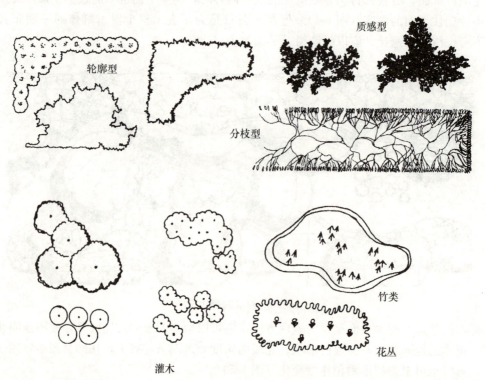

单元八　园林要素的表示方法

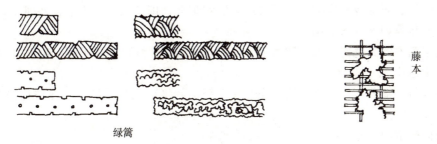

图 8-6　灌木与地被表示法
（谷康，2001，《园林制图与识图》）

2. 草坪和草地的表示方法　草坪和草地的表示方法很多，下面介绍一些主要的表示方法（图8-7）。

（1）打点法。打点法是较简单的一种表示方法。用打点法画草坪时所打的点的大小应基本一致，无论疏密，点都要打得相对均匀。

（2）小短线法。将小短线排列成行，每行之间的间距相近，排列整齐，可用来表示草坪，排列不规整的可用来表示草地或管理粗放的草坪。

（3）线段排列法。线段排列法是最常用的方法，要求线段排列整齐，行间有断断续续的重叠，也可稍许留些空白或行间留白。另外，也可用斜线排列表示草坪，排列方式可规则，也可随意。

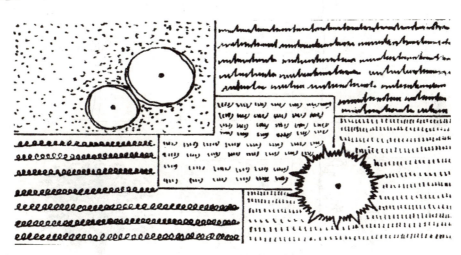

图 8-7　草坪的表示法

二、园林植物的立面画法

自然界中的树木千姿百态，有的颀长秀丽，有的伟岸挺拔，各具特色。各种树木的枝、干、冠构成以及分枝习性决定了各自的形态和特征。因此学画树时，首先应学会观察各种树木的形态、特征及各部分的关系，了解树木的外轮廓形状，整株树木的高宽比和干冠比，树冠的形状、疏密和质感，掌握冬态落叶树的枝干结构，这对树木的绘制是很有帮助的。初学者学画树可从临摹各种形态的树木图例开始，在临摹过程中要做到手到、眼到、心到，学习和揣摩别人在树形概括、质感表现和光线处理等方面的方法和技巧，并将已学得的手法应用到临摹树木图片、照片或写生中去，通过反复实践学会合理地取舍、概括和处理。临摹或写生树木的一般步骤如下（图8-8）：

（1）确定树木的高宽比，画出四边形外框，若外出写生则可伸直手臂，用笔目测出大约的高宽比和干冠比。

（2）略去所有细节，只将整株树木作为一个简洁的平面图形，抓住主要特征修改轮廓，明确树木的枝干结构。

（3）分析树木的受光情况。

（4）最后，选用合适的线条去体现树冠的质感和体积感，主干的质感和明暗，并用不同的笔法表现远、中、近景中的树木。

树木的表现有写实的、图案式的和抽象变形的三种形式。写实的表现形式较尊重树木的自然形态和枝干结构，冠叶的质感刻画得也较细致，显得较逼真，即使只用小枝表示树木也应力求其自然错落。图案式的表现形式较重视树木的某些特征，如树形、分枝等，并加以概括以突出图案的效果，因此，有时并不需要参照自然树木的形态而可以很大程度地发挥，而且每种画法的线条组织常常都较程式化。抽象变形的表现形式虽然也较程式化，但它加进了大量抽象、扭曲和变形的手法，使画面别具一格。

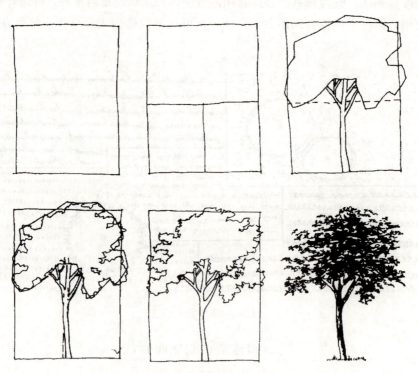

图8-8　树木临摹和写生的一般步骤

画树应先画枝干，枝干是构成整株树木的框架。画枝干以冬季落叶乔木为佳，因为其结构和形态较明了。画枝干应注重枝和干的分枝习性，枝的分枝应讲究粗枝的安排、细枝的疏密以及整体的均衡。主干应讲究主次干和粗枝的布局安排，力求重心稳定、开合曲直得当，添加小枝后可使树木的形态栩栩如生（图8-9）。

树木的分枝性和叶的多少决定了树冠的形状和质感。当小枝稀疏、叶较小时，树冠整体

单元八　园林要素的表示方法

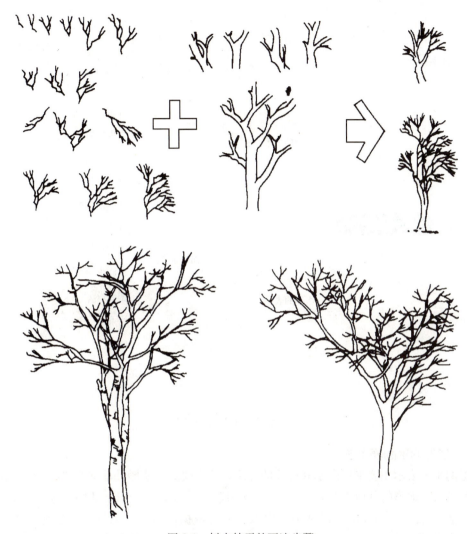

图 8-9　树木枝干的画法步骤

感差；当小枝密集、叶繁茂时，树冠的团块体积感强，小枝通常不易见到。树冠的质感可用短线排列、叶形组合或乱线组合法表现。其中，短线法常用于表现像松柏类的针叶树，也可表现近景中叶形相对规整的树木；叶形和乱线组合法常用于表现阔叶树，其适用范围较广，且近景中叶形不规则的树木多用乱线组合法表现。因此应根据树木的种类、远近、叶的特征等选择树木的表现方法。

课题 2　地形、水体的画法

【学习目标】

1. 了解地形的概念及表示方法。
2. 掌握地形剖面图的画法——等高线法。
3. 掌握水体的平面及立面表示方法——线条法。

园林制图与识图

【学习重点和难点】

学习重点：地形、水体的表示方法。

学习难点：地形、水体的立面表示方法。

【内容结构】

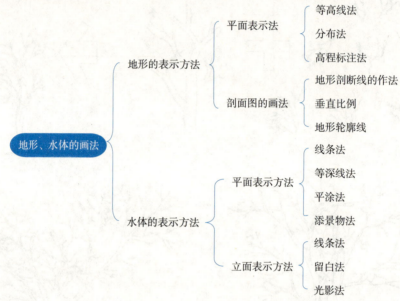

【相关知识】

一、地形的表示方法

（一）地形的平面表示法

地形的平面表示主要采用图示和标注的方法。等高线法是地形最基本的图示表示方法，在此基础上可获得地形的其他直观表示法。标注法则主要用来标注地形上某些特殊点的高程。

1. 等高线法　等高线法是以某个参照水平面为依据，用一系列等距离假想的水平面切割地形后所获得的交线的水平正投影（标高投影）图表示地形的方法（图 8-10）。两相邻等

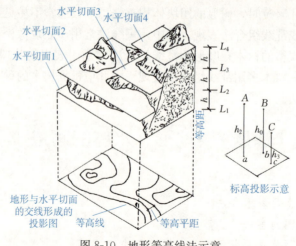

图 8-10　地形等高线法示意

高线切面 L 之间的垂直距离 h 称为等高距，水平投影图中两相邻等高线之间的垂直距离称为等高线平距，平距与所选位置有关，是个变值。地形等高线图上只有标注比例尺和等高距后才能解释地形。一般的地形图中只用两种等高线，一种是基本等高线，称为首曲线，常用细实线表示；另一种是每隔四根首曲线加粗一根并注上高程的等高线，称为计曲线（图 8-11）。有时为了避免混淆，原地形等高线用虚线，设计等高线用实线。

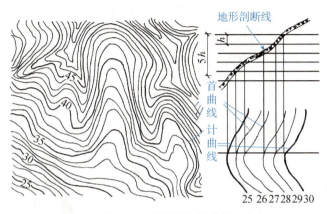

图 8-11　首曲线和计曲线

2. 分布法　分布法是地形图的另一种直观表示法，将整个地形的高程划分成间距相等的几个等级，并用单色加以渲染，各高度等级的色度随着高程从低到高的变化也逐渐由浅变深。地形分布图主要用于表示基地范围内地形变化的程度、地形的分布和走向（图 8-12）。

图 8-12　地形分布法图示
a. 地形分布图　b. 地形等高线图

3. 高程标注法　当需表示地形图中某些特殊的地形点时，可用十字或圆点标记这些点，并在标记旁注上该点到参照面的高程，高程常注写到小数点后第二位，这些点常处于等高线之间，这种地形表示法称为高程标注法。高程标注法适用于标注建筑物的转角、墙体和坡面等顶面和底面的高程，以及地形图中最高和最低等特殊点的高程。因此，场地平整、场地规划等施工图中常用高程标注法（图 8-13）。

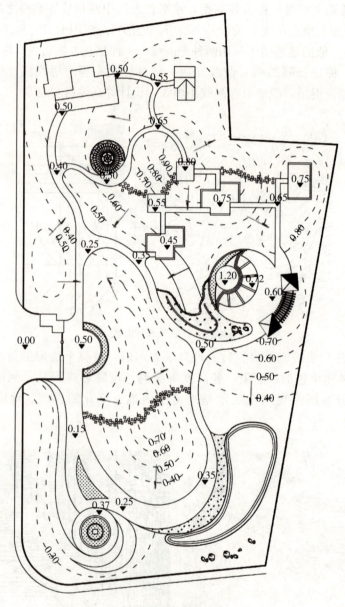

图 8-13 高程标注法

(二) 地形剖面图的作法

作地形剖面图先根据选定的比例结合地形平面作出地形剖断线,然后绘出地形轮廓线,并加以表现,便可得到较完整的地形剖面图。下面着重介绍地形剖断线和轮廓线的作法。

1. 地形剖断线的作法　求作地形剖断线的方法较多,此处只介绍一种简便的作法。首先在描图纸上按比例画出间距等于地形等高距的平行线组,并将其覆盖到地形平面图上,使平行线组与剖切位置线相吻合,然后,借助丁字尺和三角板与剖切位置线的交点(图 8-14a),再用光滑的曲线将这些点连接起来并加粗加深即得地形剖断线(图 8-14b)。

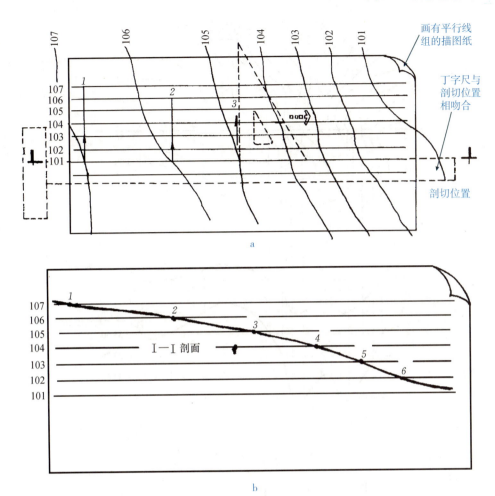

图 8-14 地形剖断线的作法
a. 先用描图纸直接覆盖原地形图求出相应的交点 b. 将这些交点用光滑的曲线连起来

2. 垂直比例 地形剖面图的水平比例应与原地形平面图的比例一致,垂直比例可根据地形情况适当调整。当原地形平面图的比例过小、地形起伏不明显时,可将垂直比例扩大5~10倍。采用不同的垂直比例所作的地形剖面图的起伏不同,且水平比例与垂直比例不一致时,应在地形剖面图上同时标出这两种比例。当地形剖面图需要缩放时,最好还要分别加上图示比例尺(图 8-15)。

3. 地形轮廓线 在地形剖面图中除需表示地形剖断线外,有时还需表示地形剖断面后没有剖切到但又可见的内容,因此地形也可用地形轮廓线表示。

求作地形轮廓线实际上就是求作该地形的地形线和外轮廓线的正投影。如图 8-16a 所示,图中虚线表示垂直于剖切位置线的地形等高线的切线,将其向下延长与等距平行线组中相应的平行线相交,所得交点的连线即为地形轮廓线。在图 8-16b 中,树木投影的作法为:将所有树木按其所在的平面位置和所处的高度(高程)定到地面上,然后作出这些树木的立面,并根据前挡后的原则擦除被挡住的图线,描绘出留下的图线即得树木投影。有些地形轮廓线的剖面图作法较复杂,若不考虑地形轮廓线,则作法要相对容易些。因此,在平地或地形较平缓的情况下可不作地形轮廓线,当地形较复杂时应作地形轮廓线。

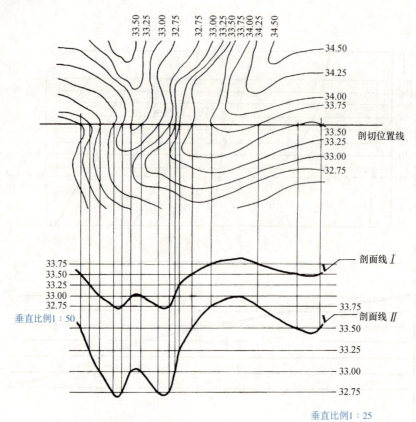

图 8-15 　地形断面的垂直比例
（王晓俊，2000，《风景园林设计》）

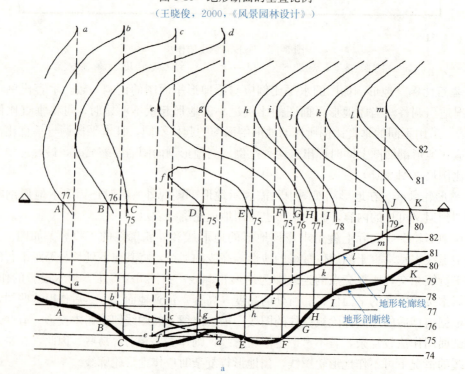

a

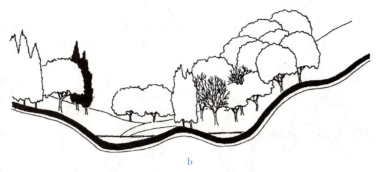

b

图 8-16　地形轮廓线及剖面图的作法
（王晓俊，2000，《风景园林设计》）

二、水体的表示方法

（一）水体的平面表示法

在平面上，水面表示可采用线条法、等深线法、平涂法和添景物法，前三种为直接的水面表示法，最后一种为间接表示法。

1. 线条法　用工具或徒手排列的平行线条表示水面的方法称为线条法。作图时，既可以将整个水面全部用线条均匀地布满，也可以局部留有空白，或者只局部画些线条。线条可采用波纹线、水纹线、直线或曲线。组织良好的曲线还能表现出水面的波动感。水面可用平面图和透视图表现。平面图和透视图中水面的画法相似，只是为了表示透视图中深远的空间感，较近处表现得较浓密，越远则越稀疏。水面的状态有静、动之分，画法如下：

静水水面是指宁静或有微波的水面，能反映出倒影，如宁静的海、湖泊、池潭等。静水水面多用水平直线或小波纹线表示，如图8-17a所示。

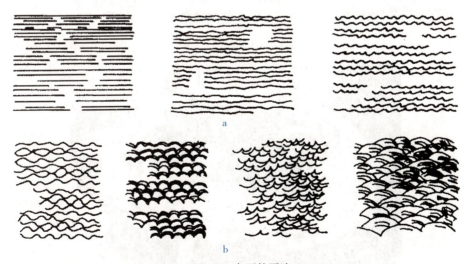

a

b

图 8-17　水面的画法
a. 静水水面的画法　b. 动水水面的画法

动水水面是指湍急的河流、喷涌的喷泉或瀑布等，给人以欢快、流动的感觉，多用大波纹线、鱼鳞纹线等活泼动态的线型表现，如图 8-17b 所示。

2. 等深线法 在靠近岸线的水面中，依岸线的曲折作两三根曲线，这种类似等高线的闭合曲线称为等深线。通常形状不规则的水面用等深线表示（图 8-18）。

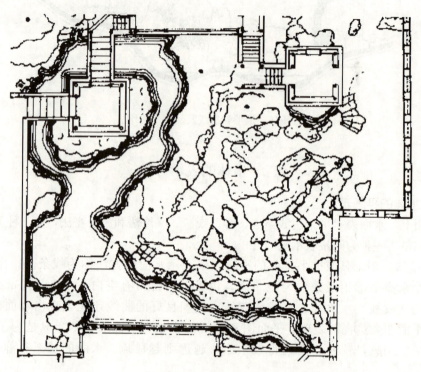

图 8-18　等深线法

3. 平涂法 用水彩或墨水平涂表示水面的方法称为平涂法。用水彩平涂时，可将水面渲染成类似等深线的效果。先用淡铅作等深线稿线，等深线之间的间距应比等深线法大些，然后再一层层地渲染，使离岸较远的水面颜色较深。也可以不考虑深浅，均匀涂黑（图 8-19）。

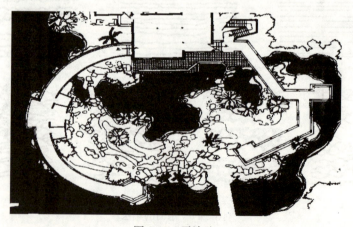

图 8-19　平涂法

4. 添景物法 添景物法是利用与水面有关的一些内容表示水面的一种方法。与水面有关的内容包括一些水生植物（如荷花、睡莲）、水上活动工具（船只、游艇等）、码头和驳岸、露出水面的石块及其周围的水纹线、石块落入湖中产生的水圈等。

（二）水体的立面表示法

在立面上，水体可采用线条法、留白法、光影法等表示。

1. 线条法　线条法是用细实线或虚线勾画出水体造型的一种水体立面表示法。线条法在工程设计图中使用得最多（图 8-20）。用线条法作图时应注意：①线条方向与水体流动的方向保持一致；②水体造型清晰，但要避免外轮廓线过于呆板生硬。

图 8-20　线条法
（谷康，2001，《园林制图与识图》）

跌水、叠泉、瀑布等水体的表现方法一般也用线条法，尤其在立面图上更是常见，它简洁而准确地表达了水体与山石、水池等硬质景观之间的相互关系（图 8-21）。线条法还能表示水体的剖（立）面图。

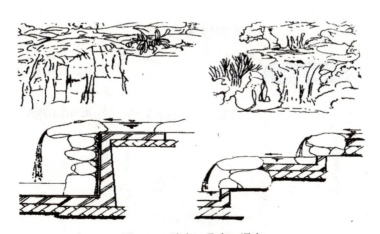

图 8-21　跌水、叠泉、瀑布

2. 留白法　留白法是将水体的背景或配景画暗，从而衬托出水体造型的表示手法。留白法常用于表现所处环境复杂的水体，也可用于表现水体的洁白与光亮（图 8-22）。

3. 光影法　用线条和色块（黑色和深蓝色）综合表现出水体的轮廓和阴影的方法称为水体的光影表现法（图 8-23）。留白法与光影法主要用于效果图中。

图 8-22 留白法

图 8-23 光影法

课题 3　山石的画法

【学习目标】
1. 了解山石概念及表示方法。
2. 掌握山石的平面及立面表示方法。

【学习重点和难点】
学习重点：山石的表现方法。
学习难点：山石的立面表示方法。

【内容结构】

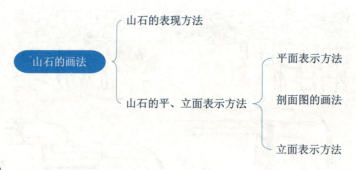

【相关知识】

一、山石的表现方法

平、立面图中的石块通常只用线条勾勒轮廓，很少采用光线、质感的表现方法，以免失之零乱。用线条勾勒时，轮廓线要粗些，石块面、纹理可用较细较浅的线条稍加勾绘，以体现石块的体积感。不同的石块，其纹理不同，有的浑圆，有的棱角分明，在表现时应采用不同的笔触和线条。剖面上的石块，轮廓线应用剖断线，石块剖面上还可加上斜纹线（图 8-24）。

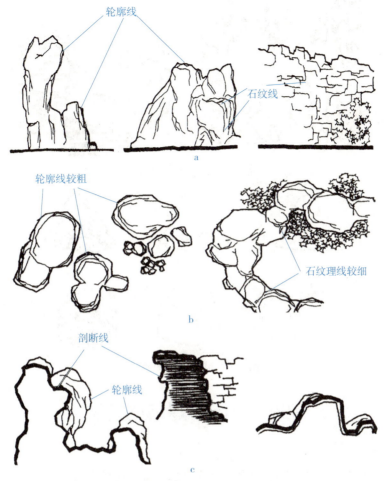

图 8-24　石块的立、平、剖面表示法
a. 石块的立面画法　b. 石块的平面画法　c. 石块的剖面画法

二、山石在平、立面图中的画法

假山和置石中常用的石材有湖石、黄石、青石、石笋、卵石等。由于山石材料的质地、纹理等不同，其表现方法也不同（图 8-25、图 8-26）。

湖石即太湖石，为石灰岩风化溶蚀而成，太湖石面上多有沟、缝、洞、穴等，因而形态玲珑剔透。画湖石时多用曲线表现出其外形的自然曲折，并刻画其内部纹理的起伏变化及洞穴。

黄石为细砂岩风化逐渐分裂而成，故其体形敦厚、棱角分明、纹理平直，因此画时多用直线和折线表现其外轮廓，内部纹理应以平直为主。

青石是青灰色片状的细砂岩，其纹理多为相互交叉的斜纹。画时多用直线和折线表现。

石笋为外形修长如竹笋的一类山石。画时应以表现其垂直纹理为主，可用直线，也可用曲线。

卵石体态圆润，表面光滑。画时多以曲线表现其外轮廓，再在其内部用少量曲线稍加修饰即可。

叠石常常是大石和小石穿插，以大石间小石或以小石间大石表现层次，线条的转折流畅有力。

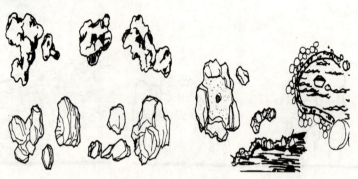

图 8-25　山石平面图画法

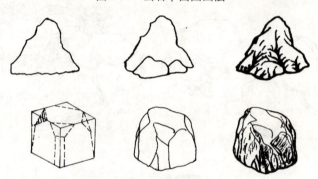

图 8-26　山石立面图画法

课题4　园林建筑的画法

【学习目标】

掌握园林建筑总平面图、建筑平面图、建筑立面图的绘制方法。

【学习重点和难点】

学习重点：园林建筑总平面图绘制。

学习难点：园林建筑平面图和建筑立面图绘制。

【内容结构】

【相关知识】

建筑是庭园的主体。在园林中更是将其功能与其对景观的作用恰当配合，低处凿池，面水以筑榭、架桥，高处堆山，居高以建亭、引廊，小院植树叠石，取景幽雅，高地筑亭建阁，借景敞达。莳花种竹陪衬，深得园林之趣。建筑在园林景观的创造中起着点缀风景、分隔空间和组织游览路线等作用。且建筑格调保持位置、朝向、高度、体量、体形、色彩等方面与环境协调统一。

园林建筑的设计,一般要经过初步设计、技术设计和施工设计三个阶段。初步设计图应反映出建筑物的形状、大小和周围环境等内容,用以研究造型、推敲方案。方案确定后,再进行技术设计和施工设计。园林建筑初步设计图包括建筑总平面图、建筑平面图、建筑立面图、建筑剖面图和透视图。

一、建筑总平面图

建筑总平面图是表示新建建筑物所在基地内总体布置的水平投影图。图中要表示出新建工程的位置、朝向以及室外场地、道路、地形、地貌、绿化等情况。它是用来确定建筑与环境关系的图纸,为以后的设计、施工提供依据。其绘制要求如下:

(1) 熟悉建筑总平面图中的图例,绘制时要遵守图例要求,如新建建筑物用粗实线绘出水平投影外轮廓,原有建筑用中实线绘出水平投影外轮廓,对建筑的附属部分,如散水、台阶、花池、景墙等,用细实线绘制,也可不画。

(2) 标注标高。建筑总平面图中应标注建筑物首层室内地面的标高,室外地坪及道路的标高,等高线的高程。图中所注的标高和高程均为绝对高程。

(3) 新建工程的定位。新建工程一般根据原有房屋、道路或其他永久性建筑定位,如在新建范围内无参照标志时,可根据测量坐标绘出坐标方格网,确定建筑及其他构筑物的位置(图 8-27)。

(4) 如有地下管线或构筑物,图中也应画出其位置,以便作为平面布置的参考。

(5) 绘制比例、风玫瑰图,注写标题栏。

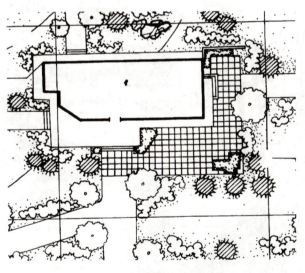

图 8-27 建筑总平面图

二、建筑平面图

建筑平面图是用一假想的水平剖切面沿建筑窗台以上部位(没有门窗的建筑过支撑柱部位)进行剖切,将剖切平面以下部分向水平面投影得到的水平剖视图。建筑平面图除应表明建筑物的平面形状、房间布置以及墙、柱、门、窗、楼梯、台阶、花池等位置外,还应标注必要的尺寸、标高及有关说明。

（一）抽象轮廓法

此法适用于小比例总体规划图，以反映建筑的布局及相互关系（图8-28）。

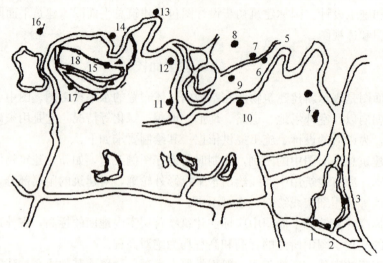

图 8-28　抽象轮廓法
（黑色圆点表示建筑位置）

（二）涂实法

此法平涂于建筑物之上，用以分析建筑空间的组织，适用于功能分析图（图8-29）。

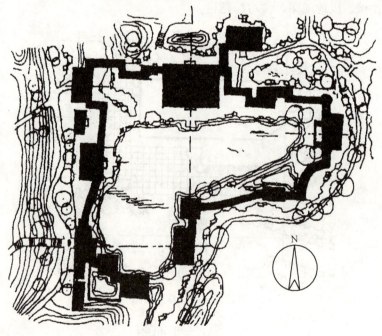

图 8-29　涂实法

（三）平顶法

此法将建筑屋顶画出，可以清楚辨出建筑顶部的形式、坡向等型制，适用于总平面图。

（四）剖平面法

此法适用于大比例绘图，可将园林建筑平面布局清晰地表达出来，是较常用的绘制单体园林建筑的方法（图 8-30）。

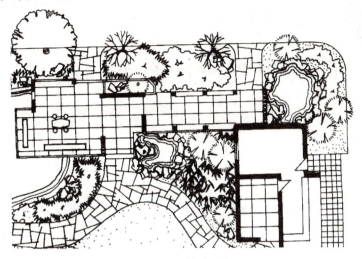

图 8-30　剖平面法

三、建筑立面图

建筑立面图是将建筑的立面向与其平行的投影面投影所得的投影图。建筑立面图应反映建筑物的外形及主要部位的标高。其中反映主要外貌特征的立面图称为正立面图，其余立面图相应地称为背立面图、侧立面图。也可按建筑物的朝向命名，如南立面图、北立面图、东立面图和西立面图。有时也按外墙轴线编号来命名，如①—③立面图或Ⓐ—Ⓓ立面图。立面图能够充分表现出建筑物的外观造型效果，可以用于确定方案，并作为设计和施工的依据。绘制要求如下：

（1）线型。立面图的外轮廓线用粗实线，主要部位轮廓线如勒脚、窗台、门窗洞、檐口、雨篷、柱、台阶、花池等用中实线。次要部位轮廓线如门窗扇线、栏杆、墙面分格线、墙面材料等用细实线，地坪线用特粗线。

（2）尺寸标注。立面图中应标注主要部位的标高，如出入口地面、室外地坪、檐口、屋顶等处，标注时注意排列整齐，力求图面清晰，出入口地面标高为±0.000。

（3）绘制配景。为了衬托园林建筑的艺术效果，根据总平面图的环境条件，通常在建筑物的两侧和后部绘出一定的配景，如花草、树木、山石等。绘制时可采用概括画法，力求比例协调、层次分明（图 8-31）。

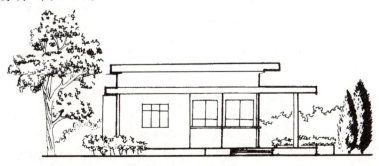

图 8-31　绘制配景

单元九 园林规划设计图纸的绘制

课题1 园林规划设计图纸概述

【学习目标】
1. 掌握园林规划设计的阶段及各阶段图纸的基本绘制要求。
2. 熟练掌握园林设计图的内容、绘制要求，熟练阅读园林设计平面图。
3. 熟练掌握地形设计图的内容、绘制要求，熟练阅读地形设计图。
4. 熟练掌握园林植物种植设计图的内容、绘制要求，熟练阅读园林种植设计图。

【学习重点和难点】
学习重点：园林规划设计阶段及各阶段图纸绘制要求，园林规划图纸的内容。
学习难点：园林规划设计阶段及各阶段图纸绘制要求。

【内容结构】

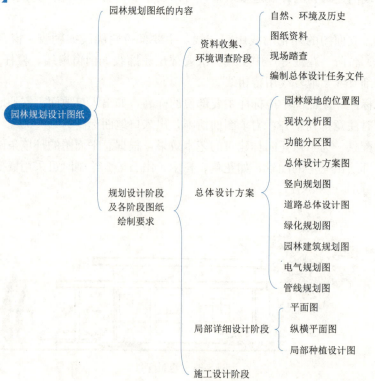

【相关知识】

园林规划设计的工作范围可包括庭院、宅园、小游园、花园、公园以及城市街区、机关、厂矿、校园、宾馆饭店等单位的附属绿地。庭园、宅园及厂矿、校园等单位附属绿地比一个独立公园的设计简单。园林规划设计首先要考虑该绿地的功能,即设计的目的,要和使用者的期望与要求相符合。设计者必须对该地居民现在和未来的生活环境做全面探讨,还要明确该园林绿地在改善人们生活环境方面的价值;其次园林规划设计还要对该地的特性做充分了解,找出适当的环境,做出恰当的规划设计。

一、园林规划设计图纸的内容

园林规划设计图纸就是在熟悉调查资料的基础上,对绿地进行功能分区及将各种园林要素进行总体安排的图纸。

二、园林规划设计的阶段及各阶段图纸绘制要求

园林规划设计可分为如下几个阶段:资料收集、环境调查阶段,方案总体设计阶段,局部详细设计阶段,施工图设计阶段。

(一) 资料收集、环境调查阶段

1. 掌握自然条件、环境状况及历史沿革

(1) 甲方对设计任务的要求及历史状况。

(2) 城市绿地总体规划与园林的关系,以及在园林设计上的要求。城市绿地总体规划图比例尺为 1:5 000~1:10 000。

(3) 园林绿地周围的环境关系,环境特点,未来发展情况。如周围有无名胜古迹、人文资源等。

(4) 园林绿地周围城市景观。建筑形式、体量、色彩等,与周围市政的交通联系,人流集散方向,周围居民的类型与社会结构。如是否属于厂矿区、文教区或商业区等情况。

(5) 该地段的能源情况。电源、水源以及排污、排水,周围是否有污染源,如有毒有害的厂矿企业、传染病医院等情况。

(6) 规划用地的水文、地质、地形、气象等方面的资料。了解地下水位,年与月降水量。年最高、最低温度的分布时间,年最高、最低湿度及其分布时间。年季风风向、最大风力、风速以及冰冻线深度等。重要或大型园林建筑规划位置尤其需要地质勘察资料。

(7) 植物状况。了解和掌握地区内原有的植物种类、生态、群落组成,还有树木的年龄、观赏特点等。

(8) 建园所需主要材料的来源与施工情况,如苗木、山石、建材等情况。

(9) 甲方要求的园林设计标准及投资额度。

2. 图纸资料 除了上述要求具备城市总体规划图以外,还要求甲方提供以下图纸资料:

(1) 地形图。根据面积大小,提供 1:2 000、1:1 000、1:500 园址范围内总平面地形图。图纸应明确显示以下内容:设计范围(红线范围、坐标数字)。园址范围内的地形、标高及现状物(现有建筑物、构筑物、山体、水系、植物、道路、水井,还有水系的进出口位置、电源等)的位置。现状物中,要求保留利用、改造和拆迁等情况要分别注明。四周环境情况:与市政交通联系的主要道路名称、宽度、标高点数字以及走向和道路、排水方向;

周围机关、单位、居住区的名称、范围，以及今后发展状况。

（2）局部放大图（1∶200）。主要为局部详细设计用。该图纸要满足建筑单位设计及其周围山体、水系、植被、园林小品及园路的详细布局。

（3）要保留使用的主要建筑物的平、立面图。平面图注明室内、外标高；立面图要标明建筑物的尺寸、颜色等内容。

（4）现状树木分布位置图（1∶200、1∶500）。主要需标明要保留树木的位置，并注明品种、胸径、生长状况和观赏价值等。有较高观赏价值的树木最好附有彩色图片。

（5）地下管线图（1∶500、1∶200）。一般要求与施工图比例相同。图内应包括要保留的上水、雨水、污水、化粪池、电信、电力、暖气沟、煤气、热力等管线位置及井位等。除平面图外，还要有剖面图，并需要注明管径的大小，管底或管顶标高，压力、坡度等。

3. 现场踏查　无论面积大小，设计项目的难易，设计者都必须认真到现场进行踏查。一方面，核对、补充所收集的图纸资料，如现状的建筑、树木等情况，水文、地质、地形等自然条件。另一方面，设计者到现场，可以根据周围环境条件，进入艺术构思阶段。"佳者收之，俗者屏之"。发现可利用、可借景的景物和不利于或影响景观的物体，在规划过程中分别加以适当处理。根据情况，如面积较大、情况较复杂、有必要的时候，踏查工作要进行多次。

现场踏查的同时，拍摄环境现状照片，以供总体设计时参考。

4. 编制总体设计任务文件　设计者将所收集到的资料，经过分析、研究，定出总体设计原则和目标，编制出进行园林设计的要求和说明。主要包括以下内容：

（1）该园林绿地在城市绿地系统中的地位。

（2）该园林绿地所处地段的特征及四周环境。

（3）该园林绿地的面积和游人容量。

（4）该园林绿地总体设计的艺术特色和风格要求。

（5）该园林绿地地形设计，包括山体、水系等要求。

（6）该园林绿地分期建设实施的程序。

（7）该园林绿地建设的投资匡算。

（二）总体设计方案阶段

明确园林在城市绿地系统中的地位，确定园林总体设计的原则与目标以后，着手进行以下设计工作。

1. 位置图　要表现该处绿地在城市中的位置、轮廓、交通以及和四周街坊的环境关系（图9-1），利用园外借景，处理好障景。属于示意性图纸，要求简洁明了。

2. 现状分析图　根据已掌握的全部资料，经过分析、整理、归纳后，分成若干空间，对现状作综合评价（图9-2）。可用圆圈或抽象图形将其粗略地表示出来。可分析园林设计中的有利和不利因素，以便为功能分区提供参考依据。

3. 功能分区图　根据规划设计原则和现状分析图，根据不同年龄段游人活动需要，游人不同兴趣、爱好的需要，确定该绿地可分为几个空间，使不同的空间和区域满足不同的功能要求，并使功能和形式尽可能统一，既要形成一个统一整体，又能反映各区内部设计因素间的关系。该图属于示意说明性质，可用抽象图形或圆圈等图案表示（图9-3）。

单元九 园林规划设计图纸的绘制

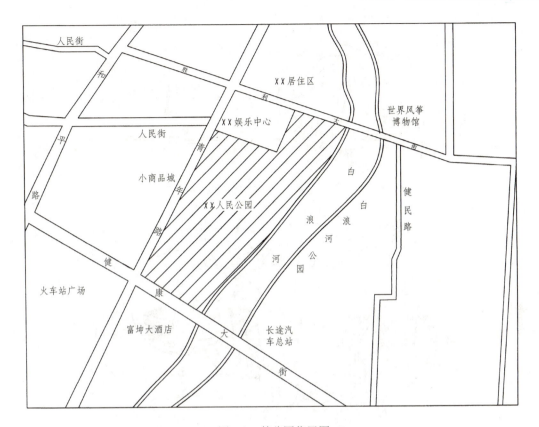

图 9-1 某公园位置图

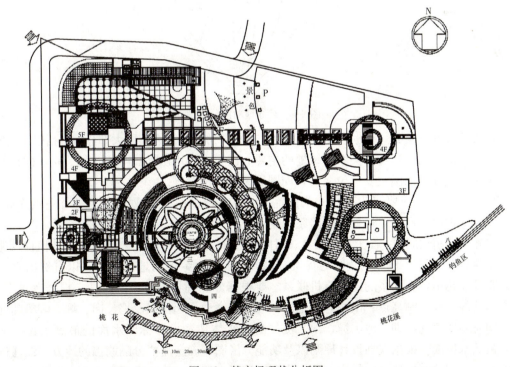

图 9-2 某广场现状分析图

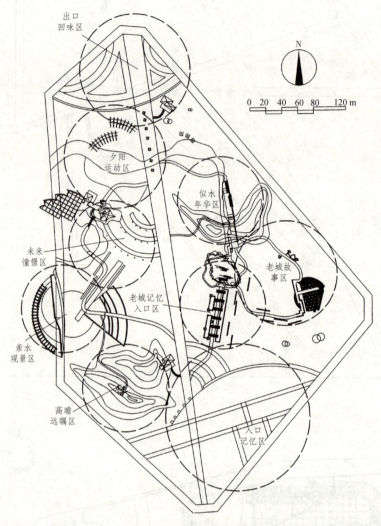

图 9-3　某绿地功能分区图

4. 总体设计方案图　根据总体设计原则、目标，总体设计方案图大部分需包括以下内容：

（1）绿地与周围环境的关系。绿地的主要、次要、专用出入口与市政的关系，即相邻的街道名称、宽度，周围主要单位名称，周围居民区的位置等。

（2）绿地主要、次要、专用出入口的位置，出入口广场的面积、规划形式，停车场等的布局等。

（3）绿地的地形总体规划，道路系统规划。

（4）全园植物规划。图上反映密林、疏林、树丛、草坪、花坛、专类花园、盆景园等植物景观。

5. 竖向规划图　地形是全园的骨架，要求能反映出绿地的地形结构。以自然山水园为例，要求表达山体、水系的内在有机联系。要根据分区规划进行空间设计；根据造景需要，确定山地的形体、制高点、山峰等的走向、缓坡、微地形起伏以及坞、岗、岘、岬等陆地造型。同时还要表现出湖、池、潭、溪、堤、岛等水体造型，并标明水面的最高水位、常水位、最低水位线。根据规划设计原则以及功能分区图，确定需要分隔遮挡的地方，或通透开敞的地方。同时要确定总的排水方向、水源以及雨水聚散地等。还要初步确定绿地中主要建筑所在地的高程及各区主要景点、广场的高程，用不同粗细的等高线、控制高度及不同的线条或色彩表示出图面效果。

6. 道路总体设计图　道路总体设计图就是要确定出主要出入口、主要道路和广场的位置及消防通道，同时确定主、次干道等的位置，各种路面的宽度等。它可协调修改竖向规划的合理性。在图纸上用虚线画出等高线，再用不同粗细的线条表示不同级别的道路和广场，并标出主要道路的控制高度。

7. 绿化规划图　根据总体设计图的布局、设计原则及苗木来源等，确定全园绿化的总构思。确定全园及各区的基调树种，确定不同地点的密林、疏林、林间空地、林缘等种植方式和树林、树丛、树群、孤立树，以及花、草种植点等。还要确定最好的景观位置，即透视线的位置。应突出视线集中点上的树群、树丛、孤立树等。图纸上可按绿化设计图例表示，乔木树冠以中、壮年树冠的冠幅（一般为5～6m）为制图标准，灌木、花草以相应的尺度来表示，树冠表示不宜太复杂。

8. 园林建筑规划图　根据规划设计原则，分别画出园中各主要建筑物的布局、出入口位置及立面效果，以便检查建筑风格是否统一，与景区环境是否协调等。彩色立面图或效果图可拍成彩色照片，以便与图纸配套。

9. 电气规划图　以总体规划方案和树木规划图为基础，规划总用电量、利用系数、分区供电设施、配电方式、电缆敷设，以及各区各点的照明方式、广播通信等设置。

10. 管线规划图　以总体规划方案及树木规划为基础，规划上水水源的引进方式，总用水量、消防、生活、造景、树木喷灌等，管网的大致分布、管径大小、水压高低及雨水污水的排放方式及水的去处等。如果工程规模大、建筑多、冬季需要供暖，则需考虑取暖方式、负荷量、锅炉房位置等。

另外，还要做出总体规划的表现图，写出说明书。按总体规划做成模型，各主要景点应附有彩色效果图，一并拍成彩照或用计算机处理。

表现图要有全园或局部中心主要地段的断面图或主要景点鸟瞰图，以表现构图中心、景点、风景视线、竖向规划、土方平衡和全园的鸟瞰景观。如此可便于检验竖向规划、道路规划、功能分区图中各因素间是否矛盾、景点有无重复等。

（三）局部详细设计阶段

在上述总体设计阶段，有时甲方会要求进行多方案的比较或征集方案投标。经甲方、有关部门审定、认可并对方案提出新的意见和要求，有时总体方案还要作进一步的修改和补充。在总体设计方案最后确定以后，接着就要进行局部详细设计工作。局部详细设计工作主要内容包括如下几个方面。

1. 平面图　首先，根据公园或工程的不同分区，划分成若干局部，每个局部根据总体设计的要求进行局部详细设计。详细设计平面图要求标明建筑平面、标高及与周围环境的关系，道路的宽度、形式、标高，主要广场、地坪的形式、标高，花坛、水池面积的大小和标高，驳岸的形式、宽度、标高。同时平面图上要标明雕塑、园林小品的造型。一般比例尺为1∶500。

2. 断面图　为更好地表达设计意图，在局部布局最重要的部分或局部地形变化部分，作出断面图。一般比例尺为1∶200～1∶500。

3. 局部种植设计图　在总体设计方案确定后，着手进行局部景区、景点的详细设计的同时，要进行1∶500的种植设计工作。一般1∶500比例尺的图纸能准确地反映乔木的种植点、

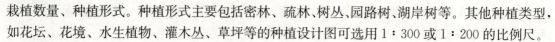

栽植数量、种植形式。种植形式主要包括密林、疏林、树丛、园路树、湖岸树等。其他种植类型，如花坛、花境、水生植物、灌木丛、草坪等的种植设计图可选用1∶300或1∶200的比例尺。

(四) 施工图设计阶段

施工图设计阶段将在本书的单元十专门讲解。

课题2　园林规划设计图纸的绘制

【学习目标】

1. 掌握园林规划设计平面图的基本绘制要求。
2. 熟练掌握园林地形设计、建筑设计、种植设计图纸的绘制要求。
3. 熟练掌握地形设计图的内容、绘制要求，熟练阅读地形设计图。
4. 熟练掌握园林植物种植设计图的内容、绘制要求，熟练阅读园林种植设计图。

【学习重点和难点】

学习重点：各种设计图纸的设计内容和表现方法（绘制方法）及各种图纸的识读技巧。

学习难点：园林规划设计各种图纸的绘制要求。

【内容结构】

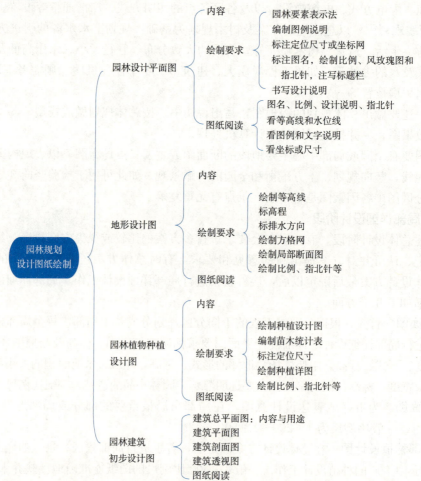

【相关知识】

园林规划设计的表现方法一般有园林绿地的位置图、现状分析图、功能分区图、方案总体设计图、竖向规划图、道路总体设计图、绿化规划图、园林建筑规划图、电气规划图和管线规划图等。这些表现方法从不同的侧面集中表现了园林规划设计的内容和设计的效果，使规划设计的内容更加完善。因园林规划设计图的内容较多，本课题只介绍较常用的几种图纸的绘制与识读。

一、园林设计平面图

（一）园林设计平面图的内容

由于园林规划设计图纸所表现的对象主要是地形、山石、水体、树木、建筑、道路等，没有统一的尺寸和形状，所以很难画出一张"标准图"。园林规划设计图纸基本上是平面设计图，平面设计图是反映园林工程总体设计意图的主要图纸，也是绘制其他图纸及造园施工的依据。

（二）园林设计平面图的绘制要求

由于园林设计图的比例较小，设计者不可能将构思中的造园要素按真实大小表现于图纸上，必须用国家相关部门制定的或约定俗成的简单而形象的图形来概括表达其设计意图，这些简单而形象的图形就叫图例。下面以平面设计图为例介绍图纸的绘制方法。

1. 园林要素表示法

（1）地形。地形的高低变化及其分布情况通常用等高线表示。设计地形等高线一般用细实线绘制，原地形等高线用细虚线绘制，设计平面图中等高线可以不标注高程。

（2）园林建筑。在大比例图纸中，对需要表现出门窗的建筑，可采用通过窗台以上部位的水平剖面图来表示；对不需要表现出门窗的建筑，采用通过支撑部位的水平剖面图来表示。用粗实线画出断面轮廓，用中实线画出其他可见轮廓，如图9-4中的水榭和六角亭。此外，也可采用屋顶平面图来表示（仅适用于坡屋顶和曲面屋顶），用粗实线画出外轮廓，用细实线画出屋面。对花坛、花架等建筑小品用细实线画出投影轮廓。在1：1 000以上的小比例尺图纸中，只需用粗实线画出水平投影外轮廓线，建筑小品可不画。

（3）水体。水体一般用两条线表示，外面的一条表示水体边界线（即驳岸线），用特粗实线绘制，里面的一条表示水面（即等深线），用细实线绘制。

（4）山石。山石均采用其水平投影轮廓线概括表示，以粗实线绘出边缘轮廓，以细实线概括绘出皱纹。

（5）园路。园路用细实线画出路缘，对铺装路面也可简单地表现出设计图案。

（6）植物。园林植物种类多，姿态各不相同，平面图中无法按原状详尽表示，一般采用图例做概括表示，按制图规范要求，应区分出针叶树、阔叶树、常绿树、落叶树、乔木、灌木、绿篱、花卉、草坪、水生植物等，常绿植物在图例中用间距相等的、与水平线呈45°的细实线表示。

绘制平面图例时，要注意曲线过渡自然，图形应形象、概括。树冠的投影，要按成龄以后或植物的最佳观赏时期的树冠大小绘制。表9-1是树冠直径表。

表 9-1　树冠直径

单位：m

树种	孤立树	高大乔木	中小乔木	常绿大乔木	锥形幼树	花灌木	绿篱
冠径	10~15	5~10	3~7	4~8	2~3	1~3	宽0.5~1.0

2. 编制图例说明　单元八介绍了园林植物的平面图图例，在使用时，应在相应的图纸中的适当位置画出并标明其表示的具体的植物名称及其含义。应当注意，在不同的图纸上，即使是同一种植物，也可能采用不同的图例。为了使图面清晰，便于阅读，对图中的建筑应进行编号，然后在图中适当位置注明相应的名称。

3. 标注定位尺寸或坐标网　设计平面图中定位方式有两种：一种是根据原有景物定位，标注新设计的主要景物与原有景物之间的相对距离；另一种是直角坐标网定位。直角坐标网有建筑坐标网和测量坐标网两种标注方式。建筑坐标网是以工程范围内的某一点为"O"点，再按一定的距离画出网格水平方向为 B 轴，垂直方向为 A 轴，就可以确定网格坐标。测量坐标网是根据设计所在地的测量基准点的坐标，确定网格的坐标，水平方向为 y 轴，垂直方向为 x 轴。坐标网格用细实线绘制，如图 9-4 所示。

4. 标注图名，绘制比例、风玫瑰图和指北针，注写标题栏　平面图的图名一般标注于平面图的下方中间位置，文字下面加双线，上粗下细。为便于阅读，园林设计平面图中一般采用线段比例尺，位置在图名的右侧，也可采用数字比例尺。

风玫瑰图是根据当地多年统计的各个风向、吹风次数的平均百分数值，再按一定的比例绘制而成的。风玫瑰图表示某一观测点风的概况，它显示了风的强度、方向和出现频率。最内的圆圈向周围有 16 个节状分支，它分别代表 16 个方向，最上方是北方，它表示北风出现的情况。每个分支由数个不同颜色、不同大小的长方形组成，它代表不同的风速段，其在该方向的长度代表其出现的百分率。外层圆圈每圈代表出现频率为 5%。图例中粗实线表示全年风频情况，虚线表示夏季风频情况，最长线段为当地主导风向。

5. 书写设计说明　为了更准确地表达设计意图，往往在设计平面图的适当位置，把设计者的设计意图、构思、参照的规范等用文字表达出来，供使用者参考。有时还需要根据设计者的构思再绘制出立面图、剖面图和鸟瞰图（图 9-5 至图 9-7）。

（三）园林设计平面图的阅读

1. 看图名、比例、设计说明及风玫瑰图或指北针　通过看图名、比例、设计说明，了解设计意图和工程性质，设计范围和朝向等情况。图 9-4 所示是一个东西长 50m 左右，南北宽 35m 左右的小游园，主入口位于北侧。

2. 看等高线和水位线　了解绿地的地形和水体布置情况。从图 9-4 可见，该园水池设在游园中部，东、南、西侧地势较高，形成外高内低的封闭空间。

3. 看图例和文字说明　明确新建景观的平面位置，了解总体布局情况。由图 9-4 可见，该园布局以水池为中心，主要建筑为南部的水榭和东北部的六角亭，水池东侧设拱桥一座，水榭与曲桥相连，北部和水榭东侧设有景墙和园门，六角亭建于石山之上，西南角布置石山、壁泉和石洞各一处，水池东北和西南角布置汀步两处，桥头、驳岸处散点山石，入口处园路以冰纹路为主，点以步石，六角亭南、北侧设台阶和山石蹬道，南部布置小径通向园外。植物配置外围以阔叶树群为主，内部点缀孤植树和灌木。

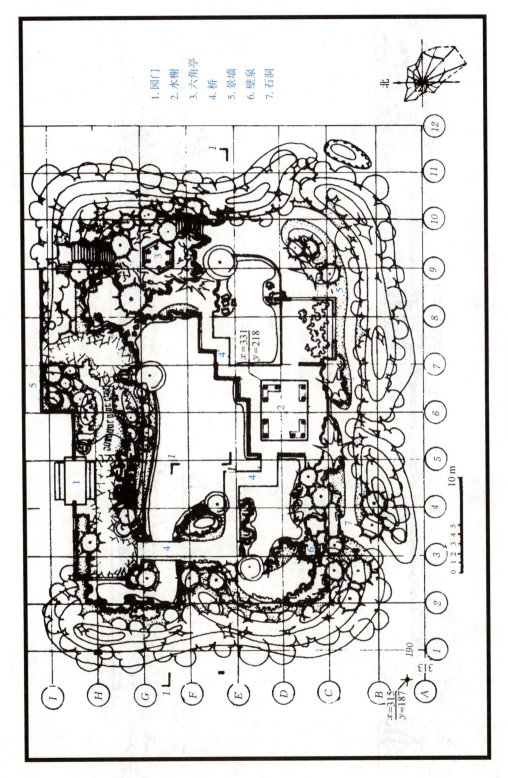

图 9-4 某游园设计平面图

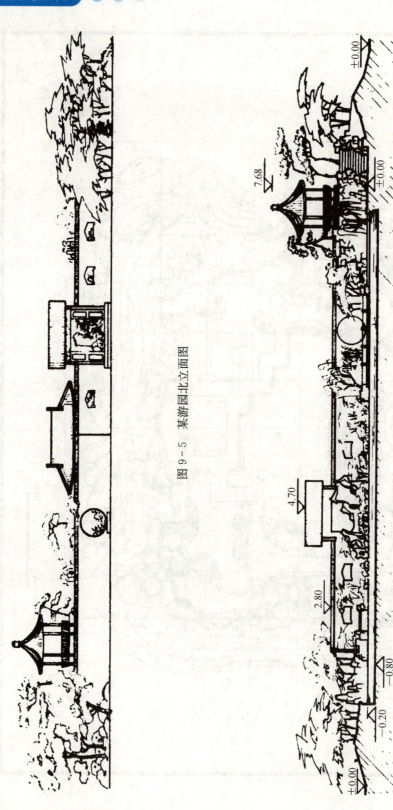

图 9-5 某游园北立面图

图 9-6 某游园剖面图

4. 看坐标或尺寸　根据坐标或尺寸了解景观的大体范围，查找施工放线的依据。

二、地形设计图

（一）地形设计图的内容

地形设计图是根据设计平面图及原地形图绘制的地形详图，它借助标注高程的方法，表示地形在竖直方向上的变化情况。主要是造园时作为对地形改造施工的依据。

（二）绘制要求

1. 绘制等高线　根据地形设计，选定等高距，用细实线绘出设计地形等高线，用细虚线绘出原地形等高线。等高线上应标注高程，高程数字处等高线应断开，高程数字的字头应朝向山头，数字要排列整齐。周围平整地面高程定为±0.00，高于地面为正，数字前"+"号省略；低于地面为负，数字前应注写"－"号。高程单位为 m，要求保留两位小数。

水体的表现方法是用特粗实线表示水体边界线（即驳岸线）。当湖底为缓坡时，用细实线绘出湖底等高线，同时均需标注高程，并在标注高程数字处将等高线断开。当湖底为平面时，用标高符号标注湖底高程，标高符号下面应加画短横线和45°斜线表示湖底（图9-8）。

2. 标注建筑、山石、道路高程　将设计平面图中的建筑、山石、道路、广场等位置按外形水平投影轮廓绘制到地形设计图中，其中建筑轮廓用中实线，山石轮廓用粗实线，广场、道路用细实线。建筑应标注室内地坪标高，以箭头指向所在位置。山石用标高符号标注最高部位的标高。道路高程一般标注在交会、转向、变坡处，标注位置以圆点表示，圆点上方标注高程数字。

3. 标注排水方向　根据坡度，用单箭头标注雨水排除方向（图9-8）。

4. 绘制方格网　为了便于施工放线，地形设计图中应设置方格网。设置时尽可能使方格某一边落在某一固定建筑设施边线上（目的是便于将方格网测设到施工现场），每一网格边长可为5m、10m、20m等，按需而定，其比例与图中一致。方格网应按顺序编号，规定横向从左向右用阿拉伯数字编号，纵向自下而上用拉丁字母编号，并按测量基准点的坐标，标注出纵、横第一网格坐标。

5. 绘制比例、指北针，注写标题栏、技术要求等

6. 局部断面图　必要时，可绘制出某剖面的断面图，以便直观地表达该剖面上的竖向变化情况，如图9-8中 1—1 断面图所示。

（三）地形设计图的阅读

1. 看图名、比例、指北针、文字说明　了解工程名称、设计内容、所处方位和设计范围（图9-8）。

2. 看等高线的含义　如图9-8所示，看等高线的分布及高程标注，了解设计地形高低变化、水体深度，并与原地形对比，了解土方工程情况。从图9-8可见，该园水池居中，近方形，常水位为－0.20m，池底平整，标高均为－0.80m。游园的东、西、南部分布坡地土丘，高度在0.60～2.00m，以东北角为最高，结合原地形高程可见中部挖方较大，东北角填方量较大。

3. 看建筑、山石和道路高程　图9-8中六角亭置于标高为2.40m的石山之上，亭内地

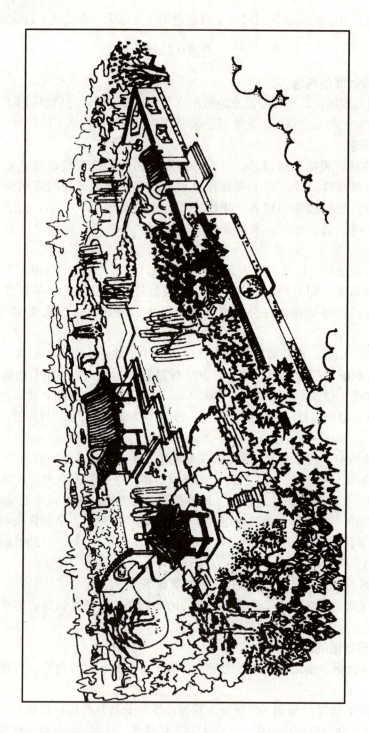

图 9-7 某游园鸟瞰图

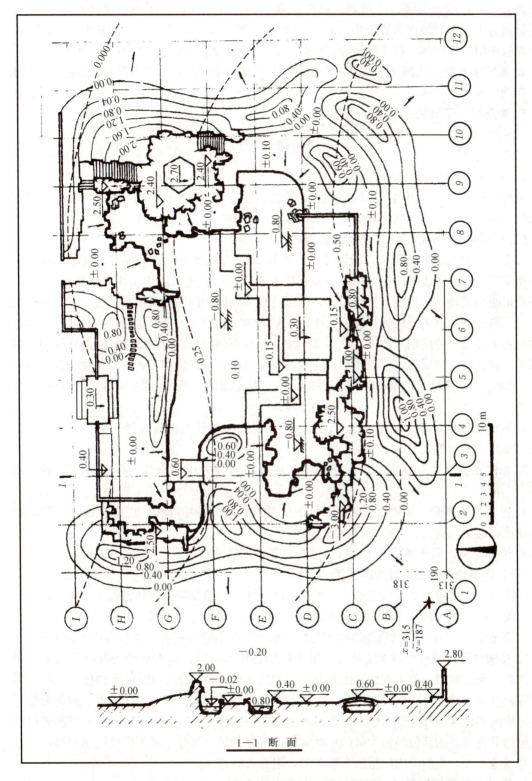

图 9-8 某游园地形设计图

面标高 2.70m，成为全园最高景观。水榭地面标高为 0.30m，拱桥桥面最高点为 0.60m，曲桥标高为±0.00。园内布置假山三处，高度在 0.80～3.00m 之间，西南角假山最高。园中道路较平坦，除南部、西部部分路面略高以外，其余均为±0.00。

4. 看排水方向。从图 9-8 可见，该园利用自然坡度排出雨水，大部分雨水流入中部水池，四周雨水流出园外。

5. 看坐标，了解施工放线依据

三、园林植物种植设计图

（一）园林植物种植设计图的内容

园林植物种植设计图是表示植物位置、种类、数量、规格及种植类型的平面图，是组织种植施工和养护管理、编制预算的重要依据。

（二）园林植物种植设计图的绘制要求

1. 绘制种植设计图　首先，绘出建筑、水体、道路及地下管线等位置，其中水体边界线用粗实线，沿水体边界线内侧用一条细实线表示出水面，建筑用中实线，道路用细实线，地下管道或构筑物用中虚线。其次，将各种植物按平面图中的图例绘制在所设计的种植位置上，并以圆点表示出树干位置，树冠大小按成龄后的冠幅绘制，每种植物用一种图例，不能多种植物重复用一种图例（图 9-9）。在设计过程中，有的游园由于布置的植物品种和数量比较多，乔、灌木和绿篱，模纹植物，花卉等相互遮挡，可以将相互遮挡的植物分开，分别作图，如图 9-9a 就是乔、灌木种植设计图，图 9-9b 是绿篱、模纹植物、花卉等植物的种植设计图。

2. 编制苗木统计表　在图中适当位置，列表说明所设计的植物编号、植物图例及树种名称、单位、数量、规格、出圃年龄等。

3. 标注定位尺寸　宜用与设计平面图、地形图同样大小的坐标网确定种植位置（图 9-9）。

4. 绘制种植详图　必要时按苗木统计表中的编号绘制种植详图，说明种植某一种植物时的挖坑、覆土、施肥、支撑等种植施工要求。

5. 绘制比例、风玫瑰图或指北针，注写主要技术要求及标题栏

（三）园林植物种植设计图的阅读

阅读植物种植设计图可以了解工程设计意图、绿化目的及所要达到的效果，明确种植要求，以便组织施工和做出工程预算，阅读步骤如下。

1. 看标题栏、比例、风玫瑰图或方位标　明确工程名称、所处方位和当地主导风向。

2. 看图中索引编号和苗木统计表　根据图示各植物编号、苗木统计表及技术说明，了解植物的种类、数量、苗木规格和配置方式。如图 9-9 所示，游园周围以毛白杨、桧柏、鸡爪槭等针叶和阔叶乔木为主，配以紫丁香、连翘、凤尾兰、大叶黄杨、接骨木、西府海棠等灌木。中间的棋趣园和儿童活动天地等地种植樱花、国槐等乔木以遮挡阳光，给游园者以清凉。园内靠近园路的部位种植大量的小叶黄杨、大叶黄杨、红叶小檗等模纹植物和芍药、雏菊、月季等花卉，使游园内的植物多姿多彩，引人入胜。

3. 看植物种植定位尺寸　明确植物种植的位置及定点放线的基准。

4. 看种植详图　明确具体种植要求，组织种植施工。

单元九 园林规划设计图纸的绘制

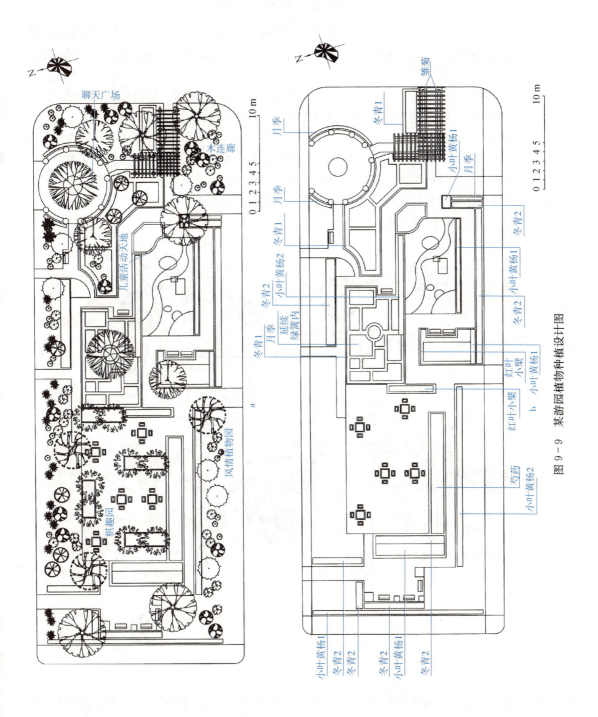

图 9-9 某游园植物种植设计图

四、园林建筑初步设计图

一座建筑物的设计，一般要经过初步设计、技术设计和施工设计三个阶段。初步设计图应反映出建筑物的形状、大小和周围环境等内容，用以研究造型、推敲方案。方案确定后，再进行技术设计和施工设计。

建筑初步设计图包括建筑总平面图、建筑平面图、建筑立面图、建筑剖面图和透视图。下面以木连廊为例说明建筑初步设计图的绘制要求。

（一）建筑总平面图

1. 内容与用途 建筑总平面图是表示新建建筑物所在基地内总体布置的水平投影图。图中要表示出新建工程的位置、朝向以及室外场地、道路、地形、地貌、绿化等情况。它是用来确定建筑与环境关系的图纸，为以后的设计、施工提供依据。

2. 绘制要求 如图 9-10 所示。

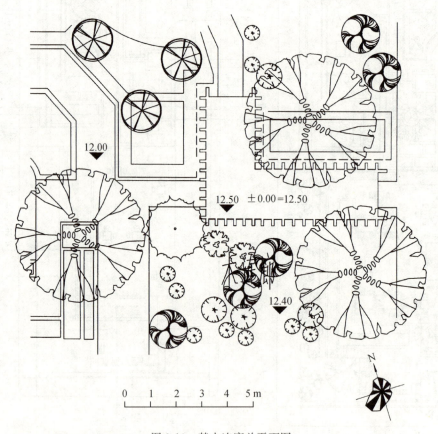

图 9-10 某木连廊总平面图

（1）熟悉建筑总平面图中的图例。绘制时要遵守图例要求，如新建建筑物用粗实线绘出水平投影外轮廓，原有建筑用中实线绘出水平投影外轮廓。在大比例平面图中，常把园林建筑绘制得比较详细。对建筑的附属部分，如散水、台阶、花池、景墙等，用细实线绘制，也可不画。绿化图例按单元八有关图例符号绘制。

（2）标注标高。建筑总平面图中应标注建筑物首层室内地面、室外地坪及道路的标高，绘制等高线的高程。图中所注的标高和高程均为绝对高程。

（3）新建工程的定位。新建工程一般根据原有房屋、道路或其他永久性建筑定位，如在新建范围内无参照标志时，可根据测量坐标，绘出坐标方格网，确定建筑及其他构筑物的位置。

（4）如有地下管线或构筑物，图中也应画出其位置，以便作为平面布置参考。

（5）绘制比例、风玫瑰图，注写标题栏。总平面图的范围较大，通常采用较小的比例，如1∶300、1∶500、1∶1 000等。图中尺寸数字单位为m。总平面图宜用线段比例尺和风玫瑰图分别表示比例、朝向及常年风向频率。

（二）建筑平面图

1. 内容与用途　建筑平面图除应表明建筑物的平面形状、房间布置以及墙、柱、花池等位置外，还应标注必要的尺寸、标高及有关说明。对于园林建筑，要分别画出屋顶平面图和底平面图（图9-11、图9-12）。建筑平面图是建筑设计中最基本的图纸，用于表现建设方案，并为以后的设计提供依据。

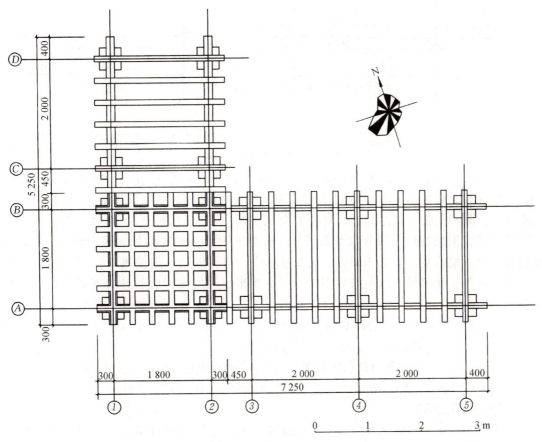

图9-11　某木连廊顶平面图

2. 绘制要求

（1）选择比例、布置图面。建筑平面图一般采用1∶100、1∶200等的比例绘制。根据确定的比例和图面大小，选用适当图幅，并留出标注尺寸、符号等所需的位置，力求图面布置匀称。

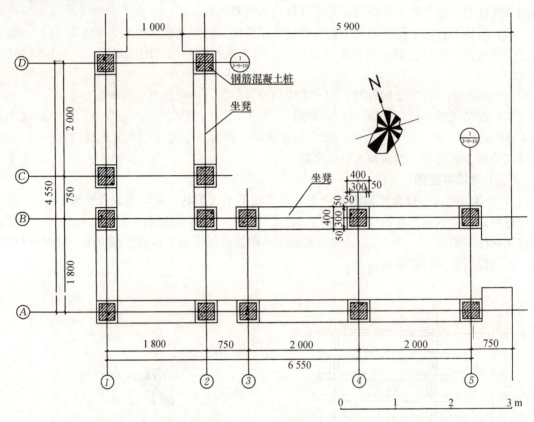

图 9-12 某木连廊底平面图

（2）画定位轴线。定位轴线是设计和施工的定位线。凡承重的墙、柱、梁、屋架等处均应设置轴线，轴线用细点画线画出，端部用细实线画直径为 8mm 的圆，并进行编号，水平方向用阿拉伯数字从左向右、竖直方向用大写拉丁字母自下而上依次编号。次要承重部位应设置附加轴线，编号以分数表示，分母表示前一轴线编号，分子表示前一轴线后附加的第几根轴线，如 1/2 即表示第 2 号轴线后附加的第 1 根轴线。但 I、O、Z 三个字母不得用作轴线编号，以免与数字 1、0、2 混淆。轴线编号宜标注在平面图的下方与左侧。

（3）线型。剖切平面剖到的断面轮廓用粗实线，如墙和柱。没剖到的可见轮廓用中实线，如平台、台阶、花池等。轴线、尺寸线用细实线。

（4）尺寸标注。初步设计阶段的建筑平面图，一般只标注轴线尺寸和总体尺寸。

（5）标注图名、比例、指北针、剖面图的剖切符号，注写文字说明。

（三）建筑立面图

1. 内容与用途　建筑立面图应反映建筑物的外形及主要部位的标高。其中反映主要立面外貌特征的立面图称为正立面图，其余的立面图相应地称为背立面图、侧立面图。也可按建筑物的朝向命名，如南立面图、北立面图、东立面图和西立面图（图 9-13、图 9-14）。有时也按照外墙轴线编号来命名，如 $1-6$ 立面图或 $A-D$ 立面图。

立面图能够充分表现出建筑物的外观造型效果。可以用于方案评审，也作为设计和施工的依据。

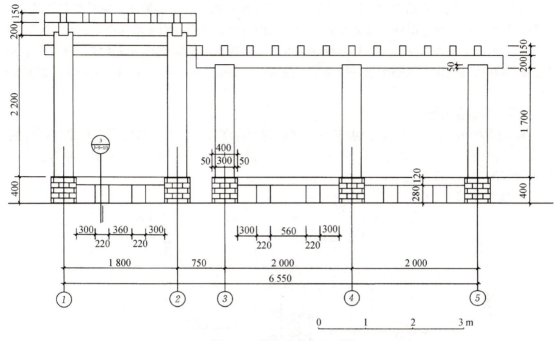

图 9-13　某木连廊南立面图

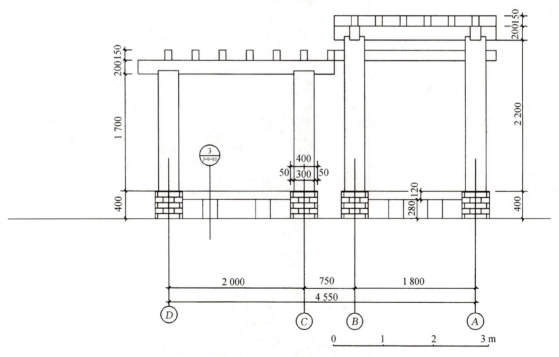

图 9-14　某木连廊西立面图

2. 绘制要求

(1) 线型。立面图的外轮廓线用粗实线,主要部位轮廓线如勒脚、窗台、门窗洞、檐口、雨篷、柱、台阶、花池等用中实线。次要部位轮廓线,如门窗扇线、栏杆、墙面分格线等用细实线。地坪线用特粗线。

（2）尺寸标注。立面图中应标注主要部位的标高，如首层室内地面、室外地坪、檐口、屋顶等处的标高。标注时注意排列整齐，力求图面清晰，首层室内地面标高定为±0.00。

（3）绘制配景。为了衬托园林建筑的艺术效果，根据总平面图的环境条件，通常在建筑物的两侧和后部绘出一定的配景，如花草、树木、山石等。绘制时可采用概括画法，做到比例协调、层次分明。

（四）建筑剖面图

1. 内容和用途　建筑剖面图用来表示建筑物沿高度方向的内部结构形式和主要部位的标高。剖面图、平面图和立面图三者配合，可以完整地表达建筑物的设计方案，并为进一步的设计和施工提供依据。

2. 绘制要求　如图9-15所示。

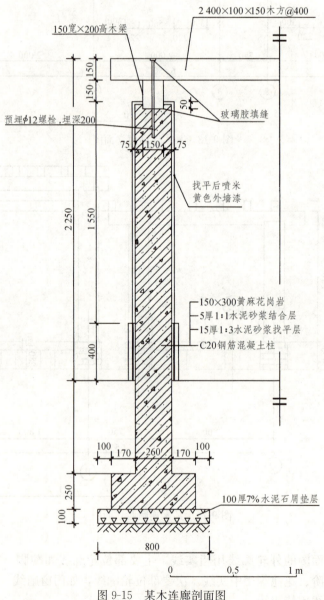

图9-15　某木连廊剖面图

(1) 剖切位置的选择。剖面图的剖切位置,应根据所要表达的内容确定,一般应通过门、窗等有代表性的部位。剖面图的名称应与平面图中所标注的剖切位置线编号一致。

(2) 定位轴线。为了定位和阅读方便,剖面图中应画出与平面图相同的轴线,并注写编号。

(3) 线型。剖切平面剖到的断面轮廓线用粗实线,没剖到的主要可见轮廓线用中实线,如窗台、门窗洞、屋檐、雨篷、墙、柱、台阶、花池等。其余用细实线,如门窗扇线、栏杆、墙面分格线等。地坪线用特粗线。

(4) 尺寸标注。建筑剖面图应标注建筑物主要部位的标高,如室外地坪、室内地面、窗台、门窗洞顶部、檐口、屋顶等部位。所注尺寸应与平面图、立面图吻合。

(五) 建筑透视图

建筑透视图主要表现建筑物及配景的空间透视效果,它能够直观地表达设计者的意图,比建筑立面图更直观、更形象,有助于设计方案的确定。

建筑透视图所表达的内容应以建筑为主,配景为辅。配景应以总平面图中的环境为依据,为避免遮挡建筑物,配景可有取舍,建筑透视图的视点一般应选择在游人集中处。

(六) 建筑初步设计图的阅读

阅读建筑设计图时应将总平面图、平面图、立面图、剖面图相互对照,从整体到局部逐渐深入。现以木连廊为例,说明阅读步骤。

1. 看总平面图 了解建筑物的位置、朝向、地形、标高及周围环境。由图 9-10 可见,该木连廊朝向偏西北、东南,室内地面设计标高±0.00=12.50m(绝对标高),园路标高为 12.00m,木连廊周围绿地由针叶树、阔叶树、灌木、模纹植物构成。

2. 看建筑平面图 了解建筑物的平面形状及大小,房间的布置与用途,门窗、台阶及其他设施的位置。由图 9-11、图 9-12 可见,木连廊位于道路的拐角处,由三组组成:一组位于拐角;另一组位于拐角东侧,由两间构成;第三组位于拐角北侧,由一间构成。

3. 看建筑立面图 了解建筑物的立面构成、主要部位标高及配景效果。由图 9-13、图 9-14 可见(与平面图对照),拐角处一间高大,构成木连廊的主体,屋顶标高为 2 850mm;另两组较低,屋顶标高为 2 350mm;木连廊整个立面高低错落,富于变化。通过植物配景,使图面更为生动。

4. 看建筑剖面图 了解建筑物内部空间及主要部位标高。通过剖面图可以看出各建筑的内部构造和工程做法。

单元十 园林工程施工图的绘制

课题1　园林工程施工图概述

【学习目标】
1. 了解园林工程施工图的内容和基本要求。
2. 掌握施工图纸的内容及绘制要求，并能识别不同类型的施工图。

【学习重点和难点】
学习重点：施工图纸的内容。
学习难点：各种施工图纸的绘制要求。

【内容结构】

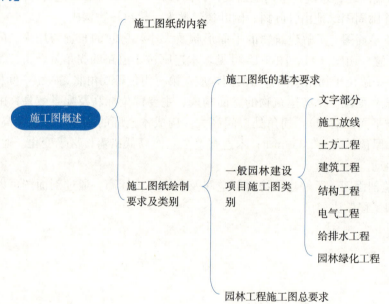

【相关知识】
施工图是在完成园林建设项目设计阶段后或在扩初设计完成后对建设项目中各个细部做出的详细设计，也是在建设项目施工前最重要的一项设计。施工图是关系到一个设计成败的关键，涉及尺度、材料、构造做法。一个好的设计如果没有好的施工图、好的施工质量的支撑，是不可能成为好的建设项目的。施工图是设计者设计意图的体现，也是施工、监理、经济核算的重要依据，特别是对施工人员来说，没有施工图就无法按照设计者的意图完成建设

项目。所以说施工图在整个项目实施过程中具有举足轻重的作用。

一、园林工程施工图纸的内容

园林工程施工图纸的内容包括该建设项目所有建设内容的施工方法、施工所用的材料、各个细部的详细尺寸和施工要求等。

二、园林工程施工图纸的绘制要求及类别

（一）施工图纸的基本要求

施工图的内容是根据园林工程的建设项目内容来确定的，不同的建设项目由不同的施工图纸组成，因此，对施工图纸的组成没有硬性规定。无论什么建设项目，在进行施工图的制作时都要符合一个基本原则：满足建设项目的施工需要，也就是施工人员能够根据施工图进行正常的施工。在此基础上施工图还要符合以下标准：

（1）工程建设标准和其他有关工程建设的强制性标准。
（2）基础和结构设计安全。
（3）符合公众利益。
（4）达到规定的设计深度要求。
（5）符合作为设计依据的政府有关部门批准文件的要求。
（6）必须以现行规范规程内容为准。

（二）一般园林建设项目施工图类别

一个园林项目施工图由以下几个部分组成：

（1）文字部分。封皮、目录、总说明、材料表等。
（2）施工放线。施工总平面图、各分区施工放线图、局部放线详图等。
（3）土方工程。竖向施工图、土方调配图。
（4）建筑工程。建筑设计说明，建筑构造作法，建筑平面图、立面图、剖面图，施工详图等。
（5）结构工程。结构设计说明，基础图，基础详图，梁、柱详图，结构构件详图等。
（6）电气工程。电气设计说明、主要设备材料表、电气施工平面图、施工详图、控制线路图等。
（7）给排水工程。给排水设计说明，给排水系统总平面图、详图，给水、消防、排水、雨水系统图，喷灌系统施工图。
（8）园林绿化工程。植物种植设计说明、植物材料表、种植施工图、局部施工放线图、剖面图等。如果采用乔、灌、草多层组合，分层种植设计较为复杂，应该绘制分层种植施工图。

（三）园林工程施工图总要求

1. 总要求

（1）施工图的设计文件要完整，内容、深度要符合要求，文字、图纸要准确清晰，整个文件要经过严格校审。
（2）施工图设计应根据已通过的初步设计文件及设计合同书中的有关内容进行编制，内容以图纸为主，应包括封面、图纸目录、设计说明、图纸、材料表及材料附图以及预

算等。

(3) 施工图设计文件一般以专业为编排单位，各专业的设计文件应经严格校审、签字后，方可出图及整理归档。

2. 施工图设计深度要求　施工图的设计深度是指对所涉及的项目图纸表达的详细程度，一般施工图纸的设计深度要满足以下要求：①能够根据施工图编制施工图预算；②能够根据施工图安排材料、设备订货及非标准材料的加工；③能够根据施工图进行施工和安装；④能够根据施工图进行工程验收。

对于每一项园林工程施工设计，应根据设计合同书，参照相应内容的深度要求编制设计文件。

3. 施工图纸的组成　一套完整的施工图纸应包括封皮、目录、设计说明、施工说明等。

(1) 封皮。施工图集封皮应该注明：项目名称，编制单位名称，项目的设计编号，设计阶段，编制单位法定代表人、技术总负责人和项目总负责人的姓名及其签字或授权盖章，编制年、月（即出图年、月）等。

(2) 目录。图纸目录中应包含以下内容：项目名称、设计时间、图纸序号、图纸名称、图号、图幅及备注等。每一张图纸应该对图号加以统一标示，以方便查找，如YS-01，表示园林施工图纸第一张图，图号的编排要利于记忆，便于识别和查找（表10-1）。

表 10-1　某园林建设项目施工图目录（部分）

序号	图别	图号	图纸内容	图幅（规格）	备注
01	园施	YS-00	设计说明	A1	
02	园施	YS-01	总体平面图	A1	
03	园施	YS-02	定位平面图	A1	
04	绿施	YS-03	绿化种植平面图1	A2	
05	绿施	YS-04	绿化种植平面图2	A2	…
…	…	…	…	…	
28	水施	SS-01	水景施工图1	A2	
29	水施	SS-02	水景施工图2	A2	
30	电施	DS-01	照明电路平面布置图	A1	

(3) 设计说明。在每一套施工图集的前面都应针对这一工程以及施工过程给出总体说明，主要内容包括以下几个方面：①设计依据及设计要求，应注明采用的标准图集及依据的法律规范；②设计范围；③标高及标注单位，应说明图纸文件中采用的标注单位，采用的是相对坐标还是绝对坐标，如为相对坐标，需说明采用的依据以及与绝对坐标的关系；④材料选择及要求，对各部分材料的材质要求及建议，一般应说明的材料包括饰面材料、木材、钢材、防水疏水材料、种植土及铺装材料等；⑤施工要求，强调需注意工种配合及对气候有要求的施工部分；⑥经济技术指标，施工区域总的占地面积，绿地、水体、道路、百分比、绿化率及工程总造价等。

除了总的说明之外，在各个专业图纸之前还应该配备专门的说明并配有适当的文字说明。

下面是某园林工程施工图的设计说明，供参考。

×××设计说明

一、工程概况

1. ×××公园改造设计,环境工程设计总面积为 7 500m²。
2. 该环境工程包括一个大门入口、一个中心广场、一段道路、一座假山、两个水池及叠水、绿化等。

二、设计依据

1. 经×××审定的初步设计任务书。
2. 国家及地方颁布的有关规程及规范。

三、设计总则

1. 本项目的设计标高采用绝对标高。
2. 除特别说明外,本工程施工图所注尺寸除标高以米为单位外,其余均以毫米为单位。
3. 施工图中的平、立、剖面图及节点详图等使用时应以所注尺寸为准,不能直接以图纸比例尺度测算。
4. 所有与工艺、公用设备相关的预留洞、预埋件等必须与相关的工艺、公用设备工种的图纸密切配合。
5. 除本图已作详细表述外,所有单项工程的建筑用料、规格、施工要求应符合现行的国家或地方各项设计和施工验收规范。

四、施工要求

1. 要按图施工,如有变动需征得设计单位同意。
2. 所有外装饰材料色彩、规格需报小样并经甲方单位认可后方可大面积施工。
3. 所有木构件均作水柏油二度防腐及干燥处理,表面调和漆二度亚光处理。
4. 所有铁件均做除锈处理,防锈漆一道,调和漆二度。
5. 车行道基层混凝土标号为C25,人行道基层混凝土标号为C15,花池树池、主水景台等位置混凝土标号为C20。
6. 施工中主干道的人行道铺装应与相邻地面铺装一致。
7. 施工中景观与建筑交叉部分由建筑师解决。
8. 水电施工见水施及电施。

五、地基基础部分

1. 基础持力层设计地面耐力为100Pa,基础埋深均为1 000。
2. 材料:垫层C15,钢筋混凝土C20,M10水泥砖,M7.5水泥砂浆,钢筋保护层30。

六、钢筋混凝土部分

1. 材料:梁板柱为C25钢筋混凝土,钢筋为Ⅰ级,预埋钢筋为Ⅱ级,梁柱钢筋保护层为2.5,板为1.5。
2. 板面的分布筋除注明外均用$\phi 6@200$,双向板底筋,短向放在底层,长向放在短筋之上。

七、钢网架部分

1. 钢架支撑详见塑山各结点说明,在焊接时必须严格遵守《建筑结构焊接规程》(JGJ

81—2002）的规定。

2. 未注明焊缝高度时均以 6mm 满焊，焊接长度双面焊为 5d（5d 表示焊接长度是钢筋直径的 5 倍）。

3. 所有结点零件以现场放样为准。

4. 所有在板面接触的均采用 200 见方的 C25 细石混凝土保护。

5. 现场焊接完成后，用红丹打底，防锈漆两遍。

八、艺术效果要求

本项目除工程技术要求外还有大部分是艺术效果，为能达到预期的环境效应，在施工时应精心制作，听从和遵守甲方现场领导及工程技术人员的指挥，使本项目达到预期目标。

九、种植要求

1. 严格按苗木表规格购苗，应选择根系发达健壮、树形优美、无病虫害的苗木移植，尽量减少截枝量，严禁出现无枝的单干树木。

2. 规则式种植的乔、灌木，同一树种规格大小应统一，丛植和群植的乔、灌木应高低错落、灵活有层次。

3. 孤植树应姿态优美耐看。

4. 分层种植的灌木花卉，其轮廓线应分明，线形优美。

5. 整形绿篱规格大小应一致，观赏面宜为圆滑曲线并起伏有致。

6. 苗木严格按土球设计要求移植，种植植物时发现电缆管道障碍物等要停止操作并及时与有关部门协商解决。植后每天至少应浇水两次，集中养护管理。

7. 对种植地区的土壤理化性质进行化验分析，采用相应的消毒、施肥和客土等措施。

8. 土壤应疏松、湿润，排水良好，pH 5～7，有机质含量丰富，强酸性土、碱盐土、中黏土、沙土等均应根据设计要求客土或采取改良措施。

9. 对花卉、草坪种植地应施肥翻耕 25～30cm，耧平耙细，去除杂物，平整度和坡度应符合设计要求。

10. 树穴应符合设计图纸要求，位置要准确。

11. 土层干燥地区应在种植前浸树穴。

12. 树穴内应施入腐熟的有机肥作为基肥。

13. 植物生长最低种植土层厚度应符合表 10-2 的规定。

表 10-2　种植土厚度

植被类型	草本花卉	草坪地被	小灌木	大灌木	浅根乔木	深根乔木
土层厚度（cm）	30	30	45	60	90	150

课题 2　园林工程施工图的绘制

【学习目标】

1. 了解园林工程施工图的内容和基本要求。

2. 掌握施工图纸的内容及绘制要求，并能识别不同类型的施工图。

3. 学会各种施工图的阅读方法和技巧。

【学习重点和难点】

学习重点：各种施工图纸的绘制要求。

学习难点：各种施工图纸的阅读方法。

【内容结构】

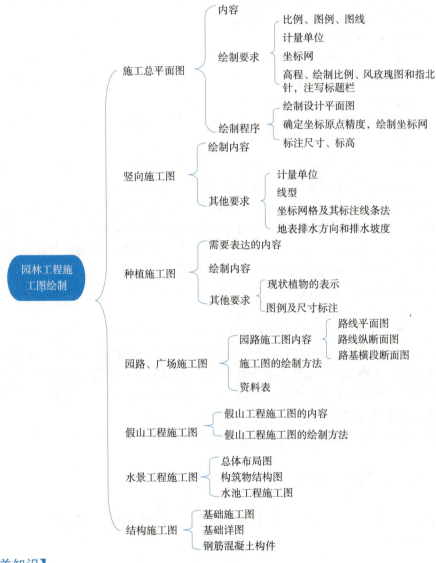

【相关知识】

一、施工总平面图

施工总平面图表现整个基地内所有组成成分的平面布局、平面轮廓等，是其他施工图绘制的依据和基础。通常总平面图中还要绘制施工放线网格，作为施工放线的依据。

（一）施工总平面图包括的内容

（1）指北针（或风玫瑰图），绘图比例（比例尺），文字说明，景点、建筑物或者构筑物的名称标注、图例表等。

（2）道路、铺装的位置、尺寸，主要点的坐标、标高以及定位尺寸。

（3）小品主要控制点坐标及小品的定位、定形尺寸。

（4）地形、水体的主要控制点坐标、标高及控制尺寸。

（5）植物种植区域轮廓。

（6）对无法用标注尺寸准确定位的自由曲线园路、广场、水体等，应给出该部分局部放线详图，用放线网表示，并标注控制点坐标。

（二）施工总平面图绘制要求

1. 比例 施工总平面图一般采用1∶500、1∶1 000、1∶2 000的比例绘制。

2. 图例 《风景园林制图标准》（CJJ 67—2015）中列出了建筑物、构筑物、道路、铁路以及植物等的图例，具体内容参见相应的制图标准。

3. 图线 在绘制总图时应该根据具体内容采用不同的图线，具体内容参照单元一中"图线的使用"内容。

4. 计量单位 施工总平面图中的坐标、标高、距离宜以"米"为单位，并应取至小数点后两位。坡度宜以百分比计，并应取至小数点后一位，如2.0%。

5. 坐标网格 为了保证施工放线的准确度，在施工图中往往利用坐标定位，坐标分为测量坐标和施工坐标。测量坐标为绝对坐标，测量坐标网应画成交叉十字线，坐标代号宜用"X、Y"表示。施工坐标为相对坐标，相对零点通常选用已有建筑物的交叉点或道路的交叉点，为区别于绝对坐标，施工坐标用大写英文字母"A、B"表示。施工坐标网格应以细实线绘制，根据图幅的大小可以采用10m×10m、20m×20m、40m×40m、50m×50m或100m×100m的方格网（图10-1）。

6. 标高标注 施工图中标注的标高应为绝对标高，建筑物、构筑物、铁路、道路等应按以下规定标注标高：建筑物室内地坪，标注图中±0.00处的标高，对不同高度的地坪，分别标注其标高；道路标注路面中心交点及变坡点的标高；挡土墙标注墙顶和墙脚标高，路堤、边坡标注坡顶和坡脚标高，排水沟标注沟顶和沟底标高；场地平整标注其控制位置标高；铺砌场地标注其铺砌面标高。

标高符号应按《房屋建筑制图统一标准》（GB/T 50001—2017）中"标高"一节的有关规定标注。

（三）施工总平面图绘制程序

（1）绘制设计平面图。

（2）根据需要确定坐标原点及坐标网格的精度，绘制测量和施工坐标网。

（3）标注尺寸、标高。

二、竖向施工图

竖向设计是指在一块场地中进行垂直于水平方向的布置和处理，也就是地形高程设计。园林工程地形设计包括：地形"塑造"，山水布局，园路、广场等铺装的标高和坡度，以及地表排水组织。竖向设计不仅影响最终的景观效果，还影响地表排水的组织、施工的难易程度、工程总造价等多个方面。

单元十 园林工程施工图的绘制

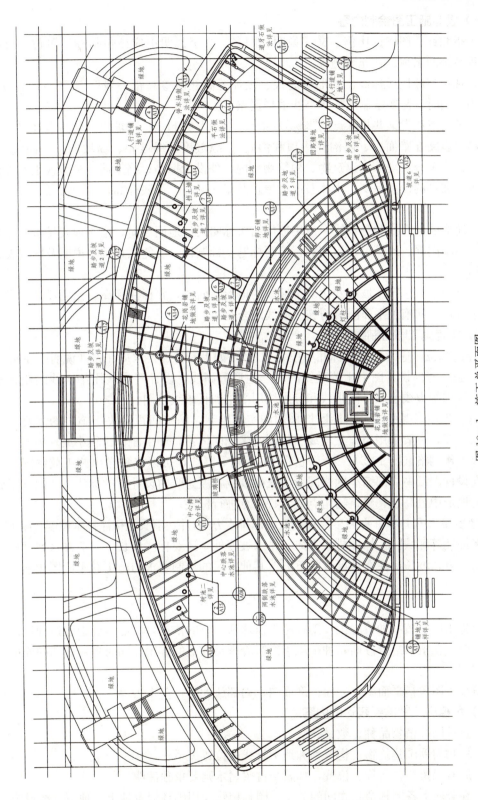

图 10-1 施工总平面图

(一) 竖向施工图绘制内容

(1) 指北针、图例、比例、文字说明、图名。文字说明中应该包括标注单位、绘图比例、高程系统的名称、补充图例等。

(2) 现状与原地形标高，地形等高线、设计等高线的等高距一般取 0.25～0.50m，当地形较为复杂时，需要绘制地形等高线放样网格。

(3) 最高点或者某些特殊点的坐标及标高。如道路的起点、变坡点、转折点和终点等的设计标高（道路在路面中、阴沟在沟顶和沟底）、纵坡度、纵坡距、纵坡向、平曲线要素、竖曲线半径、关键点坐标；建筑物、构筑物室内、外设计标高；挡土墙、护坡或土坡等构筑物的坡顶和坡脚的设计标高；水体驳岸、岸顶及岸底标高，池底标高，水面最低、最高及常水位。

(4) 地形的汇水线和分水线，或用坡向箭头标明设计地面坡向，指明地表排水的方向。

(5) 绘制图框、比例尺、指北针，填写标题、标题栏、会签栏，编写说明及图例表、排水坡度等。

(6) 绘制重点地区、坡度变化复杂地段的地形断面图，并标注标高、比例尺等。当工程比较简单时，竖向施工平面图可与施工放线图合并。

(二) 竖向施工图绘制要求

1. 计量单位 通常标高的标注单位为"米"，如果有特殊要求应在设计说明中注明。

2. 线型 竖向设计图中比较重要的就是地形等高线，设计等高线用细实线绘制，原有地形等高线用细虚线绘制，汇水线和分水线用细单点长画线绘制。

3. 坐标网格及其标注 坐标网格采用细实线绘制，网格间距取决于施工的需要以及图形的复杂程度，一般采用与施工放线图相同的坐标网体系，如果面积比较小或环境不是很复杂也可以不作网格（图 10-2）。对于局部的不规则等高线，可以单独作出施工放线图，也可以在竖向设计图纸中局部缩小网格间距，提高放线精度。竖向设计图的标注方法同施工放线图，针对地形中最高点、建筑物角点或者特殊点进行标注。

4. 地表排水方向和排水坡度 用箭头表示排水方向，并在箭头上标注排水坡度（图 10-2），道路或者铺装等区域除了标注排水方向和排水坡度外，还要标注坡长，一般排水坡度标注在坡度线的上方，坡长标注在坡度线的下方。其他方面的绘制要求与施工总平面图相同。

三、种植施工图

种植施工图是植物种植施工、工程施工监理和验收的依据，应能准确地表达种植设计的内容和意图。在植物造景方面，种植施工图起着举足轻重的作用，同时也对后期的养护起到很大的作用。

种植施工图包括平面图，立面、剖面图，局部放大图，苗木表等。

(一) 种植施工图需要表达的内容

(1) 各种园林植物品种、数量。

(2) 植物与周围建筑物、构筑物和地下管线的位置关系。

(3) 原有保留树种名称、位置，如属于古树名木则要单独注明。

(4) 在竖向上各园林植物之间的关系、园林植物与周围环境及地上、地下管线设施之间的关系。

单元十　园林工程施工图的绘制

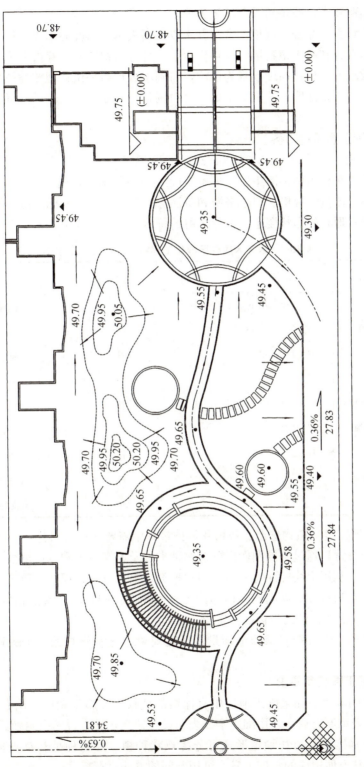

图10-2　竖向设计施工图

（5）局部放大图：重点树丛、各树种关系、古树名木周围处理和覆层混交林种植详细尺寸；与各市政设施、管线管理单位配合情况的交代；栽植地区客土层的处理，客土或栽植土的土质要求；施肥要求；非植树季节的施工要求。

（6）苗木表种类或品种、规格。常绿乔木以树高表示，落叶乔木以胸径表示，花灌木以树高表示，木本花卉和藤本植物以多少年生表示，部分宿根花卉以芽数表示。胸径以厘米为单位，写到小数点后一位；高度以米为单位，写到小数点后一位；观花类植物标明花色、数量。所有苗木规格都要注明其范围，例如"毛白杨胸径 6.0～7.5cm"，不可以写成"毛白杨胸径 6.0cm"。

（二）种植施工图绘制内容

1. 图名、比例、指北针、苗木表以及文字说明

（1）苗木表。在种植施工图中应该配备准确统一的苗木表，通常苗木表的内容应包括：编号、树种名称、数量、规格、苗木来源和备注等内容，有时还要标注植物的拉丁学名、植物种植时和后续管理时的形状姿态、整形修剪的特殊要求等（表 10-3）。

表 10-3 ×××居住区绿化工程植物统计表（部分）

序号	项目	规格	数量	单位	备注
1	油松	H：3.0～4.0m	6	株	树冠丰满
2	桧柏	H：2.5～3.0m	55	株	树冠丰满
3	雪松	H：4.5～5.0m	7	株	树冠丰满
…	…	…	…	…	…
21	红叶碧桃	H：1.2～1.5m	17	株	带土球
22	榆叶梅	H：1.2～1.5m	3	株	重瓣
23	紫薇	H：2.0～2.5m	40	株	各色，丛生
24	玉簪	—	100	株	6～9 芽/株
25	草坪		9 919	m²	草皮卷，混播

（2）施工说明。针对植物选苗、栽植和养护过程中需要注意的问题进行说明。

2. 植物种植位置 通过不同图例区分植物种类以及原有植被和设计植被。

3. 植物标注 利用引线标注每一组植物的种类、组合方式、规格、数量（或者面积）。

4. 植物种植点的定位 规则式栽植标注出株间距、行间距以及端点植物与参照物之间的距离，自然式栽植往往借助坐标网格定位。

5. 其他 某些有着特殊要求的植物景观还需要给出这一景观的施工放样图和剖（断）面图。

（三）种植施工图绘制要求

1. 现状植物的表示 如果施工地块中有保留的植被，在施工图中，用乔木图例内加粗线小圆点"·"表示原有树木，用细十字线表示设计树木，并在说明中明确其区别。

2. 图例及尺寸标注 植物种植形式可分为点状种植、片状种植和草皮种植三种类型，从简化制图步骤和方便标注的角度出发，可用不同的方法进行标注。

（1）行列式栽植。对于行列式的种植形式（如行道树、树阵等），可直接标注出株行距，始末树种植点与参照物的距离（图 10-3）。

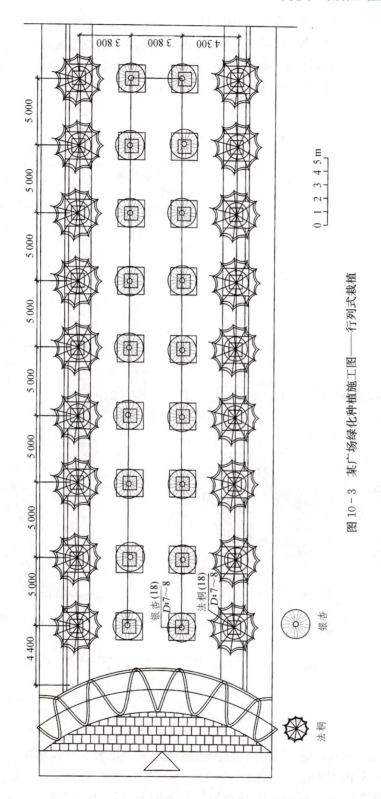

图 10-3 某广场绿化种植施工图——行列式栽植

(2) 自然式栽植。对于自然式的种植形式（如丛植），可用坐标标注种植点的位置或采用三角形标注法进行标注。对同一树种在可能情况下尽量以细实线连接起来，并用索引符号按树种编号，索引符号用细实线绘制，上半部注写植物编号（或名称），下半部（或后面）注写数量（面积或株数），尽量排列整齐，使图面清晰（图10-4）。

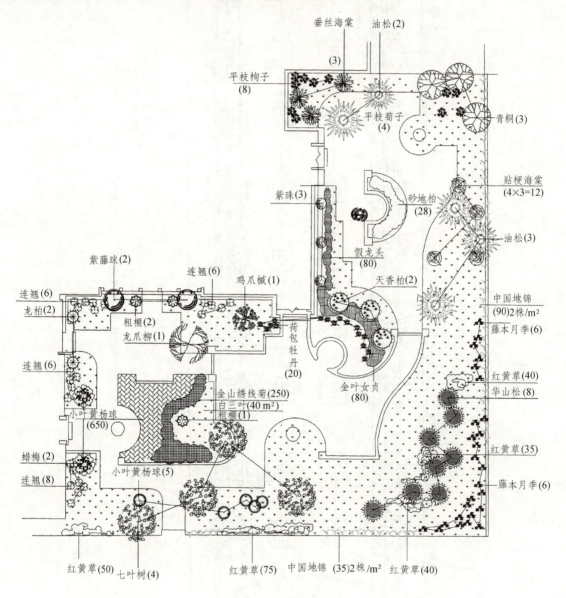

图10-4 自然式种植

(3) 片植、丛植。施工图应绘出清晰的种植范围边界线，标明植物名称、规格、密度等。对于边缘线呈规则几何形状的片状种植，可用尺寸标注方法标注，为施工放线提供依据；而对边缘线呈不规则曲线的片状种植，应绘坐标网格，并结合文字标注。在片植时如果其间有林中空地，应用阴影表示，同时注意树木外形轮廓线的方向（图10-5）。

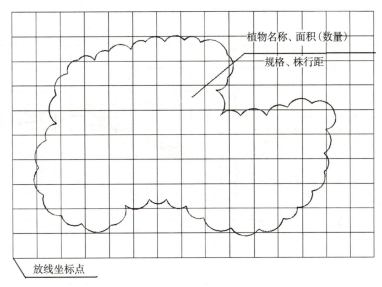

图 10-5 片 植

(4) 草皮。用打点的方法表示，标注时应标明草种名及种植面积等。

此外，对于种植层次较为复杂的区域应该绘制分层种植图，即分别绘制上层乔木的种植施工图和中下层灌木、地被物等的种植施工图，其绘制方法与要求同上。

四、园路、广场施工图

园路施工图主要包括园路路线平面图、路线纵断面图、路基横断面图、铺装详图，广场施工图主要包括广场的位置、主要断面图、铺装详图等。

园路平面布置图说明园路的游览方向和平面位置、线形状况等，同时还要表达园路沿线与地上的地物（包括各种建筑、景物）的位置关系和交接的处理方法等；在纵断面图上要标出各主要位置点的标高、坡度、路基的宽度和边坡、路面结构等；在园路铺装方面还要具体表示铺装图案、使用材料的规格、类别及施工要求等。

由于园路的竖向高差和路线的弯曲变化都与地面起伏密切相关，因此园路施工图的图示方法与一般工程图样不完全相同。而广场的平面图则要表示其具体位置、形状、主要尺寸、铺装图案和排水方向以及部分位置高程点高程。

（一）园路施工图的内容

1. 路线平面图 路线平面图主要表示园路的平面布置情况。内容包括路线的线形（直线或曲线）状况和方向，以及沿路线两侧一定范围内的地形和地物等。地形一般用等高线来表示，地物用图例来表示。如果园路平面图的比例较小，可在道路中心画一条粗实线来表示路线。如比例较大，也可按路面宽度画成双线表示路线。新建道路用中粗实线，原有道路用细实线。

2. 路线纵断面图 纵断面图是假设用铅垂沿着道路的中心线剖切平面，然后将所得的断面图展开而形成的立面图（图10-6）。路线纵断面图用于表示路线中心的地面起伏状况。纵断面图的横向长度就是路线的长度。园路立面图由直线和竖曲线（凹形竖曲线和凸形竖曲线）组成。由于路线的横向长度和纵向高度之比相差很大，故路线纵断面图通常采用两种比例，例如长度采用1:2 000，高度采用1:200，相差10倍。纵断面图的内容包括：

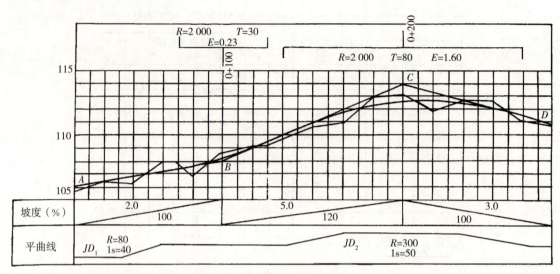

10-6　片植路线纵断面图

（1）地面线。地面线是道路中心线所在位置，是原地面高程的连接线，用细实线绘制。具体画法是将水准测量测得的各桩高程，按图样比例点绘在相应的里程桩上，然后用细实线顺序地连接各点，故纵断面图上的地面线为不规则曲折状。

（2）设计线。设计线是道路的路基纵向设计高程的连接线，即顺路线方向的设计坡度线，用粗实线表示。

（3）竖曲线。设计线坡度变更处两相邻纵坡坡度之差超过规定数值时，在变坡处应设置一段圆弧竖曲线来连接两相邻纵坡，该圆弧称为竖曲线。竖曲线分为凸形竖曲线和凹形竖曲线。竖曲线上要标出相邻纵坡交点的里程桩和标高，竖曲线半径、切线长、外距、竖曲线的始点和终点，单位一律为米。

（4）资料表。在图样的正下方还应绘制资料表，主要内容和要求包括：每段设计线的坡度，用对角线表示坡度方向，对角线上方标坡度，下方标坡长，水平段用水平线表示。

3. 路基横断面图　路基横断面图是假设用垂直于设计路线的铅垂剖切平面所得到的断面图，是计算土石方和路基的依据。沿道路路线一般每隔20m画一路基横断面图，沿着桩号从下到上、从左到右布置图形。横断面图的地面线一般画细实线，设计线一律用粗实线。路基横断面图一般用1:50、1:100、1:200的比例。通常画在透明方格纸上，便于计算土方量。

（二）园路施工图的绘制方法

园路（广场）工程施工图主要包括平面图、纵断面图和横断面图。

平面图主要表示园路的平面布置情况。内容包括园路所在范围内的地形及建筑设施、路面宽度与高程。

对于结构不同的路段，应以细虚线分界，虚线应垂直于园路的纵向轴线，并在各段标注横断面详图索引符号，同时有相应的施工结构图（图10-7至图10-9）。

为了便于施工，园路平面图采用坐标方格网控制园路的平面形状，其轴线编号应与总平面图相符，以表示它在总平面图中的位置。

单元十　园林工程施工图的绘制

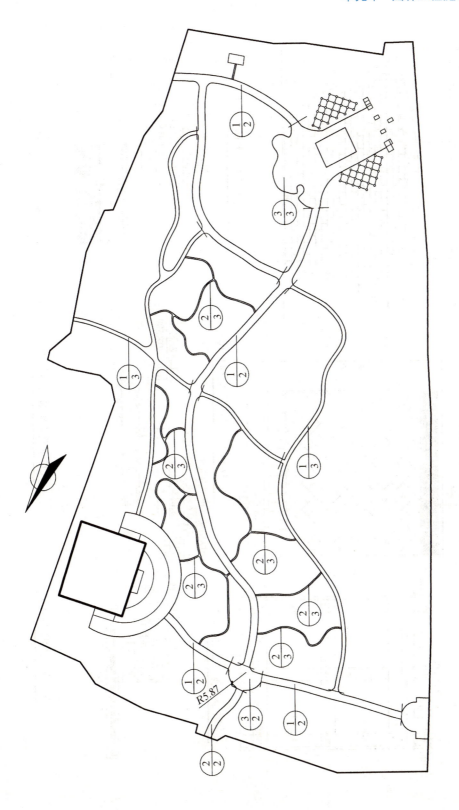

图 10-7　×××公园园路施工平面图

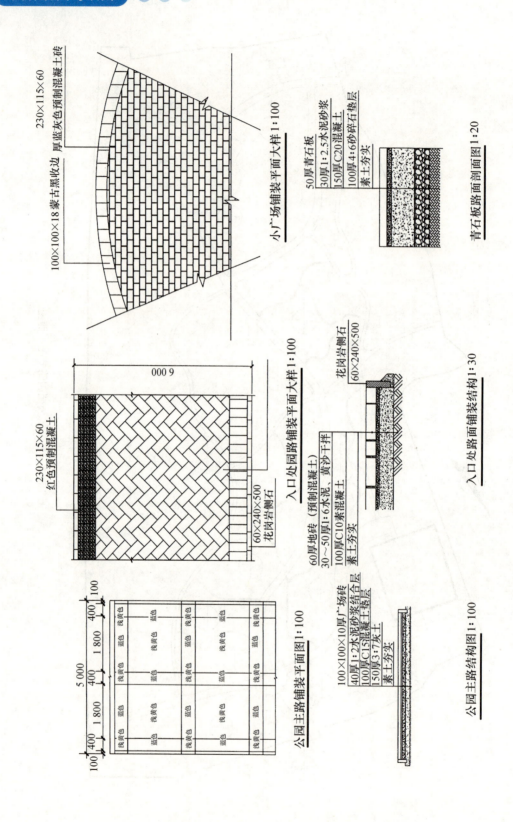

图10-8 ×××公园园路施工图（一）

单元十 园林工程施工图的绘制

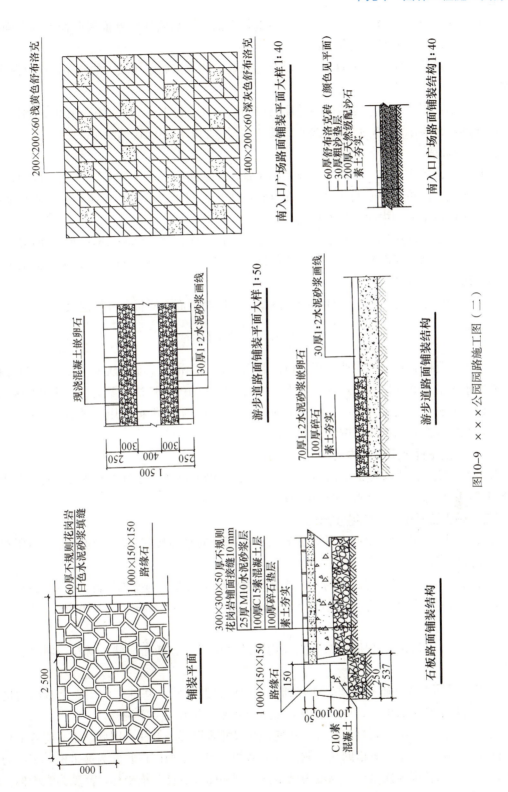

图10-9 ×××公园园路施工图（二）

纵断面图是假设用铅垂沿园路中心轴线剖切平面，然后将所得断面展开而成的立面图，它表示某一区段园路的起伏变化情况。

为了满足游览和园务工作的需要，对有特殊要求的或路面起伏较大的园路，应绘制纵断面图。

绘制纵断面图时，由于路线的高差比路线的长度要小得多，如果用相同比例绘制，就很难将路线的高差表示清楚，因此路线的长度和高度一般采用不同比例绘制。

（三）资料表

资料表的内容主要包括区段和变坡点的位置、原地面高程、设计高程、坡度和坡长等。

对于自然式园路，平面曲线复杂，交点和曲线半径都难以确定，不便单独绘制平曲线，其平面形状可由平面图中的方格网控制。

横断面图是假设用铅垂垂直于园路中心轴线剖切平面，然后将所得断面展平而形成的立面图。一般与局部平面图配合，表示园路的断面形状、尺寸、各层材料、做法、施工要求，路面布置形式及艺术效果。

为了便于施工，对具有艺术性的铺装图案，应绘制平面大样板，并标注尺寸。

五、假山工程施工图

假山工程是园林建设的专业工程，包括假山和置石两部分。假山是以土、石等为材料，以自然山水为蓝本并加以艺术提炼与夸张，用人工再造的山水景物。零星点缀的山石称为置石。假山工程施工图是指导假山工程施工的技术性文件。假山根据使用材料不同，分为土山和石山，此处介绍石山的施工图绘制方法。

（一）假山工程施工图的内容

假山工程施工图主要包括平面图、立面图、剖（断）面图、基础平面图等，对于要求较高的细部，还应绘制详图说明（图10-10）。

（二）假山工程施工图的绘制方法

1. 平面图 平面图表示假山的平面布置、各部分的平面形状、周围地形和假山所在总平面图中的位置。

2. 立面图 立面图表现山体的立面造型及主要部位高度，与平面图配合，可反映出峰、峦、洞、壑的相互位置。为了完整地表现山体各面形态，便于施工，一般应绘出前、后、左、右四个方向的立面图。

3. 剖面图 剖面图表现假山某处内部构造及结构形式、断面形状、材料、做法和施工要求。

4. 基础平面图 基础平面图表现基础的平面位置及形状。基础剖面图表示基础的构造和做法，当基础结构简单时，可同假山剖面图绘制在一起或用文字说明。

假山施工图中，由于石材的特殊形状使得其尺寸难以详细标注，因此，不必将各部尺寸一一标注，一般采用坐标方格网法控制。方格网的绘制，平面图以长度为横坐标，宽度为纵坐标；立面图以长度为横坐标，高度为纵坐标；剖面图以宽度为横坐标，高度为纵坐标。网格的大小根据所需精度而定，对要求精细的局部，可以用较小的网格示出。坐标网格的比例应与图中比例一致。

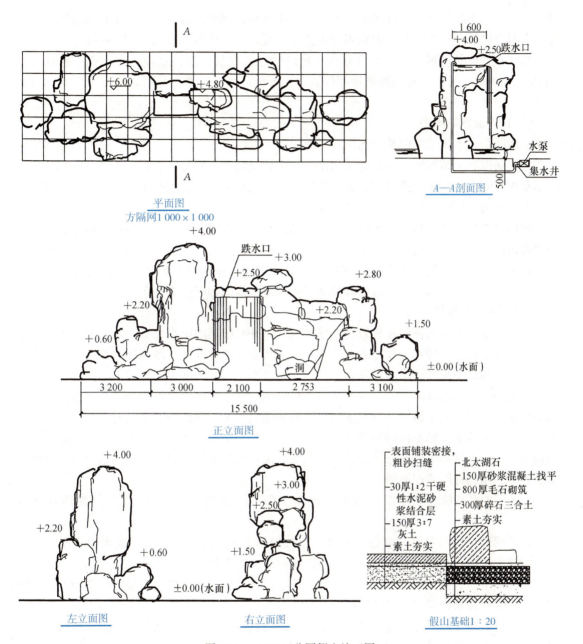

图 10-10　×××公园假山施工图

六、水景工程施工图

开池理水是园林设计的重要内容。园林中常见的水景工程，包括驳岸、码头、桥梁和水闸等，人工水池是在街头、游园内修建的小型水面工程。水景工程图主要有总体布局图和构筑物结构图。

（一）总体布局图

总体布局图主要表示整个水景工程各构筑物在平面和立面的布置情况。总体布局图以平面布置图为主，必要时配置立面图。一般在设计图纸上用图例的方法表达出该水景工程的位置，特别是外部轮廓，而细部构造需要在详图中绘制，同时还需要注写构筑物的外形轮廓尺寸、主要定位尺寸、主要部位的高程和填挖方坡度。绘图比例一般为1：200～1：500。

总体布置图的内容：①工程设施所在地区的地形现状、河流及流向、水面、地理方位（指北针）等；②各工程构筑物的相互位置、主要外形尺寸、主要高程；③工程构筑物与地面交线、填挖方的边坡线。

（二）构筑物结构图

结构图是以水景工程中某一构筑物为对象的工程图。包括结构布置图、分部和细部构造图以及钢筋混凝土结构图。构筑物结构图必须把构筑物的结构形状、尺寸大小、材料、内部配筋及相邻结构的连接方式等都表达清楚。结构图包括平、立、剖面图，详图和配筋图，绘图比例一般为1：5～1：100。

构筑物结构图的内容：①工程构筑物的结构布置、形状、尺寸和材料；②构筑物各分部和细部构造、尺寸和材料；③钢筋混凝土结构的配筋情况；④工程地质情况及构筑物与地基的连接方式；⑤相邻构筑物之间的连接方式；⑥附属设备的安装位置；⑦构筑物的工作条件，如常水位和最高水位等。这里着重介绍喷水池工程图和驳岸工程图。

（三）水池工程施工图

人工水池一般采用各种材料修建池壁和池底，并有较高的防水要求，同时采用管道给排水。为了便于管理，特别是北方地区冬季，为了防止水池被冻坏，池内还要有阀门井、检查井、排放口和地下泵站等附属设备。

常见的水池结构有两类：一类是砖石池壁水池，池壁用砖墙砌筑，池底采用素混凝土或钢筋混凝土；另一类是钢筋混凝土水池，池底和池壁都采用钢筋混凝土结构。

水池池体等土建构筑物的布置、结构、形状大小和细部构造用水池结构图来表示。水池结构图包括：水池各组成部分的位置、形状和周围环境的平面布置图、结构布置的剖面图和池壁、池底结构详图或配筋图。

图10-11是某居住区小游园内的水池施工图的平面图，图10-12是其剖面图和池壁详图。

从平面图可看出水池在地面以上的平面布置和大小，这是一个自然式水池，用100厚C10混凝土做顶，下部为机砖砌筑，池底铺装卵石，池边置石，常水位为0.15m。

平面图上一般还应标注水池外形尺寸，表示出进水口、溢水口和喷泉的位置和所取剖面的位置。自然式水池可利用坐标网格标注尺寸。

剖面图表达了池底和池壁的结构布置、各层材料、各部分尺寸和施工要求，池壁详图主要表达池底和压顶石的情况和细部尺寸。

（四）驳岸工程施工图

在进行驳岸设计时，要确定驳岸的平面位置与岸顶高程。园林内部驳岸则根据湖体施工设计确定驳岸位置。平面图上常水位线显示水面位置，具体应视实际情况而定。修筑时要求坚固稳定，常用块石、混凝土、钢筋混凝土作为基础，用浆砌条石或浆砌块石勾缝、砖砌抹防水砂浆、钢筋混凝土以及堆砌山石作墙体，用条石、山石、混凝土块以及植被作盖顶。

驳岸工程施工图包括驳岸平面图和断面详图。驳岸平面图表示驳岸线（即水体边界线）的位置和形状。对构造不同的驳岸应进行分段（分段线为细实线，应与驳岸垂直），并逐段标注详图索引符号。

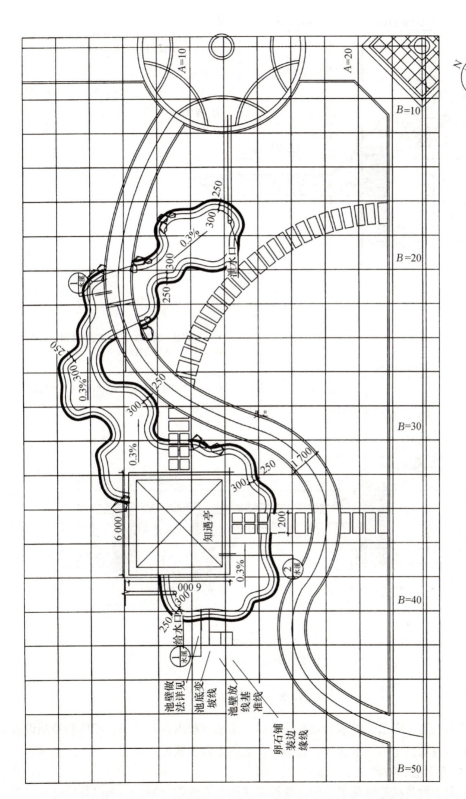

图10-11 ×××小区水池施工平面图

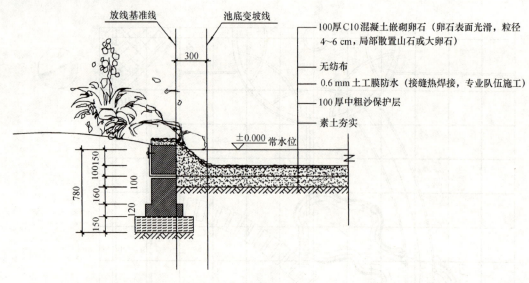

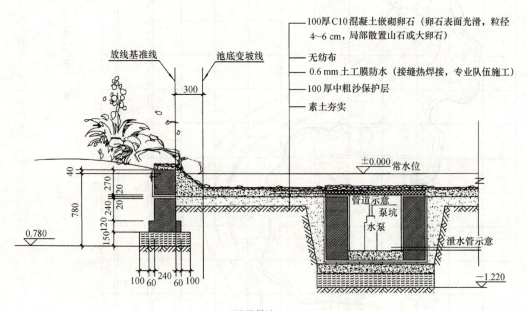

图 10-12 水池结构施工图

七、给水工程施工图

给水工程指取水、净水、输水和配水等工程，给水工程由各种管线、配件和控制设备组成，给水施工图表现整个给排水管线、设备、设施的组合安装形式。

（一）给水施工图的内容

给水施工图一般包括管线总平面图、管线系统图、管线剖（断）面图以及给排水配件安装详图。

管线总平面图用于表现设计场地中给水管线的布局形式，特别是喷灌工程。园林工程由于管线较少，一般绘制的管线综合平面图，图纸中应该包括以下内容：

（1）图名、指北针、比例、文字说明以及图例表。

（2）在图中通过尺寸标注确定管线的平面位置，供水点的位置，对于面积较大的区域要结合施工放线网格进行定位，并且给出分区管线平面布局图。

（3）为了保证管道的通畅，管线上要设置相应的阀门井、检查井等，在给水管线的平面图上还要用符号表示出来，并标注坐标和井口设计标高。

管道配件及安装详图包括管道上的阀门井、检查井等的构造详图，如果参照标准图集，应该在文字说明中标明参照的标准图集的编号以及页码。

（二）给排水施工图绘制要求

1. 管线总平面图

（1）比例。给排水管线总平面图的比例可与施工放线图相同，可以采用1∶500、1∶1 000、1∶2 000，以清楚表达管线布局为准（图10-13）。

（2）图例。在给排水管线总平面图中，为了便于区分，常采用不同的线型绘制不同的管线，给水管用粗实线绘制，污水管或废水管用粗虚线绘制，雨水管用粗单点长画线绘制，也可以用不同的标号区分不同的管线，不管哪种形式，在图纸中都要给出图例表，对图中的符号进行说明。

（3）管径、尺寸和标高的标注。用箭头标示管道的敷设坡度及水流方向，在管线上标注管径、坡度值和距离。

2. 管线布局剖面图 通过图例表示出给排水管线某一节点处的剖切断面形式，并标注各个层面上的标高，这里采用的仍然是相对标高。

3. 管道配件及安装图 在给排水标准图集中给出了一些常用配件的安装图，通常如果没有特殊要求的话可以直接参照标准图集中的相关内容，不需要绘制出图纸，仅在设计说明或者图纸中注明标准图集的名称、编码和所参照图纸的页码即可。

八、结构施工图

结构施工图主要表达结构设计的内容，它是表示建筑物各承重构件（如基础、承重墙、柱、梁、板、屋架等）的布置、形状、大小、材料、构造及其相互关系的图样。它还要反映出其他专业（如建筑、给排水、暖通、电气等）对结构的要求。结构施工图主要用来作为施工放线，挖基槽，支模板，绑扎钢筋，设置预埋件和预留孔洞，浇捣混凝土，安装梁、板、柱等构件，以及编制预算和施工组织设计等的依据。

结构施工图一般有基础图、上部结构的布置图和结构详图等。

（一）基础施工图

基础是建筑物的主要组成部分，作为建筑物最下部的承重构件埋于地下，承受建筑物的全部荷载，并传递给基础。建筑物的上部结构形式相应地决定基础的形式。如建筑物的上部结构为砖墙承重，就采用墙下条形基础，独立柱基础作为柱子的基础。

基础图表示建筑物室内地面以下基础部分的平面布置及详细构造，通常用基础平面图和基础详图表示。它是施工放线、开挖基坑和砌筑基础的依据。

1. 基础平面图 假想在建筑物底层室内地面下方作一水平剖切面，将剖切面下方的构件

园林制图与识图

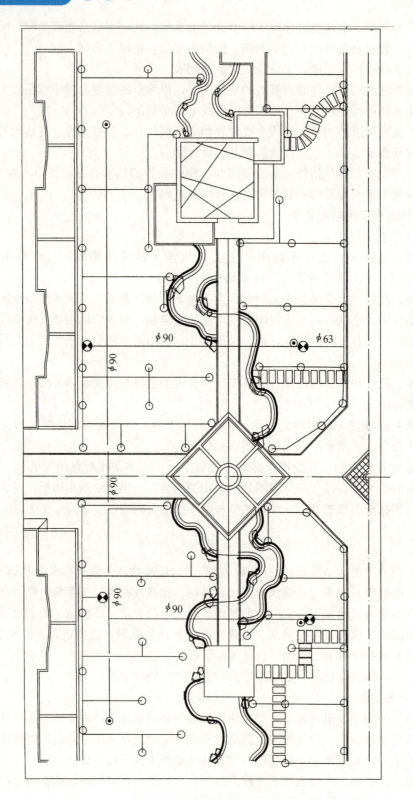

图 10-13 给排水管线总平面图

向下作水平投影,即为基础平面图(图10-14)。

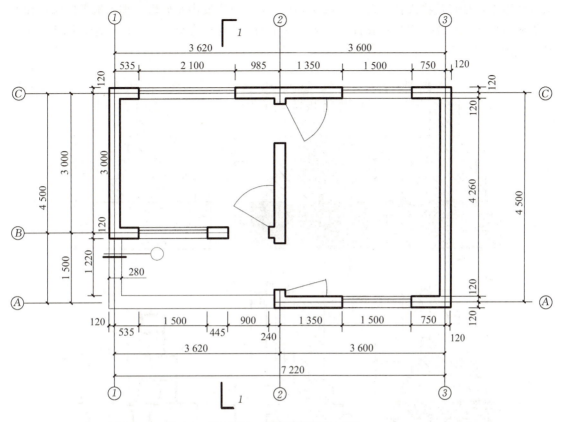

图10-14 基础平面图 1∶100

(1) 基础平面图绘制内容和要求。具体如下:①图名、图号、比例及文字说明,为便于绘图,基础结构平面图可与相应的建筑平面图取相同的比例;②基础的平面布置,即基础墙、构造柱、承重柱以及基础底面的形状、大小及其与轴线的相对位置关系,标注轴线尺寸、基础大小尺寸和定位尺寸;③基础梁(圈梁)的位置及其代号,如基础梁可标注为 JL1、JL2、JL3、…,圈梁标注为 JQL1、JQL2、JQL3、…;④基础断面图的剖切线及其编号,或注写基础代号,如 JC1、JC2、JC3、…;⑤当基础底面标高有变化时,应在基础平面图对应部位的附近画出剖面图,表示基底标高的变化,并标注相应基底的标高;⑥在基础平面图上,应绘制与建筑平面相一致的定位轴,并标注相同的轴间尺寸及编号,此外,还应注出基础的定型尺寸和定位尺寸,要求如下:条形基础应标注轴线到基础轮廓线的距离、基础坑宽、墙厚等,独立基础应标注轴线到基础轮廓线的距离、基础坑和柱的长、宽尺寸等,桩基础应标注轴线到轮廓线的距离,其定型尺寸可在基础详图中标注或在通用图中查阅;在基础平面图中,被剖切到的基础墙轮廓要画成粗实线,基础底部的轮廓画成细实线;图中的材料图例,与建筑平面图的画法一致。

(2) 基础平面图绘制步骤。具体如下:①确定定位轴;②绘制基础轮廓线;③进行尺寸标注和文字注释。

2. 基础详图 基础平面图只表明基础的平面布置情况,为了满足施工需要,还必须画出基础的结构详图。基础详图主要表明基础各组成部分的具体形状、大小、材料及基础埋深等。通常用断面图表示，并与基础平面图中被剖切的相应代号及剖切符号一致。基础位于底层地面以下，是建筑物或者构筑物的重要组成部分，它主要由基础墙（埋入地下的墙）和下部做成阶梯形的砌体（称为大放脚）组成。图 10-15 是几种常见的基础断面图，图 10-16 为独立基础详图。

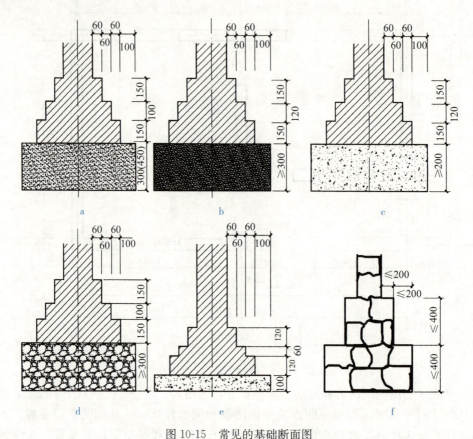

图 10-15　常见的基础断面图
a. 灰土基础　b. 三合土基础　c. 混凝土基础　d. 毛石混凝土基础　e. 砖基础　f. 毛石基础

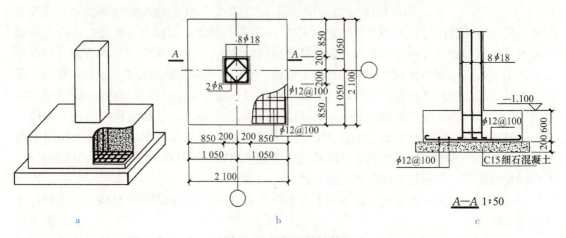

图 10-16　独立基础详图
a. 立体图　b. 独立基础平面图　c. 独立基础详图

(1) 基础详图绘制内容。包括：①图名（或基础代号）、比例、文字说明；②基础断面图中轴线及其编号（若为通用断面图，则轴线圆圈内不予编号）；③基础断面形状、大小、材料以及配筋；④基础梁和基础圈梁的截面尺寸及配筋；⑤基础圈梁与构造柱的连接作法；⑥基础断面的详细尺寸和室内外地面、基础垫层底面的标高；⑦防潮层的位置和作法。

(2) 基础详图绘制要求。基础剖切断面轮廓线用粗实线绘制，并填充材料图例。在基础详图中还应标注出基础各部分（如基础墙、柱、基础垫层等）的详细尺寸、钢筋尺寸以及室内外地面标高和基础垫层底面（基础埋置深度）的标高。

（二）钢筋混凝土构件

钢筋混凝土结构详图主要有梁、柱、基础、楼梯的结构、立面图、断面图、钢筋详图等，主要用来表示构件的形状、大小、配筋形式及规格等，比例一般为 1∶10～1∶50。

1. 钢筋混凝土构件基本知识　混凝土是由水泥、沙、石子和水按一定比例配合搅拌而成的，将其灌入定型模板，经振捣密实和养护凝固后就形成混凝土构件。

为了提高混凝土构件的抗拉能力，常在混凝土构件的受拉区内配置一定数量的钢筋。由混凝土和钢筋两种材料构成整体的构件，称为钢筋混凝土构件。有的构件在制作时通过张拉钢筋对混凝土施加一定的压力，以提高构件的抗拉和抗裂性能，称为预应力钢筋混凝土构件。

混凝土按其抗压强度的不同分为不同的强度等级。常用的混凝土强度等级有 C7.5、C10、C15、C20、C25、C30、C40 等。

2. 钢筋的分类与作用　钢筋按照其作用可以分为以下几种（图 10-17）：

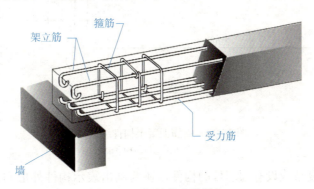

图 10-17　钢筋的分类图解

(1) 受力筋。构件中主要的受力钢筋，承受构件中的拉力。在梁、柱等构件中有时还需要配置承受压力的钢筋，称为受压筋。

(2) 箍筋。构件中承受剪力或扭力的钢筋，同时用来固定纵向钢筋的位置，用于柱和梁。

(3) 架立筋。它与梁内的受力筋、箍筋一起构成钢筋的骨架。

(4) 分布筋。它与板内的受力筋一起构成钢筋的骨架。

(5) 构造筋。因构件在构造上的要求或者施工安装需要而配置的钢筋。架力筋和分布筋也属于构造筋。

3. 钢筋混凝土构件结构详图绘制内容

(1) 构件代号、比例、施工说明。

(2) 构件定位轴及其编号，构件的形状、大小、预埋件代号及布置（模板图）。

(3) 梁、柱的结构详图，通常由立面图和断面图组成，板的结构详图一般只画它的断面图或剖面图，也可将板的配筋直接画在结构平面图中。

(4) 构件外形尺寸、钢筋尺寸和构造尺寸以及构件底面的结构标高。

(5) 各结构构件之间的连接详图。

4. 钢筋混凝土构件结构详图绘制要求

(1) 钢筋混凝土构件的表示方法。从外部只能看到钢筋混凝土的表面和外形，而内部钢筋的形状和布置是看不见的。为了表达构件内部钢筋的配置情况，可假定混凝土为透明体，主要表示构件内部钢筋配置的图样，称为配筋图。

配筋图通常由立面图和断面图组成。立面图中构件的轮廓线用细实线画出，钢筋简化为单线，用粗实线表示。断面图中剖到的钢筋圆截面画成黑圆点，其余未剖到的钢筋仍画成粗实线，并规定不画材料图例（图10-18）。

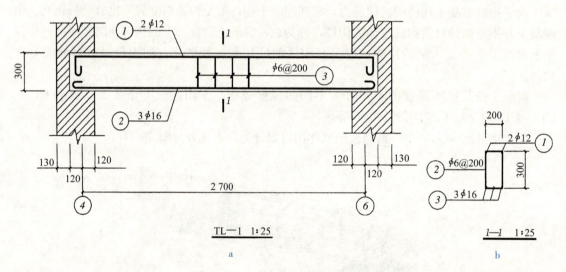

图10-18 钢筋混凝土构件结构详图
a. 立面图　b. 断面图

对于外形比较复杂或设有预埋件的构件，还要画出表示构件外形和预埋件位置的图样，称为模板图。在模板图中，应标注出构件的外形尺寸（也称模板尺寸）和预埋件型号及其定位尺寸，它是制作构件模板和安放预埋件的依据。对于外形比较简单又无需埋件的构件，在配筋图中已标注出构件的外形尺寸。

(2) 钢筋的标注。在图样中一般采用引出线的方法，具体有以下两种标注方法：

①标注钢筋的根数、直径和等级，如3ϕ20，"3"表示钢筋的根数，"ϕ"表示钢筋等级直径符号，"20"表示钢筋直径

②标注钢筋的等级、直径和相邻钢筋中心距，如ϕ8@200："ϕ"表示钢筋等级直径符号，"8"表示钢筋直径，"@"表示相等中心距符号，"200"表示相邻钢筋的中心距为200mm。

(3) 常用构件的代号。为了简明扼要地表示基础、梁、板、柱等构件，构件名称可用代号表示，常用的构件代号见表10-4。在图样中代号后面应用数字标注该构件的型号或编号。

表 10-4　常用构件的代号

名称	代号	名称	代号	名称	代号
板	B	梁	L	基础	J
屋面板	WB	柱	Z	设备基础	SJ
空心板	KB	圈梁	QL桩	桩	ZH
槽形板	CB	过梁	GL	钢架	GJ
密筋板	MB	吊车梁	DL	钢筋骨架	G
楼梯板	TB	柱间支撑	ZC	钢筋网	W
墙板	QB	基础梁	JL		

(4) 阅读钢筋混凝土构件详图。钢筋混凝土梁一般用立面图和断面图来表示梁的外形尺寸和钢筋配置（图 10-18）。

从图 10-18 可以看出，TL—1（楼梯梁）两端分别搁置在定位轴线为④⑥的砖墙上。梁的跨度为 2 700mm，梁长为 2 940mm。从断面图可知，梁宽为 200mm，梁高为 300mm。通过立面图和断面图，可知梁的配筋情况。梁的下部配置 3 根直径 16mm 的Ⅰ级钢筋作为受力筋；梁的上部配置 2 根直径 12mm 的Ⅰ级钢筋作为架立筋；箍筋采用直径 6mm 的Ⅰ级钢筋，间距 200mm 在梁中均匀分布，立面图采用简化画法，只画出 3～4 道箍筋，注明钢筋的直径和间距即可。

课题 3　园林工程竣工图的编制

【学习目标】
1. 了解园林工程竣工图的内容和基本要求。
2. 掌握竣工图纸的内容及编制要求。

【学习重点和难点】
学习重点：竣工图纸的内容。
学习难点：各种竣工图纸的绘制要求。

【内容结构】

园林工程竣工图的编制 {
　竣工图的作用
　竣工图的编制职责范围
　竣工图的编制方法
　竣工图图纸内容
　竣工图绘制步骤
}

【相关知识】

一、竣工图的内容和作用

竣工图是城建档案信息资源的重要组成部分，是一种与工程实物相符合的真实记录，具有真实性、准确性和可靠性，它的功能作用适应了城市建设"地上要清，地下要明"的根本要求，成为领导者对城市规划科学决策的可靠依据，同时也是工程进行竣工验收、维护、改建、扩建不可缺少的技术文件，是国家的重要技术档案。因此，做好竣工图的编制和验收工作是确保竣工图质量的关键，也是准确提供信息利用的根本保证，全国各建设、设计、施工单位和各主管部门，都要重视竣工图的编制工作，认真贯彻执行。竣工图的绘编除总平面图，平面图，构（建）筑物平面图，剖、断面图外，还应包含交通运输竣工图，给排水管道竣工图，动力、工艺管道竣工图等。

二、竣工图编制的职责范围

在项目竣工时要编制竣工图，项目竣工图应由施工单位负责编制，如行业主管部门规定设计单位编制或施工单位委托设计单位编制竣工图的，应明确规定施工单位和监理单位的审核和签认责任。

三、竣工图的编制方法

(1) 凡按施工图进行施工没有变更的工程，由设计单位负责在原设计施工图上加盖"竣工图"标志章，即作为竣工图（竣工图标志章的规格尺寸统一为 $80mm \times 50mm$）。

(2) 凡在施工中的一般性变更，能够在原设计施工图上加以修改补充的，可不重新绘制竣工图，由设计单位在原CAD图上更改，注明修改单日期、字、号、条，盖上竣工图章后即作为竣工图。修改完成后，设计单位加盖竣工图章。

(3) 凡项目修改、结构改变、工艺改变、平面布置改变以及发生其他重大改变而不宜在原施工设计图上进行修改补充的，应局部或全部重新绘制竣工图。重新绘制的（包括电脑绘制的）竣工图，图签栏中的图号应清楚带有"建竣、结竣、水竣、电竣……"或"竣工版"等字样。

(4) 竣工图图幅应按 GB/T 10609.3 要求统一折叠。

(5) 编制竣工图总说明及各专业的编制说明，叙述竣工图编制原则、各专业目录及编制情况。

(6) 所有竣工图应由设计单位逐张加盖并签署竣工图章，竣工图章中的内容填写应齐全、清楚，不得代签。

四、竣工图图纸内容

(1) 图纸目录包含：项目名称、建设单位、设计单位、档案号、工程号、图纸序号、图幅、图别及出图日期等。

(2) 设计说明包含：竣工设计依据和竣工设计要求，各专业设计说明（绿化竣工说明、景观给排水竣工设计说明、景观工程电气竣工设计说明），竣工图范围，标高关系，在施工过程中发生变更需特别说明的情况，用地指标（总占地面积、建筑占地面积、绿地面积、道路面积、铺地面积、水体面积、绿地率）。

(3) 总图。根据现场如实地定位出各建筑之间的位置和整个施工现场外围红线的位置，以保证施工总面积的正确。总图上要表达出：建筑栋号，主要车行道路，景观内园路、小园路道路，小品大样底平面图，排水设施（雨箅子位置），配套设施（坐凳、垃圾筒、成品花盆等）。

(4) 铺装图。按合适的比例在总图的基础上如实地反映出铺装面积。地面的各种铺装以面积计算（可分为规则形状和不规则形状计算）。路沿石、条石、压顶板的单位都按"米"计算。涉及踏步侧立面，平台立面的铺装需画断面表示，在铺装总图上需进行文字说明。

(5) 植物图。根据现场苗木定位，参看现场提供的入库数据（含损耗或其他原因，并不一定和现场数量吻合）。对于乔木要在图纸上正确地表示出名称、数量、胸径、高度、冠幅。灌木球只需正确地表示出名称、数量、高度、冠幅。灌木和地被按平方米计算，需反映出每平方米的平均数量（平均数量按每 $10m^2$ 或每 $100m^2$ 数计算，综合取平均值）。图纸上所表达的植物数量和规格需和植物名录表所表示的数量和规格相吻合。

(6) 水电图。水电竣工后一般都是隐蔽工程，所以画竣工图主要依据施工项目经理所提供的线路进行，该部分基本全按 CAD 或者比例尺计算。图纸上按现场现状就大原则表示，相应市政或甲方的雨污水井需标明非我方施工。立面尺寸、断面尺寸无法表示的，需附上说明，在图纸上也要用文字表明名称、数量和位置。对于排水、电气材料表上所列出的材料名称（如球阀、蝶阀、水表、水龙头等），也需在图纸上用文字明确地标注其位置和数量。

(7) 小品大样图。结合施工员、技术负责人提供的隐蔽部分，结合一些简单的预算知识，按现场尺寸如实地反映出满足结算的竣工图小品大样图。

五、竣工图绘制步骤

(1) 进入时间。一般需竣工验收合格后才开始做竣工图，不过对于一些比较大、比较复杂的项目，也可以边施工边做竣工图。

(2) 情况了解和人员的组织。向项目负责人了解我方施工完成量、施工范围红线、隐蔽工程情况和在施工过程中是否有一些特殊情况需在竣工图上进行特殊表达（需其他部门配合：工程部、成本控制部）。

(3) 建筑定位。符合建设方提供的建筑定位图，一般用尺子测量建筑间距是否与图纸上的尺寸吻合，若间距走差比较大，则需要对建筑重新定位，以保证竣工图的准确。竣工图上建筑的定位必须是建筑的底平面。建筑定位仪器包括经纬仪、全站仪、钢尺等。

(4) 路网定位。若建筑定位没有走差很多，定位路网可根据建筑的定位来进行，一般选几个特殊点与建筑拉垂直的距离，看与施工图是否吻合，若走差比较大，就需对道路重新定位。在道路定位好后，需对主道路的长度和周边施工范围红线长度进行复核，以保证设计方施工总面积。路网定位仪器包括经纬仪、全站仪、钢尺等。

(5) 小品定位。在建筑定位和道路定位都正确的情况下，设计方就可以对小品进行复核。在小品的施工过程中，由于场地的因素，材料的因素发生变更的概率最大，所以对小品要详细地复核每一个尺寸，对隐蔽工程要严格地按施工项目负责人提供的数据如实地反映。在小品大样图的绘制过程中，对于施工图上一些没有表达清楚（如施工图上表达的是"按现场情况定"）的，在竣工图中就要如实地修改好。

(6) 铺装、植物、水电。在总图完成的基础上，设计方就能很容易地对铺装、植物、水电竣工图进行符合。

(7) 出图流程。

①竣工完成后，先打出一套白图，给工程部负责该项目的负责人审核，发现不准确或短缺的要及时修改和补齐，然后签字。

②工程部负责人审核后，再打出一套白图，给成本控制部结算，发现表达不清或尺寸短缺的要及时修改和补齐。

③在工程部和成本控制部都审核后，绘制竣工图的负责人向行政中心提出出图申请，交上 CAD，由行政中心负责出蓝图（注：出图数量由行政中心向甲方确定）。

④蓝图晒好后，由绘制竣工图的负责人向行政中心申请竣工图出图章。然后盖章、签字（签字人包括：编制人、审核人、技术负责人、现场监理）。

⑤竣工图盖章、签字完，交回行政中心，由行政中心联系甲方交接。

参 考 文 献

陈锦忠，高阳林，2014. 园林制图与识图［M］. 北京：中国水利水电出版社.
董男，2005. 园林制图［M］. 北京：高等教育出版社.
段大娟，2012. 园林制图［M］. 北京：化学工业出版社.
黄晖，王云云，2016. 园林制图［M］. 3 版. 重庆：重庆大学出版社.
李素英，刘丹丹，2014. 风景园林制图［M］. 北京：中国林业出版社.
李耀健，李高峰，2014. 园林制图［M］. 北京：中国林业出版社.
刘成达，周淑梅，2013. 园林制图［M］. 北京：航空工业出版社.
刘新燕，2005. 园林工程建设图纸的绘制与识别［M］. 北京：化学工业出版社.
马静，黄丽霞，2017. 园林制图实训指导［M］. 上海：上海交通大学出版社.
吴机际，2015. 园林制图［M］. 广州：华南理工大学出版社.
吴艳华，2015. 园林制图与识图［M］. 北京：中国建材工业出版社.
张淑英，2003. 园林制图［M］. 北京：中国科学技术出版社.
张淑英，2005. 园林工程制图［M］. 北京：高等教育出版社.
赵林，于添泓，徐照东，等，2004. 园林景观设计详细图集［M］. 北京：中国建筑工业出版社.
朱春艳，张云，叶顶英，2017. 园林制图与识图［M］. 北京：中国农业大学出版社.

附表 《风景园林制图标准》（CJJ/T 67—2015）（摘录）

一、风景名胜区总体规划图纸景源图例

序号	景源类别	图例	文字	图例大小
1	人文	◉	特级景源（人文）	外圈直接为 b
2		●	一级景源（人文）	外圈直接为 $0.9b$
3		⊙	二级景源（人文）	外圈直接为 $0.8b$
4		○	三级景源（人文）	外圈直接为 $0.7b$
5		○	四级景源（人文）	直接为 $0.5b$
6	自然	◉	特级景源（自然）	外圈直接为 b
7		●	一级景源（自然）	外圈直接为 $0.9b$
8		⊙	二级景源（自然）	外圈直接为 $0.8b$
9		○	三级景源（自然）	外圈直接为 $0.7b$
10		○	四级景源（自然）	直接为 $0.5b$

附表 《风景园林制图标准》(CJJ/T 67—2015)（摘录）

二、风景名胜区总体规划图纸基本服务设施图例

设施类型	图例	文字	设施类型	图例	文字
服务设施	□ ■	旅游服务基地/综合服务设施点（注：左图为现状设施，右图为规划设施）	旅行	 (船)	码头
旅行	 P	停车场		 (缆车)	轨道交通
	 (自行车)	自行车租赁点	游览	 ←	导视牌
	 ↑	出入口		 (男女)	厕所
	 (巴士)	服务中心		 (游客)	游客中心
游览	 (公安)	公安设施	住宿	 (床)	住宿设施
	 ✚	医疗设施	购物	 (礼物)	购物设施
	 (垃圾)	垃圾箱	管理	 ★	管理机构驻地
	 (票)	票务服务	饮食	 (刀叉)	餐饮设施
	 (滑梯)	儿童游戏场			

253

三、方案设计图纸常用比例

图纸类型	绿地规模（hm²）		
	≤50	>50	异形超大
总图类（用地范围、现状分析、总平面、竖向设计、建筑布局、园路交通设计、种植设计、综合管网设施等）	1∶500 1∶1 000	1∶100 1∶2 000	以整比例表达清楚或标注比例尺
重点景区的平面图	1∶200 1∶500	1∶200 1∶500	1∶200 1∶500

四、初步设计和施工图设计图纸常用比例

图纸类型	初步设计图纸常用比例	施工图设计图纸常用比例
总平面图（索引图）	1∶500、1∶1 000、1∶2 000	1∶200、1∶500、1∶1 000
分区（分幅）图	—	可无比例
放线图、竖向设计图	1∶500、1∶1 000	1∶200、1∶500
种植设计图	1∶500、1∶1 000	1∶200、1∶500
园路铺装及部分详图索引平面图	1∶200、1∶500	1∶100、1∶200
园林设备、电气平面图	1∶500、1∶1000	1∶200、1∶500
建筑、构筑物、山石、园林小品设计图	1∶50、1∶100	1∶50、1∶100
做法详图	1∶5、1∶10、1∶20	1∶5、1∶10、1∶20

五、设计图纸常用图例

序号	名称	图形	说明
		建筑	
1	温室建筑		依据设计绘制具体形状
		等高线	
2	原有等高线		用细实线表达
3	设计等高线		施工图中等高距值与图纸比例应符合如下的规定： 图纸比例1∶1 000，等高距值1.00m； 图纸比例1∶500 等高距值0.50m； 图纸比例1∶200，等高距值0.20m

附表 《风景园林制图标准》(CJJ/T 67—2015)（摘录）

（续）

序号	名称	图形	说明
山石				
4	山石假山	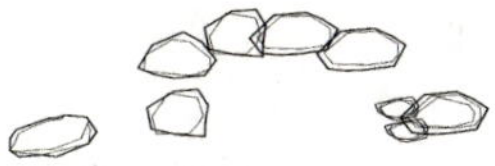	根据设计绘制具体形状，人工塑山需要标注文字
5	土石假山	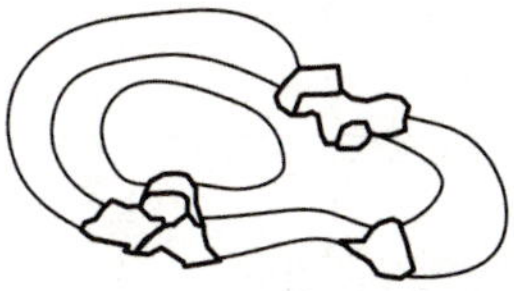	包括"土包石""石包土"及土假山，依据设计绘制具体形状
6	独立景石	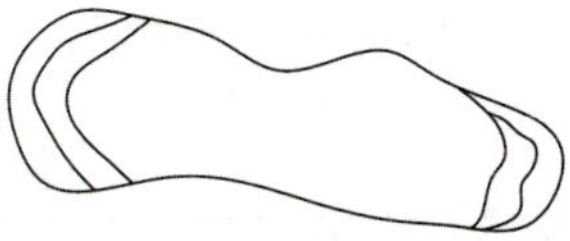	依据设计绘制具体形状
水体				
7	自然水体	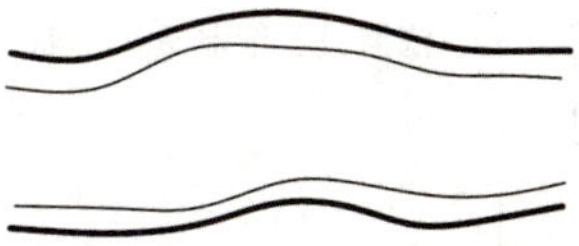	依据设计绘制具体形状，用于总图
8	规则水体	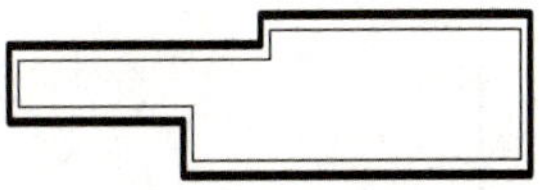	依据设计绘制具体形状，用于总图
9	跌水、瀑布	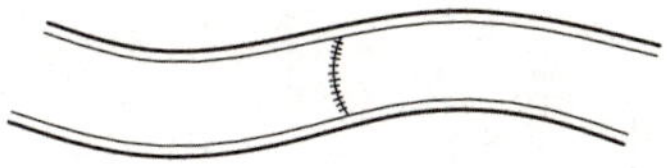	依据设计绘制具体形状，用于总图
10	旱涧	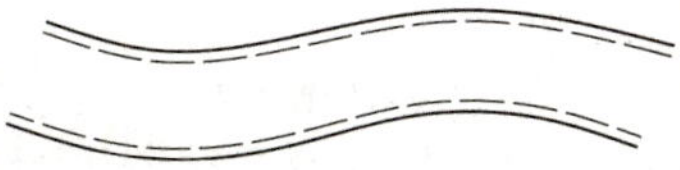	包括"旱溪"，依据设计绘制具体形状，用于总图
11	溪涧	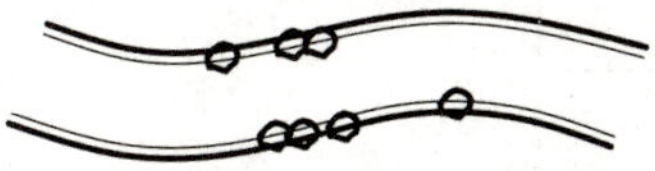	依据设计绘制具体形状，用于总图
绿化				
12	绿化	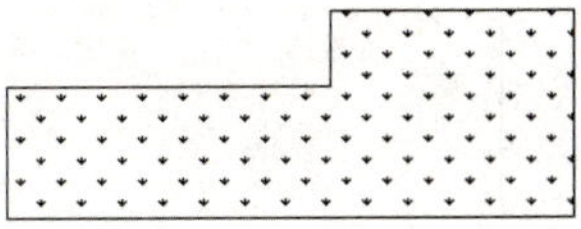	施工图总平面图中绿地不宜标示植物，以填充及文字进行表达

(续)

序号	名称	图形	说明
常用景观小品			
13	花架		依据设计绘制具体形状，用于总图
14	坐凳		用于表示坐凳的安放位置，单独设计的根据设计形状绘制，并附文字说明
15	花台、花池		依据设计绘制具体形状，用于总图
16	雕塑		
17	饮水台		
18	标识牌		仅表示位置，不表示具体形态，根据实际绘制效果确定大小，也可依据设计形态表示
19	垃圾桶		

附表 《风景园林制图标准》(CJJ/T 67—2015)（摘录）

六、初步设计和施工图设计图纸的植物图例

序号	名称	图形 单株 设计	图形 单株 现状	图形 群植	图形大小
1	常绿针叶乔木				
2	常绿阔叶乔木				
3	落叶阔叶乔木				乔木单株冠幅宜按实际冠幅为3~6m绘制，灌木单株冠幅宜按实际冠幅为1.5~3.0m绘制，可根据植物合理选择冠幅大小
4	常绿针叶灌木				
5	常绿阔叶灌木				
6	落叶阔叶灌木				

(续)

序号	名称	图形			图形大小
		单株		群植	
		设计	现状		
7	竹类	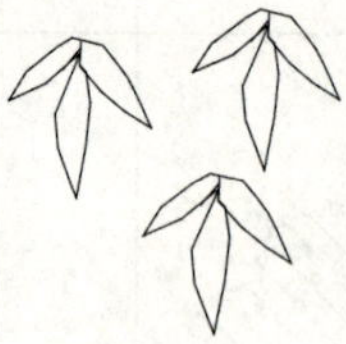 (图)	—	 (图)	单株为示意；群植范围按实际分布情况绘制，在其中示意单株图例
8	地被	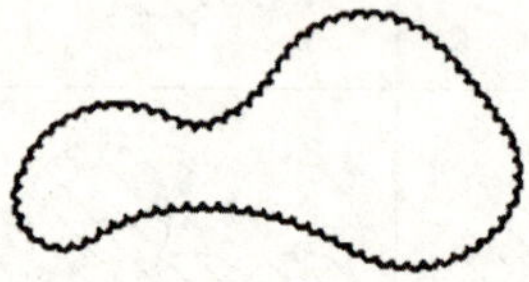 (图)			按照实际范围绘制
9	绿篱	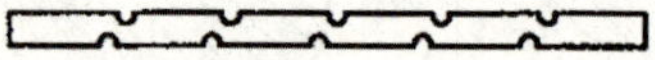 (图)			

七、初步设计和施工图设计图纸的标注

序号	名称	标注	说明
1	设计等高线	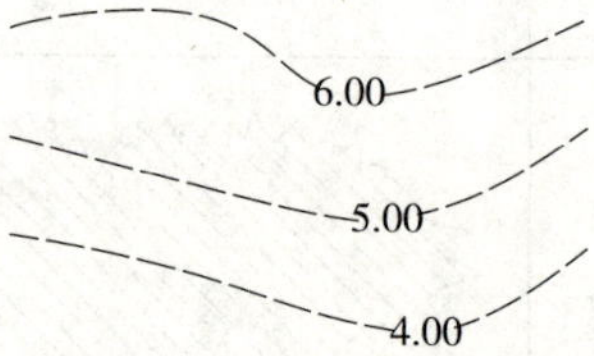 6.00 / 5.00 / 4.00	等高线上的标注应顺着等高线的方向，字的方向指向上坡方向。标高以米为单位，精确到小数点后第2位
2	设计高程（详图）	▽5.000 或 ▼5.490 / ▽0.000（常水位）	标高以米为单位，注写到小数点后第3位；总图中标写到小数点后第2位；符号的画法见现行国家标准《房屋建筑制图统一标准》(GB/T 50001—2017)
3	设计高程（总图）	⊕6.30（设计高程点） / ○6.25（现状高程点）	标高以米为单位，在总图及绿地中注写到小数点后第2位；设计高程点位为圆加十字，现状高程为圆
4	排水方向	→	指向下坡
5	坡度	$i=6.5\%$ / 40.00	两点坡度 / 两点距离
6	挡墙	5.000 / ▽(4.630)	挡墙顶标高 /（墙底标高）

附表 《风景园林制图标准》(CJJ/T 67—2015)（摘录）

八、城市绿地系统规划主要图纸的基本内容及深度

序号	图纸名称	图纸表达的基本内容及深度	说明
1	城市区位关系图	城市在区域中位置、对外交通联系等	—
2	城市绿地现状图	各类城市绿地的分布现状位置与范围	包括市域大环境生态绿地现状格局
3	城市绿地结构规划图	城市绿地系统组成的结构和布局特征	
4	城市绿地规划总图	各类城市绿地的规划布局	可按各类绿地分类绘制在总图中
5	市域绿地系统规划图	市域主要绿地的规划布局	
6	城市绿地分类规划图	各类城市绿地的规划布局	按绿地类型分别绘制
7	近期绿地规划图	近期建设的城市绿地规划布局	

九、各类绿地方案设计的主要图纸

绿地类型		区位图	用地范围图	现状分析图	总平面图	功能区设计图	竖向设计图	园林小品设计图	园路交通设计图	种植设计图	综合管网设施图	重点景区平面图	效果或意向图
公园绿地	综合公园	◇	△	▲	▲	▲	▲	▲	▲	▲	▲	▲	▲
	社区公园	◇	◇	▲	▲	—	▲	△	△	▲	▲	▲	▲
	专类公园	◇	△	▲	▲	▲	▲	▲	▲	▲	▲	▲	▲
	带状公园	◇	△	▲	▲	▲	▲	△	△	▲	▲	▲	▲
	街旁绿地	◇	◇	△	▲	—	△	△	△	▲	▲	△	▲
防护绿地	防护绿地	◇	◇	◇	▲	—	◇	—	◇	▲	▲	—	△
附属绿地	附属绿地	◇	◇	◇	▲	—	△	△	△	▲	▲	△	▲

注："▲"为应单独出图；"△"为可单独出图；"◇"为可合并；"—"为不需要出图。

十、方案设计主要图纸的基本内容及深度

序号	图纸名称	图纸表达的基本内容及深度	说明
1	区位图	绿地在城市中的位置及其与周边地区的关系	可分项作图或综合制图
2	用地范围图	绿地范围线的界定	本图也可与现状分析图合并
3	现状分析图	绿地范围内场地竖向、植被、构筑物、水体、市政设施及周边用地的现状情况分析	—
4	总平面图	1) 绿地边界及与用地毗邻的道路、建筑物、水体、绿地等； 2) 方案设计的园路、广场、停车场、建筑、构筑物、园林小品、种植、山形水系的位置、轮廓或范围；绿地出入口位置； 3) 建筑物、构筑物和景点、景区的名称； 4) 用地平衡表	
5	功能分区图	各功能分区的位置、名称及范围	—

(续)

序号	图纸名称	图纸表达的基本内容及深度	说明
6	竖向设计图	1）绿地及周边毗邻场地原地形等高线及设计等高线； 2）绿地内主要控制点高程；用地内水体的最高水位、常水位、水底标高	—
7	园路交通设计图	1）主路、支路、小路的路网分级布局； 2）主路、支路、小路的宽度及横断面； 3）主要及次要出入口和停车场的位置； 4）对外、对内交通服务设施的位置； 5）游览自行车道、电瓶车道和游船的路线	—
8	种植设计图	1）常绿植物、落叶植物、地被植物及草坪的布局； 2）保留或利用的现状植物的位置或范围； 3）树种规划与说明	—
9	综合管网设施图	1）给水、排水、雨水、电气等内容的干线管网的布局方案； 2）绿地内管网与外部市政管网的对接关系	—
10	重点景区平面图	重点景区的铺装场地、绿化、园林小品和其他景观设施的详细平面布局	—
11	效果图或意向图	反映设计意图的计算机制作、手绘鸟瞰图、人视点效果图，也可用意向照片	—

十一、初步设计和施工图设计主要图纸的基本内容和深度

序号	图名	初步设计	施工图设计
1	总平面图	1）用地边界线及毗邻用地名称、位置； 2）用地内各组成要素的位置、名称、平面形态或范围，包括建筑、构筑物、道路、铺装场地、绿地、园林小品、水体等； 3）设计地形等高线	同初步设计
2	定位图/放线图	1）用地边界坐标； 2）在总平面图上标注各工程的关键点定位坐标和控制尺寸； 3）在总平面图上无法表示清楚的定位应在详图中标注	除初步设计所标注的内容外，还要标注： 1）放线坐标网格； 2）各工程的所有定位坐标和详细尺寸； 3）在总平面图上无法表示清楚的定位应绘制定位详图
3	竖向设计图	1）用地毗邻场地的关键性； 2）在总平面图上标注道路、铺装场地、绿地的设计地形等高线和主要控制点标高； 3）在总平面图上无法表示清楚的竖向应在详图中标注； 4）土方量	除初步设计所标注的内容外还应标注： 1）在总平面上标注所有工程控制点的标高，包括下列内容：①道路起点、变坡点、转折点和终点的设计标高、纵横坡度；②广场、停车场、运动场地的控制点设计标高、坡度和排水方向；③建筑、构筑物室内外地面控制点标高；④工程坐标网格；⑤土方平衡表； 2）屋顶绿化的土层处理，应做结构剖面

附表 《风景园林制图标准》(CJJ/T 67—2015)（摘录）

（续）

序号	图名	初步设计	施工图设计
4	水体设计图	1) 水体平面； 2) 水体的常水位、池底、驳岸标高； 3) 驳岸形式，剖面做法节点； 4) 各种水体形式的剖面	除初步设计所标注的内容外，还应标注： 1) 平面放线； 2) 驳岸不同做法的长度； 3) 水体驳岸标高、等深线、最低点标高； 4) 各种驳岸及流水形式的剖面及做法； 5) 泵坑、上水、泄水、溢水、变形缝的位置、索引及做法
5	种植设计图	1) 在总平面图上绘制设计地形等高线，现状保留植物名称、位置，尺寸按实际冠幅绘制，设计的主要植物种类、名称、位置、控制数量和株行距； 2) 在总平面上无法表示清楚的种植应绘制种植分区图或详图； 3) 苗木表，标注种类、规格、数量	除初步设计所标注的内容外，还应标注： 1) 工程坐标网格或放线尺寸；设计的所有植物的种类、名称、种植点位或株行距、群植位置范围、数量； 2) 在总平面上无法表示清楚种植名称的，应绘制种植分区图或详图； 3) 若种植比较复杂，可分别绘制乔木种植图和灌木种植图； 4) 苗木表，包括：序号、中文名称、拉丁学名、苗木详细规格、数量、特殊要求等
6	园路铺装设计图	1) 在总平面上绘制和标注园路和铺装场地的材料、颜色、规格、铺装纹样； 2) 在总平面上无法表示清楚的应绘制铺装详图表示； 3) 园路铺装主要构造做法索引及构造详图	除初步设计所标注的内容外，还应标注： 1) 缘石的材料、颜色、规格，说明伸缩缝做法及间距； 2) 在总平面定位图中无法表述铺装纹样和铺装材料变化时，应单独绘制铺装放线或定位图
7	园林小品设计图	1) 在总平面上绘制园林小品详图索引图； 2) 园林小品详图，包括平、立、剖面图； 3) 园林小品详图的平面图应标明下列内容：①承重结构的轴线、轴线编号、定位尺寸、总尺寸；②主要部件名称和材质；③重点节点的剖切线位置和编号；④图纸名称及比例； 4) 园林小品详图的立面图应标明下列内容：①两端的轴线、编号及尺寸；②立面外轮廓及主要结构和构建的可见部分的名称及尺寸；③可见主要部位的饰面材料；④图纸名称及比例； 5) 园林小品详图的剖面图应准确、清楚地标示出剖到或看到的地上部分的相关内容，并应标明下列内容：①承重结构的轴线、轴线编号和尺寸；②主要结构和构造部件的名称、尺寸及工艺；③小品的高度、尺寸及地面的绝对标高；④图纸名称及比例	除初步设计所标注的内容外，还应标注： 1) 平面图应标明：①全部部件名称和材质；②全部节点的剖切线位置和编号； 2) 立面图应标明下列内容：①立面外轮廓及所有结构和构件的可见部分的名称及尺寸；②小品的高度和关键控制点标高的标注；③平面、剖面未能表示出来的构件的标高或尺寸； 3) 剖面图应标明下列内容：①所有结构和构造部件的名称、尺寸及工艺做法；②节点构造详图索引号

（续）

序号	图名	初步设计	施工图设计
8	给水、排水设计图	1) 说明及主要设备列表； 2) 给水、排水平面图，应标明下列内容：①给水和排水管道的平面位置，主要给水、排水构筑物位置，各种灌溉形式的分区范围；②与城市管道系统连接点的位置以及管径； 3) 水景的管道平面图、泵坑位置图	除初步设计所标注的内容外，还应标注： 1) 给水平面图应标明：①给水管道布置平面、管径标注及闸门井的位置（或坐标）编号、管段距离；②水源接入点、水表井位置；③详图索引号；④本图中乔、灌木的种植位置； 2) 排水平面图应标明：①排水管径、管段长度、管底标高及坡度；②检查井位置、编号、设计地面及井底标高；③与市政管网接口处的市政检查井的位置、标高、管径、水流方向；④详图索引号；⑤子项详图； 3) 水景工程的给水、排水平面布置图、管径、水泵型号、泵坑尺寸； 4) 局部详图应标明：设备间平、剖面图；水池景观水循环过滤泵房；雨水收集利用设施等节点详图
9	电器照明及弱电系统设计图	1) 说明及主要电气设备表； 2) 路灯、草坪灯、广播等使用配电设施的平面位置图	除初步设计所标注的内容外，还应标注： 1) 电气平面图应标明：①配电箱、用电点、线路等的平面位置；②配电箱编号以及干线和分支线回路的编号、型号、规格、铺设方式、控制形式； 2) 系统图应标明：照明配电系统图、动力配电系统图、弱电系统图

读者意见反馈

亲爱的读者：

　　感谢您选用中国农业出版社出版的职业教育规划教材。为了提升我们的服务质量，为职业教育提供更加优质的教材，敬请您在百忙之中抽出时间对我们的教材提出宝贵意见。我们将根据您的反馈信息改进工作，以优质的服务和高质量的教材回报您的支持和爱护。

　　地　　址：北京市朝阳区麦子店街 18 号楼（100125）
　　　　　　　中国农业出版社职业教育出版分社
　　联系方式：QQ（1492997993）

教材名称：_____ ISBN：_____

个人资料

姓名：_____ 所在院校及所学专业：_____

通信地址：_____

联系电话：_____ 电子信箱：_____

您使用本教材是作为：□指定教材 □选用教材 □辅导教材 □自学教材

您对本教材的总体满意度：

　从内容质量角度看 □很满意 □满意 □一般 □不满意
　　改进意见：_____

　从印装质量角度看 □很满意 □满意 □一般 □不满意
　　改进意见：_____

本教材最令您满意的是：

□指导明确 □内容充实 □讲解详尽 □实例丰富 □技术先进实用 □其他_____

您认为本教材在哪些方面需要改进？（可另附页）

□封面设计 □版式设计 □印装质量 □内容 □其他_____

您认为本教材在内容上哪些地方应进行修改？（可另附页）
_____
_____

本教材存在的错误：（可另附页）

第_____页，第_____行：_____应改为：_____
第_____页，第_____行：_____应改为：_____
第_____页，第_____行：_____应改为：_____

您提供的勘误信息可通过 QQ 发给我们，我们会安排编辑尽快核实改正，所提问题一经采纳，会有精美小礼品赠送。非常感谢您对我社工作的大力支持！

　　欢迎访问"全国农业教育教材网"http://www.qgnyjc.com（此表可在网上下载）
　　欢迎登录"中国农业教育在线"http://www.ccapedu.com 查看更多网络学习资源

图书在版编目（CIP）数据

园林制图与识图/夏振平主编．—北京：中国农业出版社，2020.8（2024.12重印）
高等职业教育"十三五"规划教材
ISBN 978-7-109-26701-5

Ⅰ.①园… Ⅱ.①夏… Ⅲ.①造园林－制图－高等职业教育－教材②造园林－识图－高等职业教育－教材 Ⅳ.①TU986.2

中国版本图书馆 CIP 数据核字（2020）第 045968 号

中国农业出版社出版
地址：北京市朝阳区麦子店街 18 号楼
邮编：100125
责任编辑：王　斌
版式设计：杜　然　　责任校对：刘丽香
印刷：中农印务有限公司
版次：2020 年 8 月第 1 版
印次：2024 年 12 月北京第 4 次印刷
发行：新华书店北京发行所
开本：787mm×1092mm　1/16
印张：17.25
字数：392 千字
定价：49.00 元

版权所有·侵权必究
凡购买本社图书，如有印装质量问题，我社负责调换。
服务电话：010-59195115　010-59194918